住房和城乡建设部"十四五"规划教材
国家示范性高职院校工学结合系列教材

工程项目承揽与合同管理（第四版）

（建筑工程技术专业）

张晓丹　郭庆阳　主编

陈年和　主审

中国建筑工业出版社

图书在版编目（CIP）数据

工程项目承揽与合同管理／张晓丹，郭庆阳主编.

4 版. -- 北京 ：中国建筑工业出版社，2025. 3.

（住房和城乡建设部"十四五"规划教材）（国家示范性
高职院校工学结合系列教材）. -- ISBN 978-7-112
-30862-0

Ⅰ. TU723

中国国家版本馆 CIP 数据核字第 2025GT6482 号

课件

　　本教材为住房和城乡建设部"十四五"规划教材，包含工程项目承揽和工程项目合
同管理两个学习模块，又细分为编制招标方案，编制工程施工招标公告，编制工程项目招
标文件，编制工程施工投标文件，开标、评标和中标，建设工程施工合同的签订，建设工
程施工合同的履约管理，建设工程合同索赔等八项工作任务。

　　本教材可作为高等职业院校土建施工类专业和工程管理类专业教材，也可供其他相关
专业选用。

　　为方便教师授课，本教材作者自制免费课件，索取方式为：1. 邮箱 jckj＠
cabp. com. cn；2. 电话 (010) 58337285；3. 扫描右侧二维码下载。

　　　　责任编辑：李天虹　李　阳
　　　　责任校对：张惠雯

住房和城乡建设部"十四五"规划教材
国家示范性高职院校工学结合系列教材
工程项目承揽与合同管理（第四版）
（建筑工程技术专业）
张晓丹　郭庆阳　主编
陈年和　　主审

＊

中国建筑工业出版社出版、发行（北京海淀三里河路 9 号）
各地新华书店、建筑书店经销
北京红光制版公司制版
北京市密东印刷有限公司印刷

＊

开本：787 毫米×1092 毫米　1/16　印张：17　字数：418 千字
2025 年 1 月第四版　　2025 年 1 月第一次印刷
定价：**53. 00** 元（赠教师课件、含小册子）
ISBN 978-7-112-30862-0
（44441）

出 版 说 明

党和国家高度重视教材建设。2016 年，中办国办印发了《关于加强和改进新形势下大中小学教材建设的意见》，提出要健全国家教材制度。2019 年 12 月，教育部牵头制定了《普通高等学校教材管理办法》和《职业院校教材管理办法》，旨在全面加强党的领导，切实提高教材建设的科学化水平，打造精品教材。住房和城乡建设部历来重视土建类学科专业教材建设，从"九五"开始组织部级规划教材立项工作，经过近 30 年的不断建设，规划教材提升了住房和城乡建设行业教材质量和认可度，出版了一系列精品教材，有效促进了行业部门引导专业教育，推动了行业高质量发展。

为进一步加强高等教育、职业教育住房和城乡建设领域学科专业教材建设工作，提高住房和城乡建设行业人才培养质量，2020 年 12 月，住房和城乡建设部办公厅印发《关于申报高等教育职业教育住房和城乡建设领域学科专业"十四五"规划教材的通知》（建办人函〔2020〕656 号），开展了住房和城乡建设部"十四五"规划教材选题的申报工作。经过专家评审和部人事司审核，512 项选题列入住房和城乡建设领域学科专业"十四五"规划教材（简称规划教材）。2021 年 9 月，住房和城乡建设部印发了《高等教育职业教育住房和城乡建设领域学科专业"十四五"规划教材选题的通知》（建人函〔2021〕36 号）。为做好"十四五"规划教材的编写、审核、出版等工作，《通知》要求：（1）规划教材的编著者应依据《住房和城乡建设领域学科专业"十四五"规划教材申请书》（简称《申请书》）中的立项目标、申报依据、工作安排及进度，按时编写出高质量的教材；（2）规划教材编著者所在单位应履行《申请书》中的学校保证计划实施的主要条件，支持编著者按计划完成书稿编写工作；（3）高等学校土建类专业课程教材与教学资源专家委员会、全国住房和城乡建设职业教育教学指导委员会、住房和城乡建设部中等职业教育专业指导委员会应做好规划教材的指导、协调和审稿等工作，保证编写质量；（4）规划教材出版单位应积极配合，做好编辑、出版、发行等工作；（5）规划教材封面和书脊应标注"住房和城乡建设部'十四五'规划教材"字样和统一标识；（6）规划教材应在"十四五"期间完成出版，逾期不能完成的，不再作为《住房和城乡建设领域学科专业"十四五"规划教材》。

住房和城乡建设领域学科专业"十四五"规划教材的特点，一是重点以修订教育部、住房和城乡建设部"十二五""十三五"规划教材为主；二是严格按照专业标准规范要求编写，体现新发展理念；三是系列教材具有明显特点，满足不同层次和类型的学校专业教学要求；四是配备了数字资源，适应现代化教学的要求。规划教材的出版凝聚了作者、主审及编辑的心血，得到了有关院校、出版单位的大力支持，教材建设管理过程有严格保障。希望广大院校及各专业师生在选用、使用过程中，对规划教材的编写、出版质量进行反馈，以促进规划教材建设质量不断提高。

住房和城乡建设部"十四五"规划教材办公室

2021 年 11 月

第四版前言

"工程项目承揽与合同管理"是高等职业教育建筑工程专业、建筑工程技术专业和工程管理专业的一门主干专业课程，具有较强的实践性、应用性、政策性，在培养"能够从事建筑施工技术与施工项目管理等工作的高层次技术技能人才"的工作中占据重要地位。

本书内容包括工程项目承揽、工程项目合同管理两个学习模块，又细分为编制招标方案，编制工程施工招标公告，编制工程项目招标文件，编制工程施工投标文件，开标、评标和中标，建设工程施工合同的签订，建设工程施工合同的履约管理，建设工程合同索赔八个工作任务。

本次教材修订过程中，编者依据《招标投标法》《民法典》，吸收了最新的理论知识和法规内容，根据行业最新实施的各项标准招标文件、合同示范文本，结合工程实际，使学生体验招标投标与合同管理相关岗位的典型任务，培养其掌握专业知识和实践技能，并在编制招标投标合同文本的各项工作中，渗透相关岗位的职业素质标准，使其养成"遵守国家法律法规、政策和行业自律规定，诚信守法、客观公正"的职业道德。

教材为读者提供丰富的数字化资源，包括教学视频、教学课件、教学大纲、习题答案、示范文本等。教材还提供经典案例、热点素材、相关法条、补充知识等对接教材相关知识点，读者可通过扫描书中二维码获取。这些立体化的资源有利于拓展学生的新视野，并获得新知识和新技能。

本书由江苏建筑职业技术学院张晓丹、山西工程科技职业大学郭庆阳主编，参加本书编写工作的有：郭庆阳（工作任务1、3）、张晓丹（工作任务6）、孙武（工作任务7）、马庆华（工作任务8）、李慧海（工作任务2）、尹晓娟（工作任务4）、李淑青（工作任务5）、陈刚（案例咨询）、张斌斌（工作任务1的案例）。全书由江苏建筑职业技术学院陈年和教授主审。本书在编写过程中得到了江苏建筑职业技术学院、山西工程科技职业大学、中建八局第二建设有限公司、山西建筑工程集团有限公司等单位的大力支持，在此表示衷心的感谢。由于编者水平有限，书中难免存在不足之处，敬请读者批评指正。

目　录

学习模块 1　工程项目承揽

附：任务评价与能力训练

学习模块 1 工程项目承揽

工程项目承揽主要通过招标投标的形式完成。招标投标是一种国际上普遍运用的、有组织的市场交易行为。在这种采购方式中，买方（招标人）通过事先公开的采购要求，吸引众多的卖方（投标人）平等参与竞争，按照规定程序并组织技术、经济和法律等方面专家对众多的投标人进行综合评审，从中择优选定中标人。招标投标是一种法律行为。招标是一种要约邀请，投标是一种要约行为，签发中标通知书是一种承诺行为。

以下，将工程建设项目招标投标的真实工作场景作为学习模块，按照招标投标的工作流程提炼出五个典型工作任务：

由学习者扮演招标人（或招标代理机构）的角色编制招标方案；

由学习者扮演招标人（或招标代理机构）的角色编制工程施工招标公告；

由学习者扮演招标人（或招标代理机构）的角色编制工程施工招标文件；

由学习者扮演投标人的角色编制工程施工投标文件；

由学习者分别扮演招标人（或招标代理机构）、评标专家、监督人员、投标人等角色完成开标、评标和中标的相关工作。

通过模拟在真实招标投标情境中，实践完成各项工作任务，使学习者初步具备从事招标代理机构招标助理、建筑业施工企业经营部门相关岗位的工作能力。

工作任务 1　编制招标方案

引文:

微课

　　编制工程招标方案是招标人在招标准备阶段的重要工作。学生在学习招标投标基本专业知识、法律法规的基础上,以招标助理的岗位开展工作,结合招标项目的特点,依据有关规定完成编制工程招标方案的工作任务,包括:确定招标工作内容、招标组织形式、招标方式、标段划分等具体内容。

【思维导图】

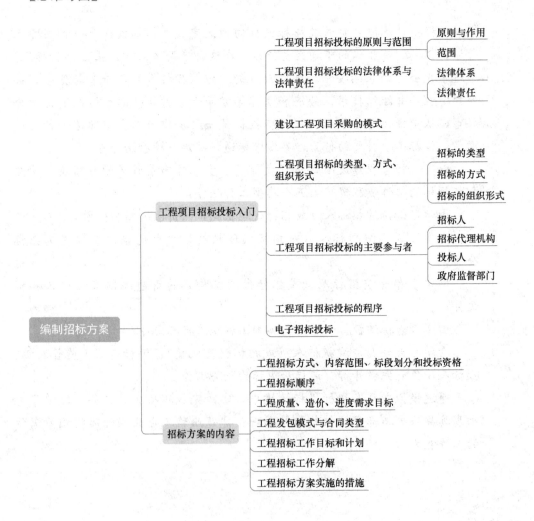

任务 1.1　认知工程项目招标投标

1.1.1　学习目标

1. 知识目标

掌握招标范围、类型、方式、组织形式、施工招标流程的内容；熟悉招标投标概念、程序；了解招标投标发展、原则、法律体系、责任。

2. 能力目标

具备编制招标工作计划的能力。

3. 素质目标

培养学生科学缜密、严谨务实的工作态度；培养学生遵纪守法、诚实信用的职业道德。

1.1.2　任务描述

【案例背景】

××学院新校区建设项目在××省××高校新校区内，规划用地范围为××市××街以南、××路以东、××学院街××以北、××村以西。占地面积为505亩，总建筑面积26万m²，主要建设内容包括：教学科研区、会展交流区、学术交流区、运动区、生活区、后勤服务区及其配套设施等。总投资9.3亿元。新校区建成后，可满足9000名在校学生学习生活的需要。资金来源为：学校自筹、旧校区处置资金、申请银行贷款等多渠道。其中一期工程22.24万m²，总投资6.7亿元，包括：教学楼组团1、2、3；学生宿舍组团1、2、3；一食堂、二食堂及锅炉房、浴室；行政科研楼、图书馆、实验实训楼及工程展示中心等12个单体建筑及配套工程。建筑物抗震设防烈度均为8度，结构抗震等级均为二级，建筑安全等级均为二级，建筑安全使用年限均为50年，±0.000的绝对高程为770~771m。该建设项目一期工程已由××省发展改革委以××发改科教发[2021]1600~1606号批准建设，招标人为××学院。该项目一期工程已具备招标条件，计划2022年1月5日开工，现对该施工项目进行公开招标。建设项目一期工程概况如表1-1所示。

建设项目一期工程概况表　　　　　　　　　　　　　表1-1

序号	工程项目	工程造价（亿元）
1	地基处理、三通一平	0.15
2	教学楼组团1、2、3；学生宿舍组团1、2、3；一食堂、二食堂及锅炉房、浴室；行政科研楼、图书馆、实验实训楼及工程展示中心等12个单体建筑及配套工程	4.6
3	景观绿化、围墙大门、体育场地	0.4
4	室外管线、道路	0.4

【任务要求】

依据招标投标相关法律法规，为此项目编制施工招标流程表。

1.1.3　任务分析

为此项目编制施工招标流程表，需具备招标投标相关法律法规的基本知识，具备编制招标工作计划安排的能力。

1.1.4　知识链接

1980 年我国在上海、广东、福建、吉林等省市开始试行建设工程项目的招标投标。在 1982 年鲁布革引水工程国际招标投标的冲击下，我国从 1992 年通过试点后大力推行招标投标制，立法建制逐步完善，特别是 2000 年 1 月 1 日起施行《招标投标法》后，我国招标投标活动走上了法制化的轨道，标志着我国招标投标制进入了全面实施的新阶段。从几十年的实践看，实行招标投标制度，对于推行投融资和流通体制改革、创造公平竞争的市场环境、提高资金使用效率、节省外汇、保证工程质量、防止采购中的腐败现象都具有重要意义，招标投标方式的先进性和实效性已经得到了公认。

扫码阅读1.1

工程项目即工程建设项目，是指工程以及与工程建设有关的货物、服务。工程，是指建设工程，包括建筑物和构筑物的新建、改建、扩建及其相关的装修、拆除、修缮等；与工程建设有关的货物，是指构成工程不可分割的组成部分，且为实现工程基本功能所必需的设备、材料等；与工程建设有关的服务，是指为完成工程所需的勘察、设计、监理等服务。

所谓工程建设项目招标，是指招标人（业主）为购买物资、发包工程或进行其他活动，根据公布的标准和条件，公开或书面邀请投标人前来投标，以便从中择优选定中标人的单方行为。

所谓工程建设项目投标，是指符合招标文件规定资格的投标人按照招标文件的要求，提出自己的报价及相应条件的书面问答行为。

1. 工程项目招标投标的原则与范围

招标投标是一种有序的市场竞争交易方式，也是规范选择交易主体、订立交易合同的法律程序。它是订立合同的一个特殊程序，主要适用于大宗商品购销、承揽加工、财产租赁、技术攻关等，工程项目任务承揽已普遍地采用这种形式。招标投标具有竞争性、程序性、规范性、一次性、技术经济性等特性。

（1）工程项目招标投标的原则与作用

1）工程项目招标投标的原则

《招标投标法》（1999 年 8 月 30 日第九届全国人民代表大会常务委员会第十一次会议通过，2000 年 1 月 1 日起施行，2017 年 12 月 27 日修正）第五条明确规定：招标投标活动应当遵循公开、公平、公正和诚实信用的原则。

2）工程项目招标投标的作用

① 优化社会资源配置和项目实施方案。提高招标项目的质量、经济效益和社会效益；推动投融资管理体制和各行业管理体制的改革。

② 促进投标企业转变经营机制，提高企业的创新活力。积极引进先进技术和管理，提高企业生产、服务的质量和效率，不断提升企业市场信誉和竞争能力。

③ 维护和规范市场竞争秩序。保护当事人的合法权益，提高市场交易的公平、满意和可信度，促进社会和企业的法治、信用建设，促进政府转变职能，提高行政效率，建立健全现代市场经济体系。

④ 有利于保护国家和社会公共利益。保障合理、有效使用国有资金和其他公共资金，防止其浪费和流失，构建从源头预防腐败交易的社会监督制约体系。

（2）工程项目招标投标的范围

1）必须招标的项目范围

根据《招标投标法》第三条规定，在中华人民共和国境内进行下列工程建设项目，包括项目的勘察、设计、施工、监理以及与工程建设有关的重要设备、材料等的采购，必须进行招标：

① 大型基础设施、公用事业等关系社会公共利益、公共安全的项目；

② 全部或者部分使用国有资金投资或国家融资的项目；

③ 使用国际组织或者外国政府贷款、援助资金的项目。

《必须招标的工程项目规定》（国家发展改革委令第 16 号）、《必须招标的基础设施和公用事业项目范围规定》（发改法规规〔2018〕843 号），规定如下：

① 大型基础设施、公用事业等关系社会公共利益、公众安全的项目，必须招标的具体范围包括：

煤炭、石油、天然气、电力、新能源等能源基础设施项目；

铁路、公路、管道、水运，以及公共航空和 A1 级通用机场等交通运输基础设施项目；

电信枢纽、通信信息网络等通信基础设施项目；

防洪、灌溉、排涝、引（供）水等水利基础设施项目；

城市轨道交通等城建项目。

② 全部或者部分使用国有资金投资或者国家融资的项目包括：

使用预算资金 200 万元人民币以上，并且该资金占投资额 10% 以上的项目；

使用国有企业事业单位资金，并且该资金占控股或者主导地位的项目。

③ 使用国际组织或者外国政府贷款、援助资金的项目包括：

使用世界银行、亚洲开发银行等国际组织贷款、援助资金的项目；

使用外国政府及其机构贷款、援助资金的项目。

④ 必须招标项目的规模标准

以上规定范围内的项目，其勘察、设计、施工、监理以及与工程建设有关的重要设备、材料等的采购达到下列标准之一的，必须招标：

施工单项合同估算价在 400 万元人民币以上；

重要设备、材料等货物的采购，单项合同估算价在 200 万元人民币以上；

勘察、设计、监理等服务的采购，单项合同估算价在 100 万元人民币以上。

同一项目中可以合并进行的勘察、设计、施工、监理以及与工程建设有关的重要设备、材料等的采购，合同估算价合计达到前款规定标准的，必须招标。

2）应当采用公开招标的项目范围

国有资金投资占控股或者主导地位的工程建设项目，以及国务院发展和改革部门确定的国家重点项目和省、自治区、直辖市人民政府确定的地方重点项目，除符合第 3）条中邀请招标条件并依法获得批准外，应当公开招标。

3）可以采用邀请招标的项目范围

① 技术复杂、有特殊要求或者受自然环境限制，只有少量潜在投标人可供选择；

扫码阅读1.2

② 采用公开招标方式的费用占项目合同金额的比例过大。

4）可以不进行招标的项目

《招标投标法》第六十六条规定，涉及国家安全、国家秘密、抢险救灾或者属于利用扶贫资金实行以工代赈、需要使用农民工等特殊情况，不适宜进行招标的项目，按照国家有关规定可以不进行招标。

《招标投标法实施条例》第九条规定，除《招标投标法》第六十六条规定的可以不进行招标的特殊情况外，有下列情形之一的，可以不进行招标：

① 需要采用不可替代的专利或者专有技术；

② 采购人依法能够自行建设、生产或者提供；

③ 已通过招标方式选定的特许经营项目投资人依法能够自行建设、生产或者提供；

④ 需要向原中标人采购工程、货物或者服务，否则将影响施工或者功能配套要求；

⑤ 国家规定的其他特殊情形。

扫码阅读1.3

2. 工程项目招标投标的法律体系与法律责任

（1）工程项目招标投标的法律体系

招标投标法律体系是指全部现行的与招标投标活动有关的法律法规和政策组成的有机联系的整体。

我国从 20 世纪 80 年代初开始在建设工程领域引入招标投标制度，《招标投标法》的实施，标志着我国正式确立了招标投标的法律制度。其后，国务院及其有关部门陆续颁发了一系列招标投标方面的规定，地方人民政府及其有关部门也结合本地的特点和需要，相继制定了招标投标方面的地方性法规、规章和规范性文件，使我国的招标投标法律制度逐步完善，形成了覆盖全国各领域、各层级的招标投标法律法规与政策体系。

扫码阅读1.4

1）按照法律规范的渊源划分

招标投标法律体系由有关法律、法规、规章及规范性文件构成。

① 法律

法律由全国人大及其常委会制定，通常以国家主席令的形式向社会公布，具有国家强制力和普遍约束力，一般以法、决议、决定、条例、办法、规定等为名称。如《建筑法》《招标投标法》《政府采购法》《民法典》等。

扫码阅读1.5

② 法规，包括行政法规和地方性法规

行政法规，由国务院制定，通常由总理签署国务院令公布，一般以条例、规定、办法、实施细则等为名称。如 2012 年 2 月 1 日起施行（历经 2017 年、2018 年、2019 年三次修订）的《招标投标法实施条例》，是招标投标领域的一部行政法规。

地方性法规，由省、自治区、直辖市及较大的市（省、自治区政府所在地的市，经济特区所在地的市，经国务院批准的较大的市）的人大及其常委会制定，通常以地方人大公告的方式公布，一般使用条例、实施办法等名称，如《北京市招标投标条例》（2002 年 11 月 1 日起施行，2010 年、2021 年修正）。

扫码阅读1.6

③ 规章，包括国务院部门规章和地方政府规章

国务院部门规章，是指国务院所属的部、委、局和具有行政管理职责的直属机构制定，通常以部委令的形式公布，一般使用办法、规定等名称，如表 1-2 所示。

国务院部门规章 表 1-2

名称	发布部门	发布日期
《必须招标的工程项目规定》	国家发展改革委	2018 年 3 月 27 日第 16 号令发布
《评标专家和评标专家库管理暂行办法》	国家发展改革委	2003 年 2 月 22 日第 29 号令发布
《评标委员会和评标方法暂行规定》	国家计委、国家经贸委、建设部、铁道部、交通部、信息产业部、水利部	2001 年 7 月 5 日第 12 号令发布
《招标公告和公示信息发布管理办法》	国家发展改革委	2017 年 11 月 23 日第 10 号令发布
《电子招标投标办法》	国家发展改革委、工业和信息化部、监察部、住房和城乡建设部、交通运输部、铁道部、水利部、商务部	2013 年 2 月 4 日第 20 号令发布
《政府采购货物和服务招标投标管理办法》	财政部	2017 年 7 月 11 日第 87 号令发布
《政府采购信息发布管理办法》	财政部	2019 年 11 月 27 日第 101 号令发布
《工程建设项目施工招标投标办法》	国家计委、建设部、铁道部、交通部、信息产业部、水利部、民航总局	2003 年 3 月 8 日七部委第 30 号令发布
《房屋建筑和市政基础设施工程施工招标投标管理办法》	建设部	2001 年 6 月 1 日第 89 号令发布
《建筑工程设计招标投标管理办法》	住房和城乡建设部	2017 年 1 月 24 日第 33 号令发布
《工程建设项目勘察设计招标投标办法》	国家发展改革委、建设部、交通部、信息产业部、水利部、民航总局、广电总局	2003 年 6 月 12 日第 2 号令发布
《工程建设项目货物招标投标办法》	国家发展改革委、建设部、铁道部、交通部、信息产业部、水利部、民航总局	2005 年 1 月 18 日第 27 号令发布
《建筑业企业资质管理规定》（2018 年修改）	住房和城乡建设部	2015 年 1 月 22 日第 22 号令发布
《标准施工招标资格预审文件》和《标准施工招标文件》（2007 年版）	国家发展改革委、财政部、建设部、铁道部、交通部、信息产业部、水利部、民航总局、广电总局	2007 年 11 月 1 日第 56 号令发布
《房屋建筑和市政工程标准施工招标资格预审文件》和《房屋建筑和市政工程标准施工招标文件》（2010 年版）	住房和城乡建设部	上述 2007 年 11 月 1 日第 56 号令的配套文件

续表

名称	发布部门	发布日期
《水利水电工程标准施工招标资格预审文件》和《水利水电工程标准施工招标文件》（2009年版）	水利部	2010年1月7日，水建管〔2009〕629号发布
《简明标准施工招标文件》和《标准设计施工总承包招标文件》（2012年版）	国家发展改革委、工业和信息化部、财政部、住房和城乡建设部、交通运输部、铁道部、水利部、广电总局、民航局	2011年12月20日，发改法规〔2011〕3018号发布
《标准设备采购招标文件》《标准材料采购招标文件》《标准勘察招标文件》《标准设计招标文件》《标准监理招标文件》	国家发展改革委、工业和信息化部、住房和城乡建设部、交通运输部、水利部、商务部、新闻出版广电总局、铁路局、民航局	2017年9月4日，发改法规〔2017〕1606号发布

扫码阅读1.7

地方政府规章，由省、自治区、直辖市、省政府所在地的市、经国务院批准的主要城市的政府制定，通常以地方人民政府令的形式发布，一般以规定、办法等为名称。如上海市人民政府制定的《上海市建设工程招标投标管理办法》（上海市政府令2017年第50号）。

④ 规范性文件

规范性文件是各级政府及其所属部门和派出机关在其职权范围内，依据法律、法规和规章制定的具有普遍约束力的具体规定。如《国家发展改革委等部门关于完善招标投标交易担保制度进一步降低招标投标交易成本的通知》发改法规〔2023〕27号，是为了加快推动招标投标交易担保制度改革，降低招标投标市场主体特别是中小微企业交易成本，保障各方主体合法权益，优化招标投标领域营商环境做出的专项规定。

2）按照法律规范内容的相关性划分

扫码阅读1.8

① 招标投标专业法律规范，即专门规范招标投标活动的法律、法规、规章及有关政策性文件。如《招标投标法》、国家发展改革委等有关部委关于招标投标的部门规章，以及各省、自治区、直辖市出台的关于招标投标的地方性法规和政府规章等。

② 相关法律规范，即与招标投标活动密切关联的法律、法规、规章及有关政策性文件。《民法典》、《建筑法》、《建设工程质量管理条例》（国务院令第279号）、《建设工程安全生产管理条例》（国务院令第393号）、《建筑工程施工许可管理办法》（住房和城乡建设部第42号令修改）的相关规定等。

扫码阅读1.9

（2）工程项目招标投标的法律责任

招标人、投标人、招标代理机构、行政监管部门在招标投标的全过程中如果违反《招标投标法》《招标投标法实施条例》的规定，要受到经济、行政处罚以至追究刑事责任。

3.建设工程项目采购的模式

（1）项目管理委托的模式

扫码阅读1.10

项目管理咨询公司（咨询事务所，或称顾问公司）可以接受业主方、设计方、施工方、供货方和建设项目工程总承包方的委托，提供代表委托方利益的项目管理服务。

业主方项目管理的方式如下：

1）业主方自行项目管理；

2）业主方委托项目管理咨询公司承担全部业主方项目管理的任务；

3）业主方委托项目管理咨询公司与业主方人员共同进行项目管理，业主方从事项目管理的人员在项目管理咨询公司委派的项目经理的领导下工作。

（2）项目总承包的模式

建筑工程的发包单位可以将建筑工程的勘察、设计、施工、设备采购一并发包给一个工程总承包单位，也可以将建筑工程勘察、设计、施工、设备采购的一项或者多项发包给一个工程总承包单位；但是，不得将应当由一个承包单位完成的建筑工程肢解成若干部分发包给几个承包单位。

工程总承包企业按照合同约定对工程项目的质量、工期、造价等向业主负责。

建设项目工程总承包方式有：设计、施工总承包（D-B），设计、采购、施工总承包（EPC）。

建设项目工程总承包的基本出发点是借鉴工业生产组织的经验，实现建设生产过程中的组织集成化。

建设项目工程总承包的主要意义并不在于总价包干"交钥匙"，其核心是通过设计与施工过程的组织集成，促进设计与施工的紧密结合，以达到为项目建设增值的目的。

业主方自行编制或委托顾问工程师编制项目建设纲要或设计纲要，是建设项目工程总承包方编制项目设计建议书的依据。

（3）设计任务委托的模式

设计任务的委托主要有以下两种模式：

业主方委托一个设计单位或多个设计单位组成的设计联合体或设计合作体作为设计总负责单位。

业主方不委托设计总负责单位，而平行委托多个设计单位进行设计。

（4）施工任务委托的模式

施工任务委托的模式有施工总承包、施工总承包管理、平行承发包模式。

（5）物资采购的模式

工程建设物资采购模式主要有：业主方自行采购、与承包商约定某些物料为指定供货商、承包商采购。

按照合同约定，建筑材料、建筑构配件和设备由工程承包单位采购的，发包单位不得对承包单位购入用于工程的建筑材料、建筑构配件和设备指定生产厂家、供应商。

4. 工程项目招标的类型、方式、组织形式

（1）工程项目招标的类型

1）工程建设项目总承包招标

工程建设项目总承包招标又叫建设项目全过程招标，在国外称之为"交钥匙"承包方式。它是指从项目建议书开始，包括可行性研究报告、勘察设计、设备材料询价与采购、工程施工、生产准备、投料试车，直到竣工投产、交付使用全面实行招标。

2）工程建设项目的设计招标

设计招标是指招标人就拟建工程的设计任务发布公告，以吸引设计单位参加竞争，经招标人审查获得投标资格的设计单位按照招标文件的要求，在规定的时间内向招标人填报投标书，招标人从中择优确定中标单位来完成工程设计任务。

3）工程建设项目的监理招标

监理招标，是指招标人为了委托监理任务的完成，以法定方式吸引监理单位参加竞争，招标人从中选择条件优越者的行为。

4）工程建设项目的施工招标

施工招标，是指招标人就拟建的工程发布公告或者邀请，以法定方式吸引建筑业企业参加竞争，招标人从中选择条件优越者完成工程建设任务的行为。

5）工程建设项目的材料设备招标

材料设备招标，是指招标人就拟购买的材料设备发布公告或者邀请，以法定方式吸引材料设备供应商参加竞争，招标人从中选择条件优越者购买其材料设备的行为。

（2）工程项目招标的方式

我国《招标投标法》规定，招标分为公开招标、邀请招标两种方式。

1）公开招标

公开招标，也称无限竞争招标，是指招标人以招标公告的方式邀请不特定的法人或者其他组织投标。它是一种由招标人按照法定程序，在公开出版物上发布或者以其他公开方式发布资格预审公告（代招标公告），所有符合条件的承包人都可以平等参加投标竞争，从中择优选择中标者的招标方式。

公开招标的优点在于，可以有效地防止腐败，能够最好地达到经济性的目的，能够为潜在的投标人提供均等的机会。

公开招标的缺点是，完全以书面材料决定中标人，招标成本较高，招标周期较长。

2）邀请招标

邀请招标，也称有限竞争招标，是指招标人以投标邀请书的方式邀请特定的法人或者其他组织投标。邀请招标必须向三个以上的潜在投标人发出邀请，并且被邀请的法人或者其他组织必须具备以下条件：具备承担招标项目的能力，如施工招标，被邀请的施工企业必须具备与招标项目相应的施工资质等级；资信良好。

3）公开招标与邀请招标的主要区别

① 发布信息的方式不同

公开招标采用公告的形式发布，邀请招标采用投标邀请书的形式发布。

② 选择的范围不同

公开招标因为使用资格预审公告（代招标公告）的形式，针对的是一切潜在的对招标项目感兴趣的法人或其他组织，招标人事先不知道投标人的数量；邀请招标则针对的是已经了解的法人或其他组织，而且事先已经知道投标人的数量。

③ 竞争的范围不同

公开招标针对所有符合条件的法人或其他组织都有机会参加投标，竞争的范围较广，竞争性体现得也比较充分，招标人拥有绝对的选择余地，容易获得最佳招标效果；邀请招标中投标人的数目有限，竞争的范围有限，招标人拥有的选择余地相对较小，有可能提高中标的合同价，也有可能将某些在技术上或报价上更有竞争力的承包人遗漏。

④ 公开的程度不同

公开招标中，所有的活动都必须严格按照预先确定并为大家所知的程序标准公开进行，大大减少了作弊的可能；相对而言，邀请招标的公开程度逊色一些，产生不法行为的机会也就多一些。

⑤ 时间和费用不同

公开招标的程序比较复杂，因而耗时较长，费用也较高；邀请招标不发公告，招标文件只送几家，使整个招标投标的时间大大缩短，招标费用也相应减少。

（3）工程项目招标的组织形式

工程项目招标的组织形式包括自行招标和委托招标。

1）自行招标

自行招标，是指招标人自身具有编制招标文件和组织评标能力，依法自行办理招标。任何单位和个人不得强制其委托招标代理机构办理招标事宜。招标人自行办理招标事宜的，应当向有关行政监督部门备案。

工程建设项目招标人自行办理招标事宜需具备的能力，具体包括：

① 具有项目法人资格（或者法人资格）。

② 具有与招标项目规模和复杂程度相适应的工程技术、概预算、财务和工程管理等方面专业技术力量。

③ 有从事同类工程建设项目招标的经验。

④ 拥有3名以上取得招标职业资格的专职招标业务人员。

⑤ 熟悉和掌握招标投标法及有关法规规章。

2）委托招标

委托招标，是指招标人委托招标代理机构办理招标事宜。

招标人有权自行选择招标代理机构，委托其办理招标事宜。任何单位和个人不得以任何方式为招标人指定招标代理机构。

5. 工程项目招标投标的主要参与者

工程项目招标投标的主要参与者包括招标人、招标代理机构、投标人和政府监督部门。

（1）招标人

招标人是指依照法律规定提出招标项目进行工程建设的勘察、设计、施工、监理以及与工程建设有关的重要设备、材料等招标的法人或者其他组织。

正确理解招标人定义，应当把握以下两点：招标人应当是法人或者其他组织，而自然人则不能成为招标人；法人或者其他组织必须依照法律规定提出招标项目、进行招标。

（2）招标代理机构

招标代理机构是依法设立、从事招标代理业务并提供相关服务的社会中介组织。

招标代理机构应当在招标人委托的范围内承担下列招标事宜：

① 拟定招标方案，编制和出售招标文件、资格预审文件；

② 审查投标人资格；

③ 编制拦标价；

④ 组织投标人踏勘现场；

⑤ 组织开标、评标，协助招标人定标；

⑥ 草拟合同；

⑦ 招标人委托的其他事项。

（3）投标人

投标人是响应招标、参加投标竞争的法人或者其他组织。投标人应当具备承担招标项目的能力；国家有关规定对投标人资格条件或者招标人对投标人资格条件有规定的，投标人应当具备规定的资格条件。

资格预审公告或招标公告发出后，所有对资格预审公告或招标公告感兴趣的并有可能参加投标的人，称为潜在投标人。那些响应招标并购买招标文件，参加投标的潜在投标人称为投标人。

1）企业资质等级许可制度

在我国，对从事建筑活动的建设工程企业——建筑施工企业、勘察单位、设计单位和工程监理单位，实行资质等级许可制度。

《建筑法》第十三条规定，从事建筑活动的建筑施工企业、勘察单位、设计单位和工程监理单位，按照其拥有的注册资本、专业技术人员、技术装备和已完成的建筑工程业绩等资质条件，划分为不同的资质等级，经资质审查合格，取得相应等级的资质证书后，方可在其资质等级许可的范围内从事建筑活动。新设立的企业，应到工商行政管理部门登记注册手续并取得企业法人营业执照后，方可到建设行政主管部门办理资质申请手续。任何单位和个人不得涂改、伪造、出借、转让企业资质证书，不得非法扣押、没收资质证书。

① 建筑业企业资质

根据《建筑业企业资质管理规定》（2015年1月22日中华人民共和国住房和城乡建设部令第22号发布，2018年修改），我国建筑业企业资质分为施工总承包资质、专业承包资质、施工劳务资质三个序列。施工总承包资质、专业承包资质按照工程性质和技术特点分别划分为若干资质类别，各资质类别按照规定的条件划分为若干资质等级。施工劳务资质不分类别与等级。

根据《建筑业企业资质标准》（建市〔2014〕159号），施工总承包企业资质等级标准包括建筑工程施工总承包、公路工程施工总承包、铁路工程施工总承包等12个类别，一般分为四个等级（特级、一级、二级、三级）；专业承包企业资质等级标准包括地基基础工程专业承包、起重设备安装工程专业承包、预拌混凝土工程专业承包等36个类别，一般分为三个等级（一级、二级、三级）。例如：建筑工程施工总承包资质分为特级、一级、二级、三级；地基基础工程专业承包资质分为一级、二级、三级。

② 工程勘察、设计企业资质

根据《建设工程勘察设计资质管理规定》（2007年6月26日建设部令第160号发布，2018年修正），摘要如下：

A. 工程勘察企业资质

工程勘察资质分为工程勘察综合资质、工程勘察专业资质、工程勘察劳务资质。

工程勘察综合资质只设甲级；工程勘察专业资质设甲级、乙级，根据工程性质和技术特点，部分专业可以设丙级；工程勘察劳务资质不分等级。

取得工程勘察综合资质的企业，可以承接各专业（海洋工程勘察除外）、各等级工程勘察业务；取得工程勘察专业资质的企业，可以承接相应等级相应专业的工程勘察业务；取得工程勘察劳务资质的企业，可以承接岩土工程治理、工程钻探、凿井等工程勘察劳务业务。

B. 工程设计企业资质

工程设计资质分为工程设计综合资质、工程设计行业资质、工程设计专业资质和工程设计专项资质。

工程设计综合资质只设甲级；工程设计行业资质、工程设计专业资质、工程设计专项资质设甲级、乙级。

根据工程性质和技术特点，个别行业、专业、专项资质可以设丙级，建筑工程专业资质可以设丁级。

取得工程设计综合资质的企业，可以承接各行业、各等级的建设工程设计业务；取得工程设计行业资质的企业，可以承接相应行业相应等级的工程设计业务及本行业范围内同级别的相应专业、专项（设计施工一体化资质除外）工程设计业务；取得工程设计专业资质的企业，可以承接本专业相应等级的专业工程设计业务及同级别的相应专项工程设计业务（设计施工一体化资质除外）；取得工程设计专项资质的企业，可以承接本专项相应等级的专项工程设计业务。

③ 工程监理企业资质

根据《工程监理企业资质管理规定》（2007 年 6 月 26 日建设部令第 158 号发布，2018 年 12 月 22 日住房和城乡建设部令第 45 号修正），工程监理企业资质分为综合资质、专业资质和事务所资质。其中，专业资质按照工程性质和技术特点划分为若干工程类别，综合资质、事务所资质不分级别。专业资质分为甲级、乙级；其中，房屋建筑、水利水电、公路和市政公用专业资质可设立丙级。

2）联合体投标人

两个以上的法人或者其他组织可以组成一个联合体，以一个投标人的身份共同投标。关于联合体主要有以下几个方面的规定：

① 是否接受联合体投标

招标人应当在资格预审公告、招标公告或者投标邀请书中载明是否接受联合体投标。招标人不得强制投标人组成联合体共同投标，不得限制投标人之间的竞争。招标人不得强制资格预审合格的投标人组成联合体。

② 联合体组成的时间

招标人接受联合体投标并进行资格预审的，联合体应当在提交资格预审申请文件前组成。资格预审后联合体增减、更换成员的，其投标无效。

③ 联合体协议书

联合体各方必须按资格预审文件（招标文件）提供的格式签订共同投标协议书，明确联合体牵头人和各方的权利义务，并将共同投标协议连同投标文件一并提交招标人。

联合体各方的责任如下：

A. 履行共同投标协议书中约定的责任

共同投标协议书中约定了联合体各方应该承担的责任，各成员单位必须按照该协议的约定认真履行自己的义务，否则将对对方承担违约责任。同时，共同投标协议书中约定的责任承担也是各成员单位最终的责任承担方式。

B. 就招标项目承担连带责任

联合体中标后，联合体各方共同就中标项目向招标人承担连带责任，即发包人有权要求联合体的任何一方履行全部合同义务，既要依据联合体协议完成自己的工作职责，又要互相监督协调，保证整体工程项目的合格。

如果联合体中的一个成员单位没能按照合同约定履行义务，招标人可以要求联合体中任何一个成员单位承担不超过总债务任何比例的债务，而该单位不得拒绝。该成员单位承担了被要求的责任后，有权向其他成员单位追偿其按照共同投标协议不应当承担的债务。

C. 不得重复投标

联合体各方签订共同投标协议后，不得再以自己名义单独投标，也不得组成新的联合体或参加其他联合体在同一项目中投标。

D. 不得随意改变联合体的构成

联合体各方参加资格预审并获通过的，其组成的任何变化都必须在提交投标文件截止之日前征得招标人的同意。如果变化后的联合体削弱了竞争，含有事先未经过资格预审或者资格预审不合格的法人或者其他组织，或者联合体的资质降到资格预审文件中规定的最低标准以下，招标人有权拒绝。

E. 必须有代表联合体的牵头人

联合体各方必须指定牵头人，授权其代表所有联合体成员负责投标和合同实施阶段的主办、协调工作，并应该向招标人提交由所有联合体成员法定代表人签署的授权书。联合体投标的，应当以联合体各方或者联合体中牵头人的名义提交投标保证金。以联合体中牵头人的名义提交的投标保证金，对联合体各成员具有约束力。

④ 联合体资质等级的确定

招标人接受联合体形式投标的，联合体资质和业绩的认定，应以联合体协议书中规定的专业分工为依据。承担联合体协议中同一专业工程的成员，按照其较低的资质等级确定联合体申请人的资质等级。

（4）政府监督部门

在我国，由于实行招标投标的领域较广，有的专业性较强，涉及部门较多，目前还不可能由一个部门统一进行监督，只能根据不同项目的特点，由有关部门在各自的职权范围内分别负责监督。国务院办公厅印发的《关于国务院有关部门实施招标投标活动行政监督的职责分工的意见》（国办发〔2000〕34号）中规定：

① 国家发展计划委员会指导和协调全国招投标工作，并组织国家重大建设项目稽察特派员，对国家重大建设项目建设过程中的工程招投标进行监督检查。

② 工业（含内贸）、水利、交通、铁道、民航、信息产业等行业和产业项目的招投标活动的监督执法，分别由经贸、水利、交通、铁道、民航、信息产业等行政主管部门负责；各类房屋建筑及其附属设施的建造和与其配套的线路、管道、设备的安装项目和市政工程项目的招投标活动的监督执法，由建设行政主管部门负责；进口机电设备采购项目的招投标活动的监督执法，由外经贸行政主管部门负责。

③ 从事各类工程建设项目招标代理业务的招标代理机构的资格，由建设行政主管部门认定；从事与工程建设有关的进口机电设备采购招标代理业务的招标代理机构的资格，由外经贸行政主管部门认定；从事其他招标代理业务的招标代理机构的资格，按现行职责分工，分别由有关行政主管部门认定。

④ 各省、自治区、直辖市人民政府可根据《招标投标法》的规定，从本地实际出发，

制定招投标管理办法。

6. 工程项目招标投标的程序

（1）施工公开招标投标的程序

现将工程建设项目施工公开招标投标过程粗略分为准备阶段、实施阶段和决标成交阶段。具体程序见图 1-1。

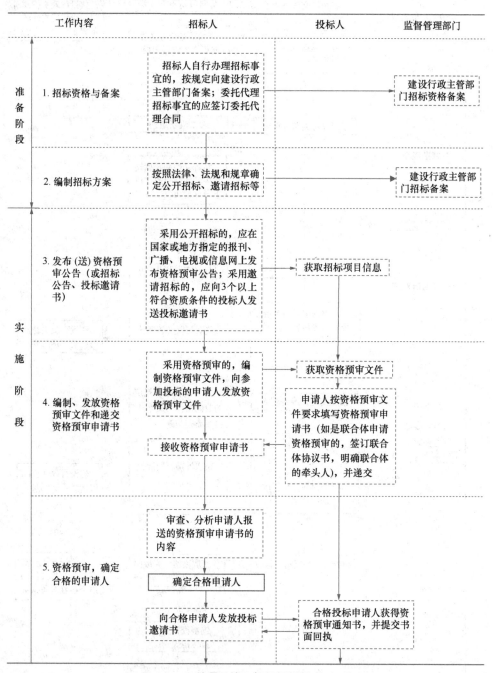

图 1-1　工程项目施工招标投标程序（一）

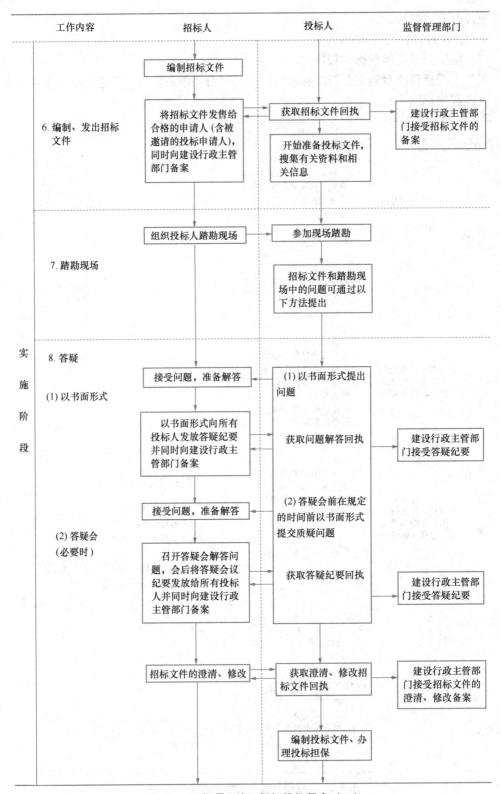

图 1-1 工程项目施工招标投标程序（二）

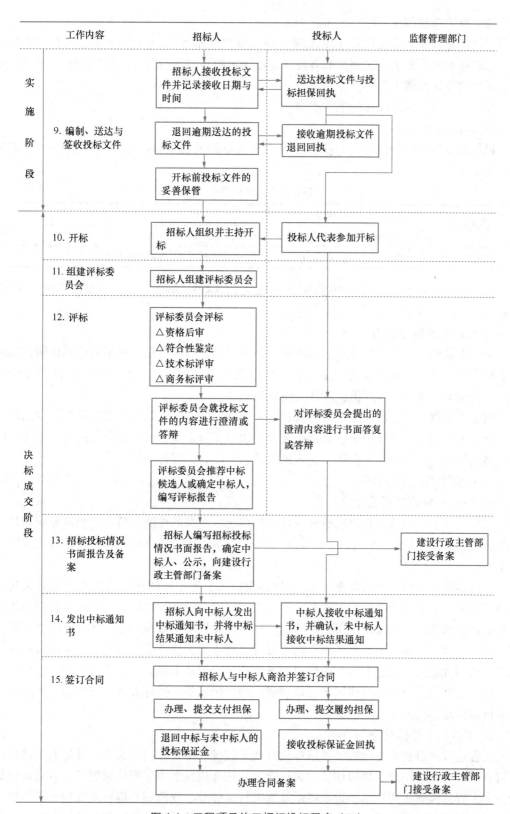

图 1-1　工程项目施工招标投标程序（三）

（2）施工邀请招标程序

邀请招标程序是直接向适于本工程的施工单位发出邀请，其程序与公开招标基本相同。二者在程序上的主要区别是前者设有资格预审的环节，后者没有资格预审的环节，但增加了发出投标邀请书的环节。

（3）工程项目招标投标的工作要求

1）招标准备工作

招标准备指招标前招标人与招标项目必须具备的前提条件，以及前期的一些准备工作，参见表1-3。

招标准备工作的内容 表1-3

1. 具备相应条件	招标人具备资格能力
	招标项目具有招标条件
2. 前期准备工作	制订招标计划、确定招标组织形式、编制招标方案、办理招标备案

招标准备阶段的主要工作由招标人单独完成，投标人不参与，主要工作包括以下方面。

① 招标人的资格能力

招标人是依法成立，有必要的财产或者经费，有自己的名称、组织机构和场所，具有民事权利能力和民事行为能力，依法独立享有民事权利和承担民事义务的经济和社会组织，包括企业、事业、政府机关和社会团体法人。

招标人也可以是依法成立，但不具备法人资格，能以自己的名义参与民事活动的经济和社会组织，如个人独资企业、合伙企业、合伙型联营企业、法人的分支机构、不满足法人资格条件的中外合作经营企业、法人依法设立的临时管理机构等。

② 招标项目的招标条件

A. 项目招标的共同条件

项目招标人应当符合相应的资格条件；根据项目本身的性质、特点应当满足项目招标和组织实施必需的资金、技术条件、管理机构和力量、项目实施计划和法律法规规定的其他条件。

项目招标人应履行项目审批手续。《招标投标法》规定，招标项目按照国家有关规定需要履行项目审批手续的，应当先履行审批手续，取得批准。招标人应当有进行招标项目的相应资金或者资金来源已经落实，并应当在招标文件中如实载明。《招标投标法实施条例》进一步规定，按照国家有关规定需要履行项目审批、核准手续的依法必须进行招标的项目，其招标范围、招标方式、招标组织形式应当报项目审批、核准部门审批、核准。项目审批、核准部门应当及时将审批、核准确定的招标范围、招标方式、招标组织形式通报有关行政监督部门。

B. 工程施工招标的特别条件

工程建设项目初步设计或工程招标设计或工程施工图设计已经完成，并经有关政府部门对立项、规划、用地、环境评估等进行审批、核准或备案；工程建设项目具有满足招标投标和工程连续施工所必需的设计图纸及有关技术标准、规范和其他技术资料；工程建设项目用地拆迁、场地平整、道路交通、水电、排污、通信及其他外部条件已经落实。

C. 工程总承包招标的特别条件

按照工程总承包不同开始阶段和总承包方式，应分别具有工程可行性研究报告或实施性工程方案设计或工程初步设计等相应的条件。

D. 货物招标的特别条件

工程使用的货物采购招标条件与工程施工招标基本相同；非工程使用的一般货物采购招标，应具有满足采购招标的设计图纸或技术规格，政府采购货物的采购计划和资金已经有关采购主管部门批准。

E. 服务招标的特别条件

工程设计招标的特别条件：工程概念性方案设计招标，应当具有批准的项目建议书；工程实施性方案设计招标，应当具有批准的工程建设项目规划设计条件和可行性研究报告。

工程建设监理和建设项目管理招标的特别条件：工程监理招标、含工程设计阶段的项目管理招标应该具有批准的工程可行性研究报告或工程实施性方案设计；而采用工程建设项目全过程的项目管理方式，一般自工程建设项目概念性方案设计或可行性研究阶段开始提供项目决策咨询服务，其招标条件只需批准的项目建议书。

③ 招标工作计划

明确招标内容、范围、数量、时间以及预算等内容。

④ 招标组织形式

确定招标组织形式，可自行组织招标或委托代理招标。

依法必须进行施工招标的工程，招标人自行办理施工招标事宜的，应当具有编制招标文件和组织评标的能力：有专门的施工招标组织机构；有与工程规模、复杂程度相适应并具有同类工程施工招标经验、熟悉有关工程施工招标法律法规的工程技术、概预算及工程管理的专业人员。

不具备上述条件的，招标人应当委托工程招标代理机构代理施工招标。

⑤ 招标方案

招标人应根据项目的特点和自身需求，编制招标方案。详见任务1.2的内容。

⑥ 办理招标备案

招标人向建设行政主管部门办理申请招标手续。招标备案文件应说明：招标工作范围、招标方式、计划工期、对投标人的资质要求、招标项目前期准备工作的完成情况、自行招标还是委托代理招标等内容。经认可后才能开展招标工作。

2) 组织资格审查

① 资格预审

资格预审是招标人采用公开招标方式，在投标前按照有关规定程序和要求公布资格预审公告和资格预审文件，对获取资格预审文件并递交资格预审申请文件的潜在投标人进行资格审查的方法。注意资格预审程序以工作任务2的内容为准。招标人或授权资格审查委员会确定资格预审合格申请人。

② 资格后审

资格后审是开标后由评标委员会对投标人资格进行审查的方法。采用资格后审办法的，按规定要求发布招标公告，并根据招标文件中规定的资格审查方法、因素和标准，在评标的初步评审时审查投标人的资格。

③ 资格审查

采用邀请招标的项目可以直接向经过资格审查，满足投标资格条件的 3 个以上潜在投标人发出投标邀请书。

3）编制发售招标文件。

4）现场踏勘。

5）投标预备会。

6）编制递交投标文件。投标人依据招标文件要求编制递交投标文件。

7）组建评标委员会。招标人依法组建。

8）开标

开标的一般程序详见工作任务 5。

9）评标

评标由招标人依法组建的评标委员会负责，详见工作任务 5。

10）中标

① 公示

中标候选人公示。依法必须进行招标的项目，招标人应当自收到评标报告之日起 3 日内公示中标候选人，公示期不得少于 3 日。

② 定标。招标人或授权评标委员会依法确定中标人。

③ 提交招标投标情况书面报告。招标人向监督部门提交。

④ 发中标通知书。

11）签订合同

招标人与中标人应当自发出中标通知书之日起 30 日内，依据中标通知书、招标、投标文件中的合同构成文件签订合同协议书。

12）招标投标资料的保存

招标投标资料应按照相关法律法规的规定妥善保存。如：《政府采购法》规定，采购人、采购代理机构对政府采购项目每项采购活动的采购文件应当妥善保存，不得伪造、变造、隐匿或者销毁。采购文件的保存期限为从采购结束之日起至少保存十五年。采购文件包括采购活动记录、采购预算、招标文件、投标文件、评标标准、评估报告、定标文件、合同文本、验收证明、质疑答复、投诉处理决定及其他有关文件、资料。

扫码阅读1.11

7. 电子招标投标

电子招标投标活动是指将招标投标业务与先进的信息技术相结合，以数据电文形式，依托电子招标投标系统完成的全部或者部分招标投标交易、公共服务和行政监督活动。

通过贯彻国务院办公厅《关于促进建筑业持续健康发展的意见》（国办发〔2017〕19 号）、发展改革委《"互联网＋"招标采购行动方案（2017—2019）》（发改法规〔2017〕357 号）文件精神，2017 年，电子招标采购制度和技术标准体系建立健全，覆盖各地区、各行业的电子招标投标系统基本形成，依法必须招标项目基本实现全流程电子化招标采购，电子招标投标系统建设运营更加规范，招标采购市场竞争更加有序；2018 年，市场化、专业化、集约化的电子招标采购广泛应用，依托电子招标投标公共服务平台全面实现交易平台、监督平台以及其他信息平台的互联互通、资源共享和协同运行；2019年，覆盖全国、分类清晰、透明规范、互联互通的电子招标采购系统有序运行，以协同共享、动态监督和大数据监管为基础的公共服务体系和综合监督体系全面发挥作用，实现招标投标行业向信息化、智能化转型。

电子招标投标因具有高效、规范、透明、节约等特点，受到招标投标行业和社会各界的重视，已经成为运用电子信息技术改造传统纸质招标投标形式，促进招标投标公开、公平、公正和诚实守信，促进行业健康、科学发展的必然趋势。我国电子招标投标市场规模呈逐年上涨趋势，2022年7月全国电子招标投标系统中标金额为7946.8亿元。

数据电文形式与纸质形式的招标投标活动具有同等法律效力。电子招标投标系统根据功能的不同，分为交易平台、公共服务平台和行政监督平台。

（1）电子招标投标交易平台

依法设立的招标投标交易场所、招标人、招标代理机构以及其他依法设立的法人组织可以按行业、专业类别，建设和运营电子招标投标交易平台。

（2）电子招标

招标人或者其委托的招标代理机构应当在其使用的电子招标投标交易平台注册登记，选择使用除招标人或招标代理机构之外第三方运营的电子招标投标交易平台的，还应当与电子招标投标交易平台运营机构签订使用合同，明确服务内容、服务质量、服务费用等权利和义务，并对服务过程中相关信息的产权归属、保密责任、存档等依法作出约定。

电子招标投标交易平台运营机构不得以技术和数据接口配套为由，要求潜在投标人购买指定的工具软件。

招标人或者其委托的招标代理机构应当在资格预审公告、招标公告或者投标邀请书中载明潜在投标人访问电子招标投标交易平台的网络地址和方法。依法必须进行公开招标项目的上述相关公告应当在电子招标投标交易平台和国家指定的招标公告媒介同步发布。

招标人或者其委托的招标代理机构应当及时将数据电文形式的资格预审文件、招标文件加载至电子招标投标交易平台，供潜在投标人下载或者查阅。

数据电文形式的资格预审公告、招标公告、资格预审文件、招标文件等应当标准化、格式化，并符合有关法律法规以及国家有关部门颁发的标准文本的要求。

在投标截止时间前，电子招标投标交易平台运营机构不得向招标人或者其委托的招标代理机构以外的任何单位和个人泄露下载资格预审文件、招标文件的潜在投标人名称、数量以及可能影响公平竞争的其他信息。

招标人对资格预审文件、招标文件进行澄清或者修改的，应当通过电子招标投标交易平台以醒目的方式公告澄清或者修改的内容，并以有效方式通知所有已下载资格预审文件或者招标文件的潜在投标人。

（3）电子投标

投标人应当在资格预审公告、招标公告或者投标邀请书载明的电子招标投标交易平台注册登记，如实递交有关信息，并经电子招标投标交易平台运营机构验证。

投标人应当通过资格预审公告、招标公告或者投标邀请书载明的电子招标投标交易平台递交数据电文形式的资格预审申请文件或者投标文件。

电子招标投标交易平台应当允许投标人离线编制投标文件，并且具备分段或者整体加密、解密功能。

投标人应当按照招标文件和电子招标投标交易平台的要求编制并加密投标文件。

投标人未按规定加密的投标文件，电子招标投标交易平台应当拒收并提示。

投标人应当在投标截止时间前完成投标文件的传输递交，并可以补充、修改或者撤回投标文件。投标截止时间前未完成投标文件传输的，视为撤回投标文件。投标截止时间后送达的投标文件，电子招标投标交易平台应当拒收。

电子招标投标交易平台收到投标人送达的投标文件，应当即时向投标人发出确认回执通知，并妥善保存投标文件。在投标截止时间前，除投标人补充、修改或者撤回投标文件外，任何单位和个人不得解密、提取投标文件。

资格预审申请文件的编制、加密、递交、传输、接收确认等，适用本办法关于投标文件的规定。

（4）电子开标、评标和中标

电子开标应当按照招标文件确定的时间，在电子招标投标交易平台上公开进行，所有投标人均应当准时在线参加开标。

开标时，电子招标投标交易平台自动提取所有投标文件，提示招标人和投标人按招标文件规定方式按时在线解密。解密全部完成后，应当向所有投标人公布投标人名称、投标价格和招标文件规定的其他内容。

因投标人原因造成投标文件未解密的，视为撤销其投标文件；因投标人之外的原因造成投标文件未解密的，视为撤回其投标文件，投标人有权要求责任方赔偿因此遭受的直接损失。部分投标文件未解密的，其他投标文件的开标可以继续进行。

招标人可以在招标文件中明确投标文件解密失败的补救方案，投标文件应按照招标文件的要求作出响应。

电子招标投标交易平台应当生成开标记录并向社会公众公布，但依法应当保密的除外。

电子评标应当在有效监控和保密的环境下在线进行。

根据国家规定应当进入依法设立的招标投标交易场所的招标项目，评标委员会成员应当在依法设立的招标投标交易场所登录招标项目所使用的电子招标投标交易平台进行评标。

评标中需要投标人对投标文件澄清或者说明的，招标人和投标人应当通过电子招标投标交易平台交换数据电文。

评标委员会完成评标后，应当通过电子招标投标交易平台向招标人提交数据电文形式的评标报告。依法必须进行招标的项目中标候选人和中标结果应当在电子招标投标交易平台进行公示和公布。

招标人确定中标人后，应当通过电子招标投标交易平台以数据电文形式向中标人发出中标通知书，并向未中标人发出中标结果通知书。

招标人应当通过电子招标投标交易平台，以数据电文形式与中标人签订合同。

招标投标活动中的下列数据电文应当按照《电子签名法》和招标文件的要求进行电子签名并进行电子存档。

扫码阅读1.12

扫码阅读1.13

扫码阅读1.14

1.1.5 任务实施

1. 根据任务描述中的案例背景和任务要求，引导学生进入招标助理的工作岗位角色，明确编制施工招标工作时间表的任务。

2. 进行招标投标相关法律法规等知识的学习。

招标工作时间安排需特别注意法律法规对某些工作时间的强制性要求，见表1-4。

工程招标工作计划时间要求一览表　　　　　　　　　　　　　表 1-4

编号	工作项目	工作时间强制性要求说明	备注
1	发布资格预审公告	以公告中公示的时间为准，有效期至少5日，与报名同步	
2	投标申请人报名	以公告中公示的时间为准，公告期内进行，公告发布日期结束即截止报名	
3	领取资格预审文件	资格预审文件发售期不得少于5日，与公告、报名同步	根据项目时间情况而定
4	投标申请人对资格预审文件提出质疑	投标申请人对资格预审文件有异议的，在提交资格预审申请文件截止时间2日前提出	
5	招标人对资格预审文件发布澄清或修改	提交资格预审申请文件截止时间至少3日前，不足3日的，顺延提交资格预审申请文件截止时间	
6	招标人抽取资格审查专家	由招标人（或招标代理机构）向专家库提交申请，专家库随机抽取	专家库管理单位周末不进行专家抽取工作
7	提交资格预审申请文件	提交资格预审申请文件的时间，自资格预审文件停止发售之日起不得少于5日	即提交资格预审申请文件截止时间
8	资格审查会	1天或更长，一般在资格预审申请文件递交截止后第二天进行	
9	发布资格预审结果通知	资格审查会结束后	
10	发售招标文件	发布资格审查结果通知后，招标文件的发售期不得少于5日	
11	现场踏勘	招标文件发售截止后由招标人组织，根据项目实际情况安排时间	
12	投标预备会	现场踏勘结束后，根据项目实际情况安排时间	
13	投标人对招标文件提出质疑	在投标截止时间（即提交投标文件截止时间）10日前提出	
14	招标人对招标文件发布澄清或修改	在投标截止时间至少15日前发布，不足15日的，应当顺延提交投标文件的截止时间	澄清或修改截止时间应在投标预备会之后
15	招标人为评标会议抽取专家	由招标人（或招标代理机构）向专家库提交申请，专家库随机抽取	专家库管理单位周末不进行专家抽取工作

续表

编号	工作项目	工作时间强制性要求说明	备注
16	提交投标保证金	自招标文件发售之日起，投标人获得招标文件至投标截止时间前，投标人的投标保证金款项到达招标人指定账户	
17	提交投标文件	提交投标文件的截止时间自招标文件发售之日起最短不得少于 20 日	提交投标文件截止时间即投标截止时间
18	开标	提交投标文件时间截止的同一时间	
19	评标	开标后即进行，评标完成后出具评标报告	一般与开标安排在同一天进行
20	中标公示	自收到评标报告之日起 3 日内公示中标候选人，公示期不得少于 3 日	上网当天不算
21	中标通知	中标公示结束后，投标有效期内	
22	签订合同	自中标通知书发出之日起 30 日内，包括合同前准备、合同谈判、合同签订等工作	合同签订完成，可着手准备施工进场准备工作，本工程初步拟定合同正式签订完成需要 3 天时间
23	招标结果备案	依法必须进行招标的项目，招标人应当自确定中标人之日起 15 日内，向有关行政监督部门提交招标投标情况的书面报告	招标结束后，整合整个招标过程的资料，包括已签订的合同
24	向未中标投标人退还投标保证金	招标人最迟应当在书面合同签订后 5 日内向中标人和未中标的投标人退还投标保证金及银行同期存款利息	

3. 学生分组进行角色扮演，并且拟订该建设项目施工招标工作进度计划安排表，填写表 1-5。

××学院新校区一期工程项目施工招标工作进度计划安排表　　　表 1-5

序号	工作内容	时间
	备案及公告阶段	
1	招标备案	___年__月__日
2	编制并确定招标方案和计划	___年__月__日—___年__月__日
3	完成招标公告、资格预审文件、招标文件初稿	___年__月__日—___年__月__日
4	修改资格预审、施工招标文件定稿	___年__月__日—___年__月__日
5	招标公告、资格预审文件、招标文件并备案	___年__月__日—___年__月__日
6	发布施工资格预审公告	___年__月__日—___年__月__日
7	接受报名并发资格预审文件	___年__月__日—___年__月__日

序号	工作内容	时间
资格预审阶段		
8	接受递交申请文件	递交截止时间：___年_月_日
9	组织资格评审，确定合格名单，评审委员会编写资格预审报告	___年_月_日—___年_月_日
10	报备资格审查报告	___年_月_日—___年_月_日
11	发投标邀请书	___年_月_日
招标、评标、定标阶段		
12	发售招标文件并在开标前编制标底	___年_月_日—___年_月_日
13	组织勘察现场及标前答疑会	___年_月_日
14	开标、评标	___年_月_日
15	对中标候选人公示无异议后定标	___年_月_日
16	核备招标评标报告	___年_月_日—___年_月_日
17	确认招标结果并发中标通知书	___年_月_日
18	起草、签订施工合同	___年_月_日—___年_月_日

4. 教师扮演甲方专家，学生扮演招标代理机构招标助理，对该建设项目施工招标工作时间表的具体安排进行答辩。

1.1.6 任务小结

本任务主要学习建设工程招标投标的基本概念、法律体系、责任、程序、招标范围、类型、方式、组织形式等内容。要重点把握招标投标法律法规中对招标工作的流程、时间节点的限制性规定。能运用所学的招标投标理论知识，正确编制工程项目施工招标工作进度计划安排表。

任务 1.2   编制招标方案

1.2.1 学习目标

1. 知识目标

掌握施工招标方案的内容，熟悉工程标段划分的相关影响因素，了解工程发包模式与合同类型。

2. 能力目标

具备编制招标方案的能力。

3. 素质目标

培养学生"遵守国家法律法规、政策和行业自律规则，诚信守法，客观公正"的职业道德，具备担任招标助理岗位工作必备的与人交流、协作能力及信息处理能力。

1.2.2　任务描述

依据任务1.1案例背景，完成以下工作：确定该工程的招标批次及标包。

（1）本项目招标采购方案包括哪几部分内容？试拟定一份招标基本情况表（表1-6），其中招标估算金额不用填写。

招标基本情况表　　　　　　　　　　　　　　　　　　　　　　　表1-6

类别	招标范围		招标组织形式		招标方式		不采用招标方式	招标估算金额（万元）	备注
	全部招标	部分招标	自行招标	委托招标	公开招标	邀请招标			
勘察									
设计									
建筑工程									
安装工程									
监理									
主要设备									
重要材料									
其他									

（2）本项目招标至少需要划分多少个招标批次？确定招标任务的时间节点及次序，并说明理由。

（3）本项目每个批次招标是否需要进一步划分标段？为什么？

1.2.3　任务分析

通过扮演招标助理岗位角色，完成任务1.1的具体案例，分析招标方案编制中一些重点要素，如招标标段、标包划分、招标基本情况等内容，使学生能够结合招标项目的特点完成招标方案的策划。

1.2.4　知识链接

招标方案是以招标项目的技术经济、管理特点、条件和功能、质量、价格、进度需求为基础，依据有关法律政策、技术标准规范编制的招标项目的实施目标、方式、计划和措施。工程项目施工招标方案通常包括以下内容。

1. 背景概况

包括：工程建设项目的名称、用途、建设地址、项目业主、资金来源、规模、标准、主要功能等情况，工程建设项目投资审批、规划许可、勘察设计及其相关核准等有关依据，已经具备或正待落实的各项招标条件。

2. 工程招标方式、内容范围、标段划分和投标资格要求

1）确定招标方式

招标人应根据工程特点、工程建设总进度计划、招标前准备工作的完成情况、合同类型和招标人的管理能力等因素，确定招标方式。招标方式为公开招标或邀请招标。招标方法有电子招标、两阶段招标、框架协议招标。

2）工程招标内容范围和标段划分

① 内容范围

包括：工程施工现场准备、土木建筑工程、设备安装工程。

A. 工程施工现场准备，指工程建设必须具备的现场施工条件，包括通路、通水、通电、通信，乃至通气、通热，以及施工场地平整，各种施工和生活设施的建设等；

B. 土木建筑工程，是指房屋、市政、交通、水利水电、铁路等永久性的土木建筑工程，包括土石方工程、基础工程、混凝土工程、金属结构工程、装饰工程、道路工程、构筑物工程等；

C. 设备安装工程，包括机械、化工、冶金、电气、自动化仪表、给水排水等设备和管线安装，计算机网络、通信、消防、声像系统以及检测、监控系统的安装等。

工程施工招标内容、范围应正确描述工程建设项目数量与边界、工作内容、施工边界条件等。其中，施工的边界条件包括地理边界条件以及与周边工程承包人的工作分工、衔接、协调配合等内容。

② 工程施工招标标段划分

标段划分（也可称为合同数量的划分）的目的，主要是为了增加作业面，加快施工进度，同时又可以便于资金的分块和管理。对于大型的项目，作为一个整体进行招标将大大降低招标的竞争性，因为符合招标条件的潜在投标人数量太少，这样就应当将招标项目划分成若干个标段分别进行招标。招标项目需要划分标段的，招标人应当合理划分标段。在一般情况下，一个项目应作为一个整体进行招标，对工程技术上紧密相连、不可分割的单位工程不得分割标段。但是若标段划分过多，则不仅仅会增加临时设施等措施费用，而且也会给施工现场管理、配合、协调等带来一定的难度。

工程施工招标应该依据工程建设项目管理承包模式、工程设计进度、工程施工组织规划和各种外部条件、工程进度计划和工期要求、各单项工程之间的技术管理关联性以及投标竞争状况等因素，综合分析研究划分标段，并结合标段的技术管理特点和要求设置投标资格预审的资格能力条件标准，以及投标人可以选择投标标段的空间。招标标段划分主要考虑以下相关因素：

A. 法律法规。《招标投标法》和《必须招标的工程项目规定》《必须招标的基础设施和公用事业项目范围规定》对必须招标项目的范围、规模标准和标段划分作了明确规定，这是确定工程招标范围和划分标段的法律依据，招标人应依法、合理地确定项目招标内容及标段规模，不得通过细分标段、化整为零的方式规避招标。

B. 工程承包管理模式。工程承包模式采用总承包合同与多个平行承包合同对标段划分的要求有很大差别。采用工程总承包模式，招标人期望把工程施工的大部分工作都交给总承包人，并且希望有实力的总承包人投标。同时，总承包人也期望发包的工程规模足够大，否则不能引起其投标的兴趣。因此，总承包方式发包的一般是较大标段工程，否则就失去了总承包的意义。而多个平行承包模式是将一个工程建设项目分成若干个可以独立、平行施工的标段，分别发包给若干个承包人承担，工程施工的责任、风险随之分散。但是工程施工的协调管理工作量随之加大。

C. 工程管理力量。招标项目划分标段的数量，确定标段规模，与招标人的工程管理力量有关。标段的数量、规模决定了招标人需要管理合同的数量、规模和协调工作量，这对招标人的项目管理机构设置和管理人员的数量、素质、工作能力都提出了要求。如果招标人拟建立的项目管理机构比较精简或管理力量不足，就不宜划分过多的标段。

D. 竞争格局。工程标段规模的大小和标段数量，与招标人期望引进的承包人的规模和资质等级有关，除具备总承包特级资质的承包人之外，施工承包人可以承揽的工程范围、规模取决于其工程承包资质类别、等级和注册资本金的数量。同时，工程标段规模过大必然减少投标承包人的数量，从而会影响投标竞争的效果。

E. 技术层面。从技术层面考虑标段的划分有三个基本因素：

a. 工程技术关联性。凡是在工程技术和工艺流程上关联性比较密切的部位，无法分别组织施工，不适宜划分给两个以上承包人去完成。

b. 工程计量的关联性。有些工程部位或分部、分项工程，虽然在技术和工艺流程方面可以区分开，但在工程量计量方面则不容易区分，这样的工程部位也不适合划分为不同的标段。

c. 工作界面的关联性。划分标段必须要考虑各标段区域及其分界线的场地容量和施工界面能否容纳两个承包人的机械和设施的布置及其同时施工，或者更适合于哪个承包人进场施工。如果考虑不周，则有可能制约或影响施工质量和工期。

F. 工期与规模。工程总工期及其进度松紧对标段划分也会产生很大的影响。标段规模小，标段数量多，进场施工的承包人多，容易集中投入资源，多个工点齐头并进赶工期，但需要发包人有相应的管理措施和充足、及时的资金保障。划分多个标段虽然能引进多个承包人进场，但也可能标段规模偏小，发挥不了规模效益，不利于吸引大型施工企业前来投标，也不利于发挥特种大型施工设备的使用效率，从而提高工程造价，并容易导致产生转包、分包现象。

3）投标资格要求

按照招标项目及其标段的专业、规模、范围和承包方式，依据有关建筑企业资质管理规定，初步拟定投标人的资质、业绩标准。

3. 工程招标顺序

工程施工招标前应首先安排相应工程的项目管理、工程设计、监理或设备监造招标，为工程施工项目管理奠定组织条件。工程招标顺序应按工程设计、施工进度的先后次序和其他条件，以及各单项工程的技术管理关联度安排工程招标顺序。

根据工程施工总体进度顺序确定工程招标顺序。一般是：施工准备工程在前，主体工程在后；制约工期的关键工程在前，辅助工程在后；土建工程在前，设备安装在后；结构工程在先，装饰工程在后；工程施工在前，工程货物采购在后，但部分主要设备采购应在工程施工之前招标，以便据此确定工程设计或施工的技术参数。工程招标的实际顺序应根据工程施工的特点、条件和需要安排确定。

① 项目管理→设计→监理→设备监造→施工

② 施工准备工程→主体工程

③ 土建工程→设备安装工程

④ 结构工程→装饰工程

⑤ 工程施工→工程货物采购

4. 工程质量、造价、进度需求目标

通过分析招标工程建设项目的功能、特点和条件，依据有关法规、标准、规范、项目审批和设计文件以及实施计划等总体要求，科学合理设定工程建设项目的质量、造价、进度和安全、环境管理的需求目标。这是编制和实施招标方案的主要内容，也是设置和选择工程招标的投标资格条件、评标方法、评标因素和标准、合同条款等相关内容的主要依据。其中工程建设项目的质量、造价、进度三大控制目标之间具有相互依赖和相互制约的关系：工程进度加快，工程投资就要增加，但项目的提前投产可提前实现投资效益；同时，工程进度加快，也可能影响工程质量；提高工程质量标准和采取严格控制措施，又可能影响工程进度，增加工程投资。因此，招标人应根据工程特点和条件，合理处理好三大需求目标之间的关系，提高工程建设的综合效益。

1）工程质量需求目标：依据招标人的使用功能要求，满足工程使用的适用性、安全性、经济性、可靠性、环境的协调性；工程质量必须符合国家有关法律和设计、施工质量及验收标准、规范。

2）工程造价控制目标：招标工程施工造价通常以工程建设项目投资限额为基础，编制确定工程建设项目的参考标底价格或招标控制价（投标报价的最高控制价格）作为控制目标。工程参考标底是依据招标工程建设项目的发包范围和工程量清单，一般参考工程定额的平均消耗量和人工、材料、机械的市场平均价格，结合常规施工组织设计编制。

3）工程进度需求目标：根据工程建设项目的总体进度计划要求、工程发包范围和阶段、工程设计的进度安排和相关条件及可能的变化因素，明确提出招标工程施工进度的目标要求。

5. 工程发包模式与合同类型

（1）发包模式包括：施工承包方式、设计-施工一体化承包方式。需要根据招标工程的特点和招标人需要，按照承包人义务范围大小等因素选择发包方式。

（2）合同类型包括：固定总价合同、固定单价合同、可调价合同、成本加酬金合同。需要根据招标工程的特点和招标人采纳的计价方式选定合同类型。

6. 工程招标工作目标和计划

工程招标工作目标和计划应该依据招标项目的特点和招标人的需求、工程建设程序、工程总体进度计划和招标必需的顺序编制，包括招标工作的专业性与规范性要求以及招标各阶段工作内容、工作时间及完成日期等目标要求。

招标工作计划是工程招标方案的组成部分。但是，大型工程建设项目因制定整个项目实施计划需要，往往在制定单项工程招标方案前，已经制定了整个工程建设项目分类、分阶段招标规划。中小型工程仅需要编制单项工程招标方案的工作计划。

7. 工程招标工作分解

工程招标工作分解是对整个招标工作任务、内容、工作目标和职责，依据招标投标的基本程序和工作要求，按照投标人的岗位职责、人力资源、设备条件及相互关系等分解配置。

8. 工程招标方案实施的措施

需明确招标工作计划采取的组织管理和技术保证措施。

1.2.5 任务实施

【任务引导】

招标方案通常包括的内容，详见前文 1.2.4 中的内容。

填写《招标基本情况表》时，自行招标的条件，详见本教材1.1.4节中"4.工程项目招标的类型、方式、组织形式"；有关部门规章关于邀请招标的条件，以及关于可以不招标的情况，详见本教材1.1.4节中"1.工程项目招标投标的原则与范围"。

扫码阅读1.15

1.2.6　任务小结

要完成招标方案策划工作，需要明确：招标方案的概念、内容；招标人自行招标的条件；建设项目招标程序、招标批次的划分原则及工作分解；招标次序与工程建设的关系；标段、标包划分原则。

微课

工作任务 2　编制工程施工招标公告

引文：

　　资格预审公告（或招标公告、投标邀请函）包含了工程建设项目的重要信息及对施工单位的要求，是施工单位决定是否投标以及后续编制投标书的基本依据。资格预审公告（或招标公告、投标邀请函）及后续的资格审查对于工程任务承揽有着重要的意义。本任务阐述了资格审查的分类、原则、步骤和内容；将招标采购从业人员所从事的编制招标公告、编制资格预审文件以及进行资格审查等岗位工作作为能力目标。

【思维导图】

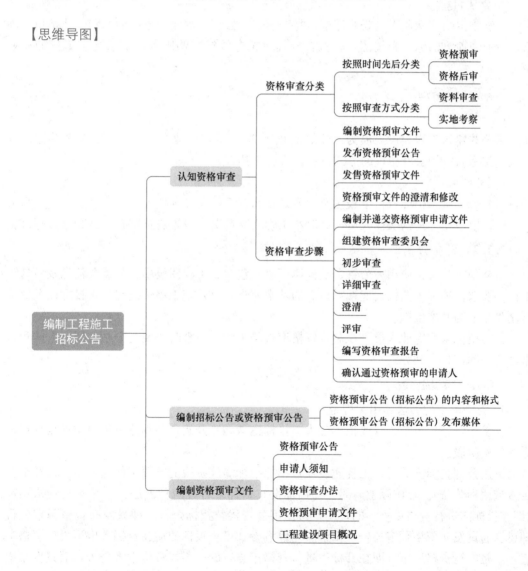

任务 2.1　认知资格审查

2.1.1　学习目标

1. 知识目标

掌握资格审查的原则和步骤，掌握资格审查的内容和要素标准，熟悉资格审查的分类；

了解资格审查的作用和意义。

2. 能力目标

具备组织资格审查工作的能力。

3. 素质目标

培养学生恪守从业人员职业道德，坚守诚信、公正、敬业、进取的原则，严格执行国家、行业、地方的标准和规范，合法合规提供招标投标采购服务，担当社会责任的职业精神。

2.1.2　任务描述

【案例背景】

某公共建筑工程建设规模为：建筑面积 133380m²，占地 29000m²，由 5 个单位工程组成。招标人采用公开招标的方式进行工程施工招标。

【任务要求】

（1）工程施工招标资格审查主要内容是什么？

（2）模拟招标采购从业人员，针对本工程实际情况，设置资格审查因素和审查标准。

2.1.3　任务分析

资格预审公告（或招标公告、投标邀请函）包含了工程建设项目的重要信息及对施工单位的要求，体现了招标人优选承包商的基本要求，也是施工单位决定是否投标以及后续编制投标书的基本依据。

作为招标采购专业人员，在制订资格审查的步骤和内容时，要充分站在招标人的角度来思考问题，权衡利弊。

2.1.4　知识链接

1. 资格审查的做法和相关规定

从发布资格预审公告（或招标公告、投标邀请函）开始，工程建设项目招标投标正式进入实施阶段。

采用公开招标方式时，工程建设项目招标投标实施阶段的首要工作为发布资格预审公告（或招标公告）。在国际上，对公开招标发布招标公告有两种做法：一是实行资格预审（即在投标前进行资格审查）的，用资格预审公告代替招标公告，即只发布资格预审公告即可。通过发布资格预审公告，招请一切愿意参加工程投标的潜在投标人申请投标资格审查。二是实行资格后审（即在开标后进行资格审查）的，不发资格审查公告，而只发布招标公告。通过发布招标公告，招请一切愿意参加工程投标的承包商申请投标。

采用邀请招标方式时，工程建设项目招标投标实施阶段的首要工作是招标人需向 3 个以上具备承担招标项目的能力且资信良好的潜在投标人发出邀请，邀请他们接受投标资格审查，参加投标。

在工程招标活动中，招标人对投标申请人进行资格审查，是对投标申请人的首次挑选。其主要目的是，选择技术力量强、信誉好的建筑施工队伍并初步确定成交价格。对投标申请人的资格审查在一定程度上决定招标投标活动的成败，同时也决定招标人能否选择优秀的建筑施工企业。因此，作为招标投标活动的重要环节之一，审查投标申请人资格，越来越受到招标投标当事人及监督部门的重视。

《招标投标法》第十八条规定：招标人可以根据招标项目本身的要求，在招标公告或者投标邀请书中，要求潜在投标人提供有关资质证明文件和业绩情况，并对潜在投标人进行资格审查；国家对投标人的资格条件有规定的，依照其规定。招标人不得以不合理的条件限制或者排斥潜在投标人，不得对潜在投标人实行歧视待遇。

2. 资格审查的类别

（1）资格审查按时间先后的分类

资格审查按时间先后可分为资格预审和资格后审。

资格预审是指在投标前对潜在投标人进行的资质条件、业绩、信誉、技术、资金等多方面情况进行资格审查，采取资格预审的，招标人应当在资格预审文件中载明资格预审的条件、标准和方法。

资格后审是指在开标后对投标人进行的资格审查，是评标工作的重要内容。采取资格后审的，招标人应当在招标文件中载明对投标人资格要求的条件、标准和方法。

无论资格预审还是资格后审，招标人都不得改变载明的资格条件或者以没有载明的资格条件对潜在投标人或者投标人进行资格审查。除招标文件另有规定外，进行资格预审的，一般不再进行资格后审。

（2）资格审查按审查方式的分类

资格审查按审查方式可分为资料审查和实地考察。

资料审查是指招标单位资格审查小组对投标申请人的书面资料审查。一般包括：投标申请人的资质证书、营业执照、施工安全许可证、税务登记证、法人委托书，投标申请人近二年承接过的类似工程业绩及项目经理近二年的工作业绩，拟投入招标项目的施工主要技术人员情况和机械设备，投标申请人近二年的财务状况（财务审计报告）等。

实地考察是指招标单位资格审查小组到投标申请人所在地、在建项目现场和已完工程项目建设单位，考察投标申请人和项目经理的施工业绩及技术水平。实地考察主要包括经济、技术及管理人员情况，施工机械配备情况，施工现场的文明情况，安全设施情况，项目经理在岗情况、施工现场管理情况。实地考察一般可以准确地掌握投标申请人的项目实施管理，了解投标申请人的技术力量和管理水平，能有效防止投标申请人弄虚作假，谎报虚假书面资料。对已完项目的实施及使用情况进行考察走访，可以了解投标申请人的施工质量情况，合同履行情况，定期回访服务情况。对企业和项目经理近期奖惩情况的了解可以通过走访投标申请人的行业主管部门、质检、安监等部门进行。通过走访，可以有效防止一些受过有关部门处罚而被禁止投标和承接项目的投标申请人蒙混过关，通过资格审查。

3. 资格审查的步骤

资格预审和后审的内容与标准是相同的，下面主要介绍进行资格预审的工作步骤：

（1）编制资格预审文件

根据招标项目的特点和需要，按照国家相关部门公布的《标准施工招标资格预审文件》的标准文本格式来编制资格预审文件。

（2）发布资格预审公告

凡是公开招标的项目，都应当发布资格预审公告。而对于依法必须进行招标的项目的资格预审公告，则应当在国家发展改革委所指定的媒介发布。

（3）发售资格预审文件

招标人应当按照资格预审公告规定的时间、地点发售资格预审文件。资格预审文件的发售期不得少于 5 日。发售资格预审文件收取的费用，应当限于补偿印刷、邮寄的成本支出，不得以营利为目的。申请人对资格预审文件有异议的，应当在递交资格预审申请文件截止时间 2 日前向招标人提出。招标人应当自收到异议之日起 3 日内做出答复；做出答复前，应当暂停实施招标投标的下一步程序。

（4）资格预审文件的澄清、修改

招标人可以对已发出的资格预审文件进行必要的澄清或者修改。澄清或者修改的内容可能影响资格预审申请文件编制的，招标人应当在提交资格预审申请文件截止时间至少 3 日前，以书面形式通知所有获取资格预审文件的潜在投标人；不足 3 日的，招标人应当顺延提交资格预审申请文件的截止时间。

潜在投标人或者其他利害关系人对资格预审文件有异议的，应当在提交资格预审申请文件截止时间 2 日前提出；对招标文件有异议的，应当在投标截止时间 10 日前提出。招标人应当自收到异议之日起 3 日内做出答复；做出答复前，应当暂停招标投标活动。

（5）编制并递交资格预审申请文件

潜在投标人应严格依据资格预审文件要求的格式和内容，编制、签署、装订、密封、标识资格预审申请文件，按照规定的时间、地点、方式递交。依法必须进行招标的项目，提交资格预审申请文件的截止时间，自资格预审文件停止发售之日起不得少于 5 日。

（6）组建资格审查委员会

国有资金占控股或者主导地位的依法必须进行招标的项目，招标人应当组建资格审查委员会审查资格预审申请文件。有关技术、经济等方面的专家应当从事相关领域工作满 8 年并具有高级职称或者具有同等专业水平，不得少于成员总数的 2/3。与申请人有利害关系的人不得进入资格审查委员会，已经进入的应当更换。审查委员会成员的名单在审查结果确定前应当保密。成员人数为 5 人以上单数。其他项目由招标人自行组织资格审查。

（7）初步审查

初步审查的内容主要有投标资格申请人名称、申请函签字盖章、申请文件格式、联合体申请人等内容。

（8）详细审查

以下内容，按照招标类别和要求分别选择：营业执照、企业资质等级和安全生产许可证、企业生产许可或安全生产许可证或"3C"认证（货物）、质量管理体系和职业健康安全管理体系认证书（非强制）、环境管理体系认证书（非强制）、财务状况、类似项目业绩、信誉、项目经理和技术负责人的资格、联合体申请人的资格和协议、其他。

（9）澄清

资格审查委员会可以要求申请人澄清，不接受申请人主动提出的澄清或说明；澄清采用书面形式，范围仅限于申请文件中不明确的内容；澄清可以多个轮次。

（10）评审

① 合格制。按照资格预审文件的标准评审。

② 有限数量制。按照资格预审文件的标准、方法和数量评审和排序。

（11）编写资格审查报告

（12）确认通过资格预审的申请人

招标人根据资格审查报告确认通过资格预审的申请人，并向其发出投标邀请书（代资格预审合格通知书）。招标人应要求通过资格预审的申请人收到通知后，以书面方式确认是否参与投标。同时，招标人还应向未通过资格预审的申请人发出资格预审结果的书面通知。未通过资格预审的申请人不具有投标资格。通过资格预审的申请人少于 3 个的，应当重新招标。

扫码阅读2.1

2.1.5　任务实施

1. 查找资料，学习国内资格审查发展的历史背景和过程，讨论其对现代工程建设项目和建筑行业发展的意义。

2. 找出资格审查过程中的关键内容并说明原因。

3. 针对资格审查案例，制订切实可行的审查方案和措施，确保审查工作全面完整。

4. 分组扮演招标助理，完成资格审查因素与标准的确定工作。

扫码阅读2.2

2.1.6　任务小结

本任务介绍了资格审查的入门知识，重点学习了资格审查的作用以及基本步骤，通过资料查找和对相关内容的讨论，让同学们认识到资格审查对于工程项目乃至整个建筑行业发展的重要意义；通过角色扮演法模拟招标助理列出资格审查因素及审查标准表，掌握资格审查要点。

扫码阅读2.3

任务 2.2　编制招标公告或资格预审公告

2.2.1　学习目标

1. 知识目标

熟悉资格预审公告（招标公告）的格式、内容，了解资格预审公告（招标公告）的发布。

2. 能力目标

具备把握关键要素、标准，编制预审公告（招标公告）的能力。

3. 素质目标

培养学生团队协作、与人沟通的能力，并在提高个人工作能力的同时，进一步培养集体主义观念。

2.2.2 任务描述

针对实训案例，组建各自工作团队，编制招标公告或资格预审公告。

【案例背景】　××省××学院新校区工程经有关部门批准建设，总建筑面积约226060m²，占地约350000m²。经核准采用公开招标的方式选择施工单位，并委托××建设项目管理有限公司对该项目一期工程施工进行公开招标。

【任务要求】

(1) 本项目采用资格后审方式，招标公告包含哪些基本内容？

(2) 招标文件发售、投标文件递交和开标地点均为××省××市××商座。标段划分及招标内容：①第一标段：学生宿舍组团3，框架结构，建筑面积约21900m²；二食堂，框架结构，建筑面积约13100m²；②第二标段：教学办公楼组团2，框架结构，建筑面积约18500m²；教学办公楼组团3，框架结构，建筑面积约22000m²；③第三标段：图书馆，框架结构，建筑面积约24200m²；教学办公楼组团1，框架结构，建筑面积约13800m²；行政科研楼，框剪结构，建筑面积约16800m²；④第四标段：实习实训楼，框架结构，建筑面积约24260m²；厂房（钢结构除外），建筑面积约3900m²；展示实训馆，框架结构，建筑面积约7600m²；⑤第五标段：学生宿舍楼组团1，框架结构，建筑面积约21900m²；学生宿舍组团2，框架结构，建筑面积约21900m²；一食堂，框架结构，建筑面积约16200m²。请针对上述情况代招标人拟一份本项目施工招标公告。投标文件递交的截止时间为2021年12月22日上午9：00，其他内容可自己拟定。

2.2.3 任务分析

工程招标资格预审公告适用于采用资格预审方法的公开招标，招标公告适用于采用资格后审方法的公开招标。

区分资格预审和资格后审两种资格审查的特点和适用情况，并对审查关键要素进行细致学习。

2.2.4 知识链接

1. 资格预审公告（招标公告）的内容和格式

(1) 工程资格预审公告（招标公告）

主要包括以下内容：

1) 招标条件

① 工程建设项目名称、项目审批、核准或备案机关名称及批准文件编号；

② 项目业主名称，即项目审批、核准或备案文件中载明的项目投资或项目业主；

③ 项目资金来源和出资比例，例如，国债资金20%、银行贷款30%、自筹资金50%等；

④ 招标人名称，即负责项目招标的招标人名称，可以是项目业主或其授权组织实施项目并独立承担民事责任的项目建设管理单位；

⑤ 阐明该项目已具备招标条件，招标方式为公开招标。

2) 工程建设项目概况与招标范围

对工程建设项目建设地点、规模、计划工期、招标范围、标段划分等进行概括性的描述，使潜在投标人能够初步判断是否有意愿以及自己是否有能力承担项目的实施。

3）投标人资格要求

申请人应具备的工程施工资质等级、类似业绩、安全生产许可证、质量认证体系证书，以及对财务、人员、设备、信誉等方面的要求。是否接受联合体申请或投标以及相应的要求；申请人申请资格预审，潜在投标人投标的标段数量或指定的具体标段。

4）资格预审文件/招标文件获取的时间、方式、地点、价格

① 时间。招标人可根据招标项目规模情况具体约定，但依法必须进行招标的项目资格预审文件/招标文件发售时间不得少于 5 日。

② 方式、地点。一般要求到指定地点购买；采用电子招标投标的，可以直接从网上下载；为方便异地投标人参与投标，一般也可以通过邮购方式获取文件，此时招标人应在公告内明确告知在收到投标人邮购款（含手续费）后的约定日期内寄送。应注意前述约定的日期是指招标人寄送文件的日期，而不是寄达的日期，招标人不承担邮件延误或遗失的责任。

招标人为了方便投标人，可以通过互联网发售资格预审文件或招标文件。通过互联网发售的招标文件，与书面招标文件具有同等法律效力。如果没有约定，出现不一致时以书面文件为准。

③ 资格预审文件/招标文件售价。资格预审文件/招标文件的售价应当合理，收取的费用应当限于补偿印刷、邮寄的成本支出，不得以营利为目的。除招标人终止招标的情况外，资格预审文件、招标文件售出后，不予退还。

④ 图纸押金。为了保证投标人在未中标后及时退还图纸，必要时，招标人可要求投标人提交图纸押金，在投标人退还图纸时退还该押金。

5）资格预审申请文件/投标文件递交的截止时间、地点

① 截止时间。根据招标项目具体特点和需要合理确定资格预审申请文件、投标文件递交的截止时间。对于依法必须进行招标的项目，招标文件开始发售到投标文件递交截止日不得少于 20 日；采用电子招标投标在线提交投标文件的，最短不得少于 10 日。提交资格预审申请文件的时间，自资格预审文件停止发售之日起不得少于 5 日。

② 送达地点。送达地点一定要详细告知，可附交通地图。

③ 逾期送达处理。对于逾期送达的或者未送达指定地点的或者不按照资格预审文件、招标文件要求密封的资格预审申请文件/投标文件，招标人不予受理。

6）公告发布媒体

招标人发布本次招标资格预审公告/招标公告的媒体名称。如果招标人同时在多个媒体发布公告，应列明所有媒体的名称，并保证各媒体公告的内容一致。

7）联系方式

联系方式包括招标人和招标代理机构的联系人、地址、邮编、电话、传真、电子邮箱、开户银行和账号等。

（2）货物或服务招标公告

货物或服务招标资格预审公告或招标公告内容和格式与工程招标基本一致，主要区别是招标范围、内容、规模数量、技术规格、交货或服务方式、地点要求的描述以及申请人或投标人的资格条件。

（3）政府采购项目的招标公告

政府采购项目的招标公告应当包括下列内容：

1）采购人、采购代理机构的名称、地址和联系方式；

2）招标项目的名称、采购内容、用途、数量、简要技术要求或者招标项目的性质；

3）供应商资格要求；

4）获取招标文件的时间、地点、方式及招标文件售价；

5）投标截止时间、开标时间及地点；

6）联系人姓名和电话。

2. 资格预审公告（招标公告）发布媒体

根据《招标公告和公示信息发布管理办法》（国家发展改革委令第 10 号），依法必须招标项目的招标公告必须在指定媒介发布。招标公告的发布应当充分公开，任何单位和个人不得非法限制招标公告的发布地点和发布范围。

（1）依法必须招标项目的招标公告和公示信息应当在"中国招标投标公共服务平台"或者项目所在地省级电子招标投标公共服务平台（以下统一简称"发布媒介"）发布。发布媒介应当与相应的公共资源交易平台实现信息共享。

（2）"中国招标投标公共服务平台"应当汇总公开全国招标公告和公示信息，以及媒介名称、网址、办公场所、联系方式等基本信息，及时维护更新，与全国公共资源交易平台共享，并归集至全国信用信息共享平台，按规定通过"信用中国"网站向社会公开。

（3）按照电子招标投标有关数据规范要求交互招标公告和公示信息文本的，发布媒介应当自收到起 12 小时内发布。采用电子邮件、电子介质、传真、纸质文本等其他形式提交或者直接录入招标公告和公示信息文本的，发布媒介应当自核验确认起 1 个工作日内发布。核验确认最长不得超过 3 个工作日。

（4）发布媒介应当按照规定采取有效措施，确保发布招标公告和公示信息的数据至少 10 年内可追溯。发布媒介应当免费提供依法必须招标项目的招标公告和公示信息发布服务，并允许社会公众免费查阅招标公告和公示的完整信息。

（5）发布媒介应当设置专门栏目，方便市场主体和社会公众就其招标公告和公示信息发布工作反映情况、提出意见，并及时反馈。发布媒介应当实时统计本媒介招标公告和公示信息发布情况，及时向社会公布，并定期报送相应的省级以上发展改革部门或省级以上人民政府规定的其他部门。

（6）依法必须招标项目的招标公告和公示信息除在发布媒介发布外，招标人或其招标代理机构也可以同步在其他媒介公开，并确保内容一致。其他媒介可以依法全文转载依法必须招标项目的招标公告和公示信息，但不得改变其内容，同时必须注明信息来源。

（7）在两家以上媒介发布的同一招标项目的招标公告和公示信息内容不一致，潜在投标人或者投标人可以要求招标人或其招标代理机构予以澄清、改正、补充或调整。

2.2.5 任务实施

1. 根据收集到的案例，学习资格预审公告（招标公告）内容及格式，讨论其实际意义。

2. 分组学习讨论资格预审公告（招标公告）发布相关规定的用意和初衷。

3. 针对案例背景，从以下 4 种格式中，选择适合的文本，编制一份资格预审公告（招标公告）。

_____（项目名称）_____ 标段施工招标
资格预审公告（代招标公告）

1. 招标条件

本招标项目_____（项目名称）已由_____（项目审批、核准或备案机关名称）以_____（批文名称及编号）批准建设，项目业主为____，建设资金来自_____（资金来源），项目出资比例为_____，招标人为_____，招标代理机构为_____。项目已具备招标条件，现进行公开招标，特邀请有兴趣的潜在投标人（以下简称申请人）提出资格预审申请。

2. 项目概况与招标范围

____［说明本次招标项目的建设地点、规模、计划工期、合同估算价、招标范围、标段划分（如果有）等］。

3. 申请人资格要求

3.1 本次资格预审要求申请人具备_____ 资质，_____（类似项目描述）业绩，并在人员、设备、资金等方面具备相应的施工能力，其中，申请人拟派项目经理须具备_____ 专业_____ 级注册建造师执业资格和有效的安全生产考核合格证书，且未担任其他在施建设工程项目的项目经理。

3.2 本次资格预审_____（接受或不接受）联合体资格预审申请。联合体申请资格预审的，应满足下列要求：_____ 。

3.3 各申请人可就本项目上述标段中的____（具体数量）个标段提出资格预审申请，但最多允许中标_____（具体数量）个标段（适用于分标段的招标项目）。

4. 资格预审方法

本次资格预审采用_____（合格制/有限数量制）。采用有限数量制的，当通过详细审查的申请人多于____ 家时，通过资格预审的申请人限定为____ 家。

5. 申请报名

凡有意申请资格预审者，请于____ 年____ 月____ 日至____ 年____ 月____ 日（法定公休日，法定节假日除外），每日上午____ 时至____ 时，下午____ 时至____ 时（北京时间，下同），在_____（有形建筑市场/交易中心名称及地址）报名。

6. 资格预审文件的获取

6.1 凡通过上述报名者，请于____ 年____ 月____ 日至____ 年____ 月____ 日（法定公休日、法定节假日除外），每日上午____ 时至____ 时，下午____ 时至____ 时，在____（详细地址）持单位介绍信购买资格预审文件。

6.2 资格预审文件每套售价_____ 元，售后不退。

6.3 邮购资格预审文件的，需另加手续费（含邮费）_____ 元。招标人在收到单位介绍信和邮购款（含手续费）后____ 日内寄送。

7. 资格预审申请文件的递交

7.1　递交资格预审申请文件截止时间（申请截止时间，下同）为＿＿年＿＿月＿＿日＿＿时＿＿分，地点为＿＿＿＿＿＿＿＿＿＿＿＿＿＿＿＿＿＿（有形建筑市场/交易中心名称及地址）。

7.2　逾期送达或者未送达指定地点的资格预审申请文件，招件人不予受理。

8. 发布公告的媒介

本次资格预审公告同时在＿＿＿＿＿＿＿＿＿（发布公告的媒介名称）上发布。

9. 联系方式

招　标　人：＿＿＿＿＿＿＿＿＿　　招标代理机构：＿＿＿＿＿＿＿＿＿＿

地　　　址：＿＿＿＿＿＿＿＿＿　　地　　　址：＿＿＿＿＿＿＿＿＿＿

邮　　　编：＿＿＿＿＿＿＿＿＿　　邮　　　编：＿＿＿＿＿＿＿＿＿＿

联　系　人：＿＿＿＿＿＿＿＿＿　　联　系　人：＿＿＿＿＿＿＿＿＿＿

电　　　话：＿＿＿＿＿＿＿＿＿　　电　　　话：＿＿＿＿＿＿＿＿＿＿

传　　　真：＿＿＿＿＿＿＿＿＿　　传　　　真：＿＿＿＿＿＿＿＿＿＿

电子邮件：＿＿＿＿＿＿＿＿＿　　电 子 邮 件：＿＿＿＿＿＿＿＿＿＿

网　　　址：＿＿＿＿＿＿＿＿＿　　网　　　址：＿＿＿＿＿＿＿＿＿＿

开户银行：＿＿＿＿＿＿＿＿＿　　开 户 银 行：＿＿＿＿＿＿＿＿＿＿

账　　　号：＿＿＿＿＿＿＿＿＿　　账　　　号：＿＿＿＿＿＿＿＿＿＿

＿＿＿年＿＿＿月＿＿＿日

招标公告（未进行资格预审）

＿＿＿＿＿＿＿＿（项目名称）＿＿＿＿＿＿＿＿＿＿标段施工招标公告

1. 招标条件

本招标项目＿＿＿＿＿＿＿＿＿（项目名称）已由＿＿＿＿＿＿＿＿（项目审批、核准或备案机关名称）以＿＿＿＿＿＿＿＿（批文名称及编号）批准建设，项目业主为＿＿＿＿＿＿＿＿＿＿＿，建设资金来自＿＿＿＿＿＿（资金来源），项目出资比例为＿＿＿＿＿＿＿＿＿＿，招标人为＿＿＿＿＿＿＿＿＿。项目已具备招标条件，现对该项目的施工进行公开招标。

2. 项目概况与招标范围

＿＿＿＿＿＿＿＿＿＿＿（说明本次招标项目的建设地点、规模、计划工期、招标范围、标段划分等）。

3. 投标人资格要求

3.1 本次招标要求投标人须具备_____资质，_____业绩，并在人员、设备、资金等方面具有相应的施工能力。

3.2 本次招标_____（接受或不接受）联合体投标。联合体投标的，应满足下列要求：_____。

3.3 各投标人均可就上述标段中的____（具体数量）个标段投标。

4. 招标文件的获取

4.1 凡有意参加投标者，请于____年____月____日至____年____月____日（法定公休日、法定节假日除外），每日上午____时至____时，下午____时至____时（北京时间，下同），在_____（详细地址）持单位介绍信购买招标文件。

4.2 招标文件每套售价_____元，售后不退。图纸押金_____元，在退还图纸时退还（不计利息）。

4.3 邮购招标文件的，需另加手续费（含邮费）____元。招标人在收到单位介绍信和邮购款（含手续费）后____日内寄送。

5. 投标文件的递交

5.1 投标文件递交的截止时间（投标截止时间，下同）为____年____月____日____时____分，地点为_____。

5.2 逾期送达的或者未送达指定地点的投标文件，招标人不予受理。

6. 发布公告的媒介

本次招标公告同时在_____（发布公告的媒介名称）上发布。

7. 联系方式

招 标 人：_____	招标代理机构：_____
地　　址：_____	地　　址：_____
邮　　编：_____	邮　　编：_____
联 系 人：_____	联 系 人：_____
电　　话：_____	电　　话：_____
传　　真：_____	传　　真：_____
电子邮件：_____	电子邮件：_____
网　　址：_____	网　　址：_____
开户银行：_____	开户银行：_____
账　　号：_____	账　　号：_____

____年____月____日

投标邀请书（适用于邀请招标）

_____（项目名称）_____标段施工投标邀请书

_____（被邀请单位名称）：

1. 招标条件

本招标项目_____（项目名称）已由_____（项目审批、核准或备案机关名称）以_____（批文名称及编号）批准建设，项目业主为_____，建设资金来自____（资金来源），出资比例为_____，招标人为_____。项目已具备招标条件，现邀请你单位参加_____（项目名称）_____标段施工投标。

2. 项目概况与招标范围

_____（说明本次招标项目的建设地点、规模、计划工期、招标范围、标段划分等）。

3. 投标人资格要求

3.1　本次招标要求投标人具备_____资质，_____业绩，并在人员、设备、资金等方面具有承担本标段施工的能力。

3.2　你单位_____（可以或不可以）组成联合体投标。联合体投标的，应满足下列要求：_____。

4. 招标文件的获取

4.1　请于___年___月___日至___年___月___日（法定公休日、法定节假日除外），每日上午____时至____时，下午____时至____时（北京时间，下同），在_____（详细地址）持本投标邀请书购买招标文件。

4.2　招标文件每套售价____元，售后不退。图纸押金____元，在退还图纸时退还（不计利息）。

4.3　邮购招标文件的，需另加手续费（含邮费）____元。招标人在收到邮购款（含手续费）后___日内寄送。

5. 投标文件的递交

5.1　投标文件递交的截止时间（投标截止时间，下同）为___年___月___日___时___分，地点为_____。

5.2　逾期送达的或者未送达指定地点的投标文件，招标人不予受理。

6. 确认

你单位收到本投标邀请书后，请于_____（具体时间）前以传真或快递方式予以确认。

7. 联系方式

招　标　人：＿＿＿＿＿＿＿＿　　招标代理机构：＿＿＿＿＿＿＿＿

地　　　址：＿＿＿＿＿＿＿＿　　地　　　址：＿＿＿＿＿＿＿＿

邮　　　编：＿＿＿＿＿＿＿＿　　邮　　　编：＿＿＿＿＿＿＿＿

联　系　人：＿＿＿＿＿＿＿＿　　联　系　人：＿＿＿＿＿＿＿＿

电　　　话：＿＿＿＿＿＿＿＿　　电　　　话：＿＿＿＿＿＿＿＿

传　　　真：＿＿＿＿＿＿＿＿　　传　　　真：＿＿＿＿＿＿＿＿

电　子　邮　件：＿＿＿＿＿＿　　电　子　邮　件：＿＿＿＿＿＿

网　　　址：＿＿＿＿＿＿＿＿　　网　　　址：＿＿＿＿＿＿＿＿

开　户　银　行：＿＿＿＿＿＿　　开　户　银　行：＿＿＿＿＿＿

账　　　号：＿＿＿＿＿＿＿＿　　账　　　号：＿＿＿＿＿＿＿＿

　　　　　　　　　　　　　　　　　　＿＿＿年＿＿＿月＿＿＿日

投标邀请书（代资格预审通过通知书）

＿＿＿＿＿＿＿＿（项目名称）＿＿＿＿＿＿＿＿标段施工投标邀请书

＿＿＿＿＿＿＿＿（被邀请单位名称）：

你单位已通过资格预审，现邀请你单位按招标文件规定的内容，参加＿＿＿＿＿＿＿＿＿＿＿＿＿＿＿＿（项目名称）＿＿＿＿＿＿＿＿标段施工投标。

请你单位于＿＿年＿＿月＿＿日至＿＿年＿＿月＿＿日（法定公休日、法定节假日除外），每日上午＿＿时至＿＿时，下午＿＿时至＿＿时（北京时间，下同），在＿＿＿＿＿＿＿＿＿＿＿（详细地址）持本投标邀请书购买招标文件。

招标文件每套售价为＿＿元，售后不退。图纸押金＿＿元，在退还图纸时退还（不计利息）。邮购招标文件的，需另加手续费（含邮费）＿＿元。招标人在收到邮购款（含手续费）后＿＿日内寄送。

递交投标文件的截止时间（投标截止时间，下同）为＿＿年＿＿月＿＿日＿＿时＿＿分，地点为＿＿＿＿＿＿＿＿＿＿＿＿＿。

逾期送达的或者未送达指定地点的投标文件，招标人不予受理。

你单位收到本投标邀请书后，请于＿＿＿＿＿＿＿＿（具体时间）前以传真或快递方式予以确认。

招 标 人： ＿＿＿＿＿＿＿＿	招标代理机构： ＿＿＿＿＿＿＿＿
地 址： ＿＿＿＿＿＿＿＿	地 址： ＿＿＿＿＿＿＿＿
邮 编： ＿＿＿＿＿＿＿＿	邮 编： ＿＿＿＿＿＿＿＿
联 系 人： ＿＿＿＿＿＿＿＿	联 系 人： ＿＿＿＿＿＿＿＿
电 话： ＿＿＿＿＿＿＿＿	电 话： ＿＿＿＿＿＿＿＿
传 真： ＿＿＿＿＿＿＿＿	传 真： ＿＿＿＿＿＿＿＿
电子邮件： ＿＿＿＿＿＿＿＿	电 子 邮 件： ＿＿＿＿＿＿＿＿
网 址： ＿＿＿＿＿＿＿＿	网 址： ＿＿＿＿＿＿＿＿
开户银行： ＿＿＿＿＿＿＿＿	开 户 银 行： ＿＿＿＿＿＿＿＿
账 号： ＿＿＿＿＿＿＿＿	账 号： ＿＿＿＿＿＿＿＿
	＿＿＿年＿＿＿月＿＿＿日

2.2.6 任务小结

扫码阅读2.4

本任务学习了资格预审公告（招标公告）的内容和格式，以及资格预审公告（招标公告）发布的相关规定。在掌握相关知识点的同时，通过资料查找和对相关内容的讨论，让同学们了解标准资格预审文件和标准招标文件中资格预审公告（招标公告）规定的编制内容和格式。

任务 2.3 编制资格预审文件

2.3.1 学习目标

1. 知识目标

掌握工程招标资格预审文件的组成、内容；熟悉工程招标资格预审文件的作用。

2. 能力目标

具备编制资格预审文件的能力；具备担任招标师助理岗位工作的能力。

3. 素质目标

培养学生在编制资格预审文件的过程中，坚守诚信、公正、敬业、进取的原则。引导学生正确认识和处理个人利益、集体利益和国家利益之间的关系。

2.3.2 任务描述

【案例背景】

某地政府投资的某大剧院项目采用委托招标方式组织施工招标。依据相关规定，资格预审文件采用《房屋建筑和市政工程标准施工招标资格预审文件》（2010 年版）编制，资格预审采用合格制。招标人共收到了 15 份资格预审申请文件，其中 2 份资格预审申请文件是在资格预审申请截止时间后 2 分钟收到。招标人按照以下程序组织了资格审查：

1) 组建资格审查委员会，由审查委员会对资格预审申请文件进行评审和比较。审查委员会由 5 人组成，其中招标人代表 1 人，招标代理机构代表 1 人，政府相关部门组建的专家库中抽取技术、经济专家 3 人。

2) 对资格预审申请文件外封装进行检查，发现 2 份申请文件的封装和 1 份申请文件封套盖章不符合资格预审文件的要求，这 3 份资格预审申请文件为无效申请文件。审查委员会认为只要在资格审查会议开始前送达的申请文件均为有效。这样，2 份在资格预审申请截止时间后送达的申请文件，由于其外封装和标识符合资格预审文件要求，为有效资格预审申请文件。

3) 对资格预审申请文件进行初步审查。发现有 1 家申请人使用的施工资质为其子公司资质，还有 1 家申请人为联合体申请人，其中联合体 1 个成员又单独提交了 1 份资格预审申请文件。审查委员会认为这 3 家申请人不符合相关规定，不能通过初步审查。

4) 对通过初步审查的资格预审申请文件进行详细审查。审查委员会依照资格预审文件中确定的初步审查事项，发现有 1 家申请人的营业执照副本（复印件）已经超出了有效期，于是要求这家申请人提交营业执照的原件进行核查。在规定的时间内，该申请人将其刚申办下来的营业执照副本原件交给了审查委员会核查，审查委员会确认合格。

5) 审查委员会经过上述审查程序，确认了满足以上第 2)、第 3) 两步要求的 10 份资格预审申请文件通过了审查，并向招标人提交了资格预审书面审查报告，确定了通过资格审查的申请人名单。

【任务要求】

在符合法律法规的前提下，站在招标人的角度思考问题，编制符合工程项目特点和招标人权利，有益于后续合同签订与执行的资格预审文件。

1) 学生分组扮演资格预审委员会成员角色，按照案例背景描述，填写资格预审表。

2) 假设你是工程建设项目的招标负责人，在招标过程中打算如何组织资格审查，列举需要重点审查的内容。

3) 招标人组织的上述资格审查程序是否正确？为什么？

4) 审查过程中，审查委员会的做法是否正确？为什么？

5) 如果资格预审文件中规定确定 7 名资格审查合格的申请人参加投标，招标人是否可从上述通过资格预审的 10 人中直接确定，或者采用抽签方式确定 7 人参加投标？为什么？应该怎样做？

2.3.3 任务分析

资格预审文件是招标投标的基础，其编制工作应当做到：

1) 资格预审文件不得含有倾向、限制或者排斥承包人的内容。

2) 资格预审文件应当根据招标项目的具体特点编制，不得脱离项目实际需要过高设置资质、人员、业绩等资格条件。

3) 资格审查内容应具体、清晰、易懂、无争议，不得使用原则的、模糊的或易引起歧义的语句。

4) 资格预审文件应详细列明全部审查因素和标准，未列出的审查因素和标准不得作为资格预审的依据。

2.3.4 知识链接

资格预审文件是告知申请人资格预审条件、标准和方法，并对申请人的经营资格、履约能力进行评审，确定合格投标人的依据。依法必须招标的工程招标项目，应根据招标项目的特点和需要，按照国家发展改革委等 9 部委公布的《标准施工招标资格预审文件》（2007 年版，2013 年修订），住房和城乡建设部公布的《房屋建筑和市政工程标准施工招标资格预审文件》（2010 年版），水利部公布的《水利水电工程标准施工招标资格预审文件》（2009 年版）的标准文本格式，结合招标项目的技术管理特点和需求，按照以下基本内容和要求编制招标资格预审文件。本教材采用国家现行的《标准施工招标资格预审文件》格式。

（1）资格预审公告

资格预审公告包括招标条件、项目概况与招标范围、申请人资格要求、资格预审方法、资格预审文件的获取与递交、发布公告的媒体、招标人的联系方式等内容。

（2）申请人须知

1）申请人须知前附表。前附表编写内容及要求：

① 招标人及招标代理机构的名称、地址、联系人与电话，便于申请人联系。

② 工程建设项目基本情况，包括项目名称、建设地点、资金来源、出资比例、资金落实情况、招标范围、标段划分、计划工期、质量要求，使申请人了解项目基本概况。

③ 申请人资格条件，告知申请人必须具备的工程施工资质、近年类似业绩、财务状况、拟投入人员、设备等技术力量等资格能力要素条件和近年发生诉讼、仲裁等履约信誉情况以及是否接受联合体投标等要求。

④ 时间安排，明确申请人提出澄清资格预审文件要求的截止时间，招标人澄清、修改资格预审文件的时间，申请人确认收到资格预审文件澄清和修改文件的时间，使申请人知悉资格预审活动的时间安排。

⑤ 申请文件的编写要求，明确申请文件的签字和盖章要求、申请文件的装订及文件份数，使申请人知悉资格预审申请文件的编写格式。

⑥ 申请文件的递交规定，明确申请文件的密封和标识要求、申请文件递交的截止时间及地点、资格审查结束后资格预审申请文件是否退还，以使投标人能够正确递交申请文件。

⑦ 简要写明资格审查采用的方法，资格预审结果的通知时间及确认时间。

2）总则。总则编写要把招标工程建设项目概况、资金来源和落实情况、招标范围和计划工期及质量要求叙述清楚，声明申请人资格要求，明确申请文件编写所用的语言，以及参加资格预审过程的费用承担者。

3）资格预审文件，包括资格预审文件的组成、澄清及修改。

① 资格预审文件由资格预审公告、申请人须知、资格审查办法、资格预审申请文件格式、项目建设概况以及对资格预审文件的澄清和修改构成。

② 资格预审文件的澄清。要明确申请人提出澄清的时间、澄清问题的表达形式，招标人的回复时间和回复方式，以及申请人对收到答复的确认时间及方式。

申请人通过仔细阅读和研究资格预审文件，对不明白、不理解的意思表达，模棱两可或错误的表述，或遗漏的事项，可以向招标人提出澄清要求，但澄清要求必须在资格预审文件规定的时间以前，以书面形式发送给招标人。

招标人认真研究收到的所有澄清问题后，应在规定时间前以书面澄清的形式发送给所有购买了资格预审文件的潜在投标人。

申请人应在收到澄清文件后，在规定的时间内以书面形式向招标人确认已经收到。

③ 资格预审文件的修改。明确招标人对资格预审文件进行修改、通知的方式及时间，以及申请人确认的方式及时间。

招标人可以对资格预审文件中存在的问题、疏漏进行修改，但必须在资格预审文件规定的时间前，以书面形式通知申请人。如果澄清或者修改的内容可能影响资格预审申请文件编制，但又不能在该时间前通知的，招标人应顺延递交申请文件的截止时间，使申请人有足够的时间编制申请文件。申请人应在收到修改文件后进行确认。

④ 资格预审申请文件的编制。招标人应在本处明确告知申请人，资格预审申请文件的组成内容、编制要求、装订及签字盖章要求。

⑤ 资格预审申请文件的递交。招标人一般应明确资格预审申请文件密封和标识的要求，并在规定的时间和地点递交。对于没有在规定地点、截止时间前递交的申请文件，应拒绝接收。

⑥ 资格审查。国有资金占控股或者主导地位的依法必须进行招标的项目，由招标人依法组建的资格审查委员会进行资格审查；其他招标项目可由招标人自行进行资格审查。

⑦ 通知和确认。明确审查结果的通知时间及方式，以及合格申请人的回复方式及时间。

⑧ 纪律与监督。对资格预审期间的纪律、保密、投诉以及对违纪的处置方式进行规定。

（3）资格审查办法

1）选择资格审查方法。资格预审有合格制和有限数量制两种方法，分别适用于不同的条件：

① 合格制：一般情况下，应当采用合格制，凡符合资格预审文件规定资格审查标准的申请人均通过资格预审，即取得相应投标资格。

合格制中，满足条件的申请人均获得投标资格。其优点是：投标竞争性强，有利于获得更多、更好的投标人和投标方案；对满足资格条件的所有申请人公平、公正。缺点是：投标人可能较多，从而加大投标和评标工作量，浪费社会资源。

② 有限数量制：当潜在投标人过多时，可采用有限数量制。招标人在资格预审文件中既要规定资格审查标准，又应明确通过资格预审的申请人数量。审查委员会依据资格预审文件中规定的审查标准和程序，对通过初步审查和详细审查的资格预审申请文件进行量化打分，按得分由高到低的顺序确定通过资格预审的申请人。通过资格预审的申请人不超过资格审查办法前附表规定的数量。

采用有限数量制一般有利于降低招标投标活动的社会综合成本，提高投标的针对性和积极性，但在一定程度上可能限制了潜在投标人的范围，比较容易串标。

2）审查标准，包括初步审查和详细审查的标准，采用有限数量制时的评分标准。

3）审查程序，包括资格预审申请文件的初步审查、详细审查、申请文件的澄清以及有限数量制的评分等内容和规则。

4）审查结果，资格审查委员会完成资格预审申请文件的审查，确定通过资格预审的申请人名单，向招标人提交书面审查报告。

（4）资格预审申请文件

资格预审申请文件包括以下基本内容和格式。

1）资格预审申请函。资料预审申请函是申请人响应招标人、参加招标资格预审的申请函，同意招标人或其委托代表对申请文件进行审查，并应对所递交的资格预审申请文件及有关材料内容的完整性、真实性和有效性做出声明。

2）法定代表人身份证明或其授权委托书。

① 法定代表人身份证明，是申请人出具的用于证明法定代表人合法身份的证明。内容包括申请人名称、单位性质、成立时间、经营期限，法定代表人姓名、性别、年龄、职务等。

② 授权委托书，是申请人及其法定代表人出具的正式文书，明确授权其委托代理人在规定的期限内负责申请文件的签署、澄清、递交、撤回、修改等活动，其活动的后果，由申请人及其法定代表人承担法律责任。

3）联合体协议书。适用于允许联合体投标的资格预审。

4）申请人基本情况。

① 申请人的名称、企业性质、主要投资股东、法定代表人、经营范围与方式、营业执照、注册资金、成立时间、企业资质等级与资格声明、技术负责人、联系方式、开户银行、员工专业结构与人数等。

② 申请人的施工能力：已承接任务的合同项目总价、最大年施工规模能力（产值）、正在施工的规模数量、申请人的施工质量保证体系、拟投入本项目的主要设备仪器情况。

5）近年财务状况申请人应提交近年（一般为近 3 年）经会计师事务所或审计机构审计的财务报表，包括资产负债表、损益表、现金流量表等用于招标人判断投标人的总体财务状况，进而评估其承担招标项目的财务能力和抗风险能力。必要时，应由银行等机构出具金融信誉等级证书或银行资信证明。

6）近年完成的类似项目情况。申请人应提供近年已经完成与招标项目性质、类型、规模标准类似的工程名称、地址、招标人名称、地址及联系电话，合同价格，申请人的职责定位、承担的工作内容、完成日期，实现的技术、经济和管理目标和使用状况，项目经理、技术负责人等。

7）拟投入技术和管理人员状况。申请人拟投入招标项目的主要技术和管理人员的身份、资格、能力，包括岗位任职、工作经历、职业资格、技术或行政职务、职称，完成的主要类似项目业绩等证明材料。

8）未完成和新承接项目情况填报信息内容与"近年完成的类似项目情况"的要求相同。

9）近年发生的诉讼及仲裁情况。申请人应提供近年来在合同履行中，因争议或纠纷引起的诉讼、仲裁情况，以及有无违法违规行为而被处罚的相关情况，包括法院或仲裁机构做出的判决、裁决、行政处罚决定等法律文书复印件。

10）其他材料。申请人提交的其他材料包括两部分：一是资格预审文件的申请人须知、评审办法等有要求，但申请文件格式中没有表述的内容，如 ISO 9000、ISO 14000、OHSAS 18000 等质量管理体系、环境管理体系、职业健康安全管理体系认证证书，企业、工程、产品的获奖、荣誉证书等；二是资格预审文件中没有要求提供，但申请人认为对自己通过资格预审比较重要的资料。

（5）工程建设项目概况

工程建设项目概况的内容应包括项目说明、建设条件、建设要求和其他需要说明的情况。各部分具体编写要求如下：

1）项目说明。首先应概要介绍工程建设项目的建设任务、工程规模标准和预期效益；其次说明项目的批准或核准情况；再次介绍该工程的项目业主、项目投资人出资比例，以及资金来源；最后概要介绍项目的建设地点、计划工期、招标范围和标段划分情况。

2）建设条件。主要是描述建设项目所处位置的水文气象条件、工程地质条件、地理位置及交通条件等。

3）建设要求。概要介绍工程施工技术规范、标准要求，工程建设质量、进度、安全和环境管理等要求。

4）其他需要说明的情况。需结合项目的工程特点和项目业主的具体管理要求提出。

2.3.5 任务实施

1）根据收集到的案例，学习资格审查的内容及格式，讨论其实际意义。

2）分组扮演资格审查委员会，完成资格审查的任务，并完成初步审查记录表（表 2-1）、详细审查记录表（表 2-2）、资格预审审查结果汇总表（表 2-3）、通过资格预审的申请人名单（表 2-4）。

初步审查记录表 表 2-1

工程名称：＿＿＿＿＿＿＿＿＿＿（项目名称）＿＿＿＿＿标段

序号	审查因素	审查标准	申请人名称和审查结论以及原件核验等相关情况说明
1	申请人名称	与投标报名、营业执照、资质证书、安全生产许可证一致	
2	申请函签字盖章	有法定代表人或其委托代理人签字并加盖单位章	
3	申请文件格式	符合第四章"资格预审申请文件格式"的要求	
4	联合体申请人	提交联合体协议书，并明确联合体牵头人和联合体分工（如有）	
5	……	……	
初步审查结论： 通过初步审查标注为√；未通过初步审查标注为×			

审查委员会全体成员签字/日期：

详细审查记录表 表 2-2

工程名称：_____（项目名称）_____标段

序号	审查因素			审查标准	有效的证明材料	申请人名称及定性的审查结论以及相关情况说明
1	营业执照			具备有效的营业执照	营业执照复印件及年检记录	
2	安全生产许可证			具备有效的安全生产许可证	建设行政主管部门核发的安全生产许可证复印件	
3	企业资质等级			符合第二章"申请人须知"第1.4.1项规定	建设行政主管部门核发的资质等级证书复印件	
4	财务状况			符合第二章"申请人须知"第1.4.1项规定	经会计师事务所或者审计机构审计的财务会计报表，包括资产负债表、损益表、现金流量表、利润表和财务状况说明书	
5	类似项目业绩			符合第二章"申请人须知"第1.4.1项规定	中标通知书、合同协议书和工程竣工验收证书（竣工验收备案登记表）复印件	
6	信誉			符合第二章"申请人须知"第1.4.1项规定	法院或者仲裁机构作出的判决、裁决等法律文书，县级以上建设行政主管部门处罚文书，履约情况说明	
7	项目经理资格			符合第二章"申请人须知"第1.4.1项规定	建设行政主管部门核发的建造师执业资格证书、注册证书和有效的安全生产考核合格证书复印件，以及未在其他在施建设工程项目担任项目经理的书面承诺	
8	其他要求	(1)	拟投入主要施工机械设备	符合第二章"申请人须知"第1.4.1项规定	自有设备的原始发票复印件、折旧政策、停放地点和使用状况等的说明文件，租赁设备的租赁意向书或带条件生效的租赁合同复印件	
		(2)	拟投入项目管理人员		相关证书、证件、合同协议书和工程竣工验收证书（竣工验收备案登记表）复印件	
9	联合体申请人			符合第二章"申请人须知"第1.4.2项规定	联合体协议书及联合体各成员单位提供的上述详细审查因素所需的证明材料	

序号	审查因素	审查标准	有效的证明材料	申请人名称及定性的审查结论以及相关情况说明
第二章"申请人须知"第1.4.3项规定的申请人不得存在的情形审查情况记录				
1	独立法人资格	不是招标人不具备独立法人资格的附属机构（单位）	企业法人营业执照复印件	
2	设计或咨询服务	没有为本项目前期准备提供设计或咨询服务，但设计施工总承包除外	由申请人的法定代表人或其委托代理人签字并加盖单位章的书面承诺文件	
3	与监理人关系	不是本项目监理人或者与本项目监理人不存在隶属关系或者为同一法定代表人或者相互控股或者参股关系	营业执照复印件以及由申请人的法定代表人或其委托代理人签字并加盖单位章的书面承诺文件	
4	与代建人关系	不是本项目代建人或者与本项目代建人的法定代表人不是同一人或者不存在相互控股或者参股关系	营业执照复印件以及由申请人的法定代表人或其委托代理人签字并加盖单位章的书面承诺文件	
5	与招标代理机构关系	不是本项目招标代理机构或者与本项目招标代理机构的法定代表人不是同一人或者不存在相互控股或者参股关系	营业执照复印件以及由申请人的法定代表人或其委托代理人签字并加盖单位章的书面承诺文件	
6	生产经营状态	没有被责令停业	营业执照复印件以及由申请人的法定代表人或其委托代理人签字并加盖单位章的书面承诺文件	
7	投标资格	没有被暂停或者取消投标资格	由申请人的法定代表人或其委托代理人签字并加盖单位章的书面承诺文件	
8	履约历史	近三年没有骗取中标和严重违约及重大工程质量问题	由申请人的法定代表人或其委托代理人签字并加盖单位章的书面承诺文件	

续表

序号	审查因素	审查标准	有效的证明材料	申请人名称及定性的审查结论以及相关情况说明
第三章"资格审查办法"第3.2.2项（1）和（3）目规定的情形审查情况记录				
1	澄清和说明情况	按照审查委员会要求澄清、说明或者补正	审查委员会成员的判断	
2	申请人在资格预审过程中遵章守法	没有发现申请人存在弄虚作假、行贿或者其他违法违规行为	由申请人的法定代表人或其委托代理人签字并加盖单位章的书面承诺文件以及审查委员会成员的判断	
详细审查结论： 通过详细审查标注为√；未通过详细审查标注为×				

审查委员会全体成员签字/日期：

资格预审审查结果汇总表　　　　表 2-3

工程名称：＿＿＿＿＿＿＿＿＿＿（项目名称）＿＿＿＿标段

序号	申请人名称	初步审查		详细评审		审查结论	
		合格	不合格	合格	不合格	合格	不合格

审查委员会全体成员签字/日期：

通过资格预审的申请人名单　　　　表 2-4

工程名称：＿＿＿＿＿＿＿＿＿＿（项目名称）＿＿＿＿标段

序号	申请人名称	备注

审查委员会全体成员签字/日期：

备注：本表中通过预审的申请人排名不分先后。

2.3.6 任务小结

扫码阅读2.5

　　本任务组织学生采用角色扮演法模拟资格审查委员会，通过资料查找和对相关内容的讨论，进行资审文件的实操评审，掌握资格审查流程、要点。

工作任务 3　编制工程项目招标文件

引文：

招标文件是招标人向潜在投标人发出的要约邀请文件。招标文件的内容、条件编制合理与否，直接影响对于投标人的优选效果。工程建设项目招标文件包括：工程招标文件、货物招标文件、服务招标文件。本次工作任务主要完成工程招标文件的编制。

【思维导图】

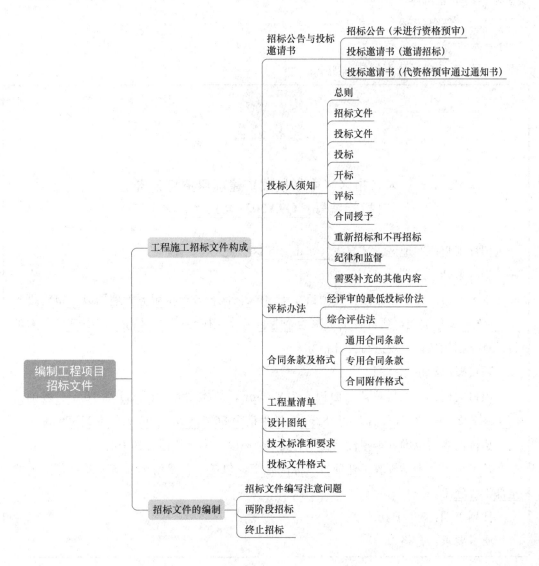

任务 3.1　编制工程施工招标文件

3.1.1　学习目标

1. 知识目标

掌握《工程施工招标文件》的构成；掌握《工程施工招标文件》的编制要点。

2. 能力目标

具备应用招标投标法律法规标准等相关知识编制《工程施工招标文件》的能力。

3. 素质目标

使学生在编制工程施工招标文件的过程中，养成严谨的工作态度和踏实的工作作风、实事求是的敬业精神。

3.1.2　任务描述

【案例背景】

某工程施工招标公告的信息如下：

招标公告

××市××中学校改扩建项目招标公告
（招标编号：Q9A20210610×××）

招标项目所在地区：××省××市××区

一、招标条件

本××市××中学校改扩建项目，已由××区行政审批服务管理局以×审管投备〔2021〕2号批准，项目资金来源为企业自筹，招标人为××市××中学校。本项目已具备招标条件，现进行公开招标。

二、项目概况和招标范围

项目规模：本项目总建筑面积58788.05m²，新建主教学楼21105.76m²、教师公寓11912.21m²、行政公寓5308.82m²、学生宿舍8631.91m²、地下车库11829.35m²。

招标内容与范围：本招标项目划分为1个标段，本次招标为其中的：

××市××中学校改扩建项目一标段施工，包括工程量清单及施工图纸范围内的全部工程施工。

计划工期：560日历天。

质量要求：合格。

三、投标人资格要求

该项目投标人资格能力要求：具备住房建设行政主管部门核发的建筑工程施工总承包三级（或以上）资质，有效的营业执照、安全生产许可证，并在人员、设备、资金等方面具有相应的施工能力。

投标人拟派项目经理：须具备建筑工程专业二级（或以上）注册建造师执业资格，具备有效的安全生产考核合格证书，且未担任其他在施建设工程项目的项目经理。项目技术负责人需具备相关专业中级（或以上）职称。

本项目不允许联合体投标。

四、招标文件的获取

获取时间：从 2021 年 06 月 17 日 17 时 00 分 00 秒到 2021 年 06 月 24 日 17 时 00 分 00 秒。

获取方法：通过××联合（××）招标采购平台（http：//s××××. 365trade.com.cn）注册账号并登录平台在线下载。

五、投标文件的递交

递交截止时间：2021 年 07 月 08 日 14 时 30 分 00 秒。

递交方法：登录××联合（××）招标采购平台（http：//s××××. 365trade.com.cn）上传投标文件。

递交地址：http：//s××××. 365trade.com.cn。

六、开标时间及地点

开标时间：2021 年 07 月 08 日 14 时 30 分 00 秒。

开标方式：线上开标。

七、其他公告内容

（1）凡有意参与的投标人，须在全国公共资源交易平台（××省）（网址：http：//prec.××××××.gov.cn/）"交易市场主体库"栏目进行注册，详情请查看交易市场主体库注册指南（网址：http：//jyzt. ××××××. gov.cn/ztxxzc/index. jhtml）。

（2）如需办理 CA 数字证书，请查看全国公共资源交易平台（××省）（网址：http：//prec.××××××.gov.cn/）中"数字证书交叉互认"（网址：http：//218.26.178.22：8011/××××××/index. html）栏目。

平台客服电话：010-8×××××10（工作时间 9：00—12：00，13：30—6：00）。

本次招标项目采用全线上电子流程，开标时需要进行线上解密操作，请通过××联合（××）招标采购平台（http：//s××××. 365trade.com.cn）使用 CA 进行在线解密，如遇问题请及时致电招标代理机构或××联合电话客服（010-8××××××10-3）。

（3）招标文件每套售价 500 元，售后不退。

八、监督部门

本招标项目的监督部门为××区住房和城乡建设管理局。

九、联系方式

招　标　人：××市××中学校

地　　　址：××市××区×××街××号

联　系　人：王××

电　　　话：1××××××××××0

招标代理机构：××工程项目管理有限公司

地　　　址：××省××市××区××路××号××小区×号楼×××室

联　系　人：李××、张××

电　　　话：15×××××××9、03××-5××××7

电子邮件：s××××@163.com

招标人或其招标代理机构主要负责人（项目负责人）：李××（签名）

招标人或其招标代理机构（盖章）：××工程项目管理有限公司

2021 年 06 月 10 日

【任务要求】

采用《房屋建筑和市政工程标准施工招标文件》（2010 年版）格式，编制该工程《工程施工招标文件》。

3.1.3　任务分析

扫码阅读3.1

根据国家九部委 56 号令的规定，住房和城乡建设部发布的《房屋建筑和市政工程标准施工招标文件》（2010 年版）包括招标公告（投标邀请书）、投标人须知、评标办法、合同条款及格式、工程量清单、图纸、技术标准及要求、投标文件格式等八章。现结合具体工程项目，要求学生扮演招标助理角色，掌握招标文件要点，完成《工程施工招标文件》的编制工作。

3.1.4　知识链接

1. 工程施工招标文件的构成

工程施工招标文件需依据标准施工招标文件进行编制。我国现行标准施工招标文件详见前述表 1-2，以下重点介绍《房屋建筑和市政工程标准施工招标文件》（2010 年版）。共包含封面格式和四卷八章的内容。

第一卷包括第一章至第五章，涉及招标公告（投标邀请书）、投标人须知、评标办法、合同条款及格式、工程量清单等内容；其中，第一章和第三章并列给出了不同情况，由招标人根据招标项目特点和需要分别选择；第二卷由第六章图纸组成；第三卷由第七章技术标准和要求组成；第四卷由第八章投标文件格式组成（详见前文扫码阅读 3.1）。

（1）招标公告与投标邀请书

招标公告与投标邀请书为《房屋建筑和市政工程标准施工招标文件》（2010 年版）第一章的内容，详见本教材"工作任务 2"。

（2）投标人须知

投标人须知为《房屋建筑和市政工程标准施工招标文件》（2010 年版）第二章的内容，是招标投标活动应遵循的程序规则和对投标的要求，包括投标人须知前附表、正文和附表格式等。

1）投标人须知前附表

投标人须知前附表主要作用有两个方面，一是将投标人须知中的关键内容和数据摘要列表，起到强调和提醒作用，为投标人迅速掌握投标人须知内容提供方便，但必须与招标文件相关章节内容衔接一致；二是对投标人须知正文中交由前附表明确的内容给予具体约定。

2）总则

由下列内容组成：①项目概况；②资金来源和落实情况；③招标范围、计划工期和质量要求；④投标人资格要求；⑤保密；⑥语言文字；⑦计量单位；⑧踏勘现场；⑨投标预备会；⑩分包；⑪偏离。

招标人不得组织单个或者部分潜在投标人踏勘项目现场。

3）招标文件

① 招标文件的组成内容

招标文件包括：招标公告（或投标邀请书），投标人须知，评标办法，合同条款及格式，工程量清单，图纸，技术标准和要求，投标文件格式，投标人须知前附表规定的其他材料，以及根据相关条款对招标文件所作的澄清、修改。

② 招标文件的澄清与修改

投标人有疑问时，可以要求招标人对招标文件予以澄清；招标人可主动修改招标文件。

《招标投标法实施条例》第二十一条规定，招标人可以对已发出的资格预审文件或者招标文件进行必要的澄清或者修改。澄清或者修改的内容可能影响资格预审申请文件或者投标文件编制的，招标人应当在提交资格预审申请文件截止时间至少 3 日前，或者投标截止时间至少 15 日前，以书面形式通知所有获取资格预审文件或者招标文件的潜在投标人；不足 3 日或者 15 日的，招标人应当顺延提交资格预审申请文件或者投标文件的截止时间。

第二十二条规定，潜在投标人或者其他利害关系人对资格预审文件有异议的，应当在提交资格预审申请文件截止时间 2 日前提出；对招标文件有异议的，应当在投标截止时间 10 日前提出。招标人应当自收到异议之日起 3 日内作出答复；作出答复前，应当暂停招标投标活动。

4）投标文件

① 投标文件的组成内容

投标文件包括：投标函及投标函附录，法定代表人身份证明、法定代表人的授权委托书，联合体协议书（如果有），投标保证金，报价工程量清单，施工组织设计，项目管理机构，拟分包项目情况表，资格审查资料，其他资料。其中，施工组织设计一般归类为技术文件，其余归类为商务文件。

② 投标有效期

招标人应当在招标文件中载明投标有效期。投标有效期从提交投标文件的截止之日起算。

A. 投标人在投标有效期内，不得要求撤销或修改其投标文件。

B. 投标有效期延长。出现特殊情况需要延长投标有效期的，招标人以书面形式通知所有投标人延长投标有效期。投标人同意延长的，应相应延长其投标保证金的有效期，但不得要求或被允许修改或撤销其投标文件；投标人拒绝延长的，其投标失效，但投标人有权收回其投标保证金。

③ 投标保证金

投标保证金或投标担保，是指投标人保证投标有效期内投标书的有效性以及中标后履行签订承发包合同的义务，否则，招标人将没收投标保证金。

投标人在递交投标文件的同时，应按投标人须知前附表规定的金额、担保形式和投标保证金格式递交投标保证金，并作为其投标文件的组成部分。联合体投标的，其投标保证金由牵头人递交，并应符合投标人须知前附表的规定。投标人不按招标文件要求提交投标保证金的，其投标文件作废标处理。

招标文件中一般应对投标保证金作出下列规定：投标保证金的形式、数额、期限；联合体投标人（如有）如何递交投标保证金；不按要求提交投标保证金的后果；投标保证金的退还条件和退还时间；投标保证金不予退还的情形。

A. 投标保证金的形式

投标保证金的形式有很多，具体形式由招标人在招标文件中规定。可以采用的形式：银行保函或不可撤销的信用证、保兑支票、银行汇票、现金支票、现金、招标文件中规定的其他形式。不可以采用的形式：质押、抵押。

依法必须进行招标的项目的境内投标单位，以现金或者支票形式提交的投标保证金应当从其基本账户转出。招标人不得挪用投标保证金。

B. 投标保证金的额度

据《招标投标法实施条例》第二十六条规定，招标人在招标文件中要求投标人提交的，投标保证金不得超过招标项目估算价的2%。

据《房屋建筑和市政基础设施工程施工招标投标管理办法》（2019年修正）第二十六条规定，投标保证金一般不得超过投标总价的2%，最高不得超过50万元。

据《工程建设项目货物招标投标办法》（2013年修正）第二十七条规定，投标保证金不得超过项目估算价的2%，但最高不得超过80万元。

据《工程建设项目勘察设计招标投标办法》（2013年修正）第二十四条规定，招标文件要求投标人提交投标保证金的，保证金数额不得超过勘察设计估算费用的2%，最多不超过10万元。

C. 投标保证金的递交时间

投标保证金应在投标文件提交截止时间之前送达。注意："到达主义"，即，以电汇、转账、电子汇兑等形式提交，以款项实际到账时间作为送达时间；以现金或见票即付的票据形式提交，以实际交付时间作为送达时间。

D. 投标保证金的有效期

投标保证金有效期与投标有效期一致。

E. 投标保证金的接收者

投标人应当按照招标文件要求的方式和金额，将投标保证金随投标文件提交给招标人或其委托的招标代理机构。

F. 投标保证金的退还

招标人最迟应当在书面合同签订后 5 日内，向中标人和未中标的投标人退还投标保证金及银行同期存款利息。

扫码阅读3.2

G. 违约责任

《招标投标法实施条例》第七十四条规定，中标人无正当理由不与招标人订立合同，在签订合同时向招标人提出附加条件，或者不按照招标文件要求提交履约保证金的，取消其中标资格，投标保证金不予退还。

《工程建设项目施工招标投标办法》第四十条规定，在提交投标文件截止时间后到招标文件规定的投标有效期终止之前，投标人不得撤销其投标文件，否则招标人可以不退还其投标保证金。

采用银行保函或者担保公司保证书的，除不可抗力外，投标人在开标后和投标有效期内撤回投标文件，或者中标后在规定时间内不与招标人签订工程合同的，由提供担保的银行或者担保公司按照担保合同承担赔偿责任。

④ 资格审查资料

已经组织资格预审的资格审查资料分为两种情况：

A. 当评标办法对投标人资格条件不进行评价时，投标人资格预审阶段的资格审查资料没有变化的，可不再重复提交；资格预审阶段的资格资料有变化的，按新情况更新或补充；

B. 当评标办法对资格条件进行综合评价或者评分的，按招标文件要求提交资格审查资料。

未组织资格预审或约定要求递交资格审查资料的，一般包括如下内容：投标人基本情况；近年财务状况；近年完成的类似项目情况；正在施工和新承接的项目情况；信誉资料，如近年发生的诉讼及仲裁情况；允许联合体投标的联合体资料。

⑤ 备选方案

第一中标候选人的备选投标方案评审。

⑥ 投标文件的编制

投标文件的编制可作如下要求：语言要求、格式要求、实质性响应、打印要求、错误修改要求、签署要求、份数要求、装订要求。

5）投标

包括投标文件的密封和标识、投标文件的递交时间和地点、投标文件的修改和撤回等规定。

6）开标

包括开标时间、地点和开标程序等规定。

7）评标

包括评标委员会、评标原则和评标方法等规定。

8）合同授予

包括定标方式、中标通知、履约担保和签订合同。

① 定标方式

授权评标委员会确定或招标人依法确定 1~3 名中标人。

② 中标通知

③ 履约担保

履约担保的主要目的有两个：担保中标人按照合同约定正常履约，在中标人未能圆满实施合同时，招标人有权得到资金赔偿；约束招标人按照合同约定正常履约。招标人应在招标文件中对履约担保作出如下规定：履约担保的金额，一般约定为签约合同价的 5%~10%；履约担保的形式，一般有银行保函、非银行保函、保兑支票、银行汇票、现金和现金支票等；履约担保格式；未提交履约担保的后果。不能按要求提交履约担保，视为放弃中标，投标保证金不予退还，给招标人造成的损失超过投标保证金数额的，中标人还应当对超过部分予以赔偿。

招标文件要求中标人提交履约保证金的，中标人应当按照招标文件的要求提交。履约保证金不得超过中标合同金额的 10%。招标人应当同时向中标人提供工程款支付担保。

④ 签订合同

投标人须知中应就签订合同作出如下规定：签订时限；未签订合同的后果。

9）重新招标和不再招标

① 重新招标

有下列情形之一的，招标人应当依法重新招标：投标人少于 3 个或评标委员会否决所有投标。评标委员会否决所有投标包含了两层意思：所有投标均被否决和有效投标不足 3 个；评标委员会经过评审后认为投标明显缺乏竞争，从而否决全部投标。

② 不再招标

重新招标后投标人仍少于 3 个或者所有投标被否决的，属于必须审批或核准的工程建设项目，经原审批或核准部门批准后不再进行招标。

10）纪律和监督

11）需要补充的其他内容

12）附表格式

包括：开标记录表、问题澄清通知、问题的澄清、中标通知书、中标结果通知书、确认通知等。

（3）评标办法

评标工作一般包括初步评审、详细评审、投标文件的澄清、说明及评标结果等具体程序。评标办法详见本教材工作任务 5。

（4）合同条款及格式

合同条款及格式详见本教材学习模块 2。

（5）工程量清单

工程量清单为《房屋建筑和市政工程标准施工招标文件》（2010 年版）第五章的内容。

1）工程量清单

工程量清单是工程计价的基础，是编制招标控制价、投标报价、确定合同价格、计算工程量、支付工程款、核定与调整合同价款、办理竣工结算以及工程索赔等的依据之一。

采用单价合同形式的工程量清单一般具备合同约束力，工程款结算时按照实际计量的工程量进行调整。总价合同形式中，已标价工程量清单中的工程量不具备合同约束力。

工程量清单包括了四部分内容：工程量清单说明、投标报价说明、其他说明和工程量清单。

工程量清单计价特点与传统的施工图预算计价的区别：

① 工程量清单计价是企业自主定价，工程价格反映的是企业个别成本价格；施工图预算计价反映的是工程定额编制期的社会平均成本价格。

② 工程量清单计价采用综合单价，能够直观和全面反映企业完成分部、分项及单位工程的实际价格；且便于承发包双方测算核定与变更工程合同价格，计量支付与结算工程款，尤其适合于固定单价合同。

施工图预算计价采用国家颁布的工程定额组成工料单价，管理费和利润另计，不考虑风险因素，既不能直观和全面反映企业完成分部、分项和单位工程的实际价格，工程合同价格计算核定、调整又比较复杂，难以界定合理性，容易引起各方理解争议。

③ 量价分离原则。采用工程量清单招标，招标人对工程内容及其计算的工程量负责，承担工程量的风险；投标人根据自身实力和市场竞争状况，自行确定要素价格、企业管理费和利润，承担工程价格约定范围的风险。施工图预算招标由投标人自行计算工程量，报价偏差可能是单价差异，也可能是量的偏差，不能真正体现投标人的竞争实力。清单招标，统一了工程量，统一报价的基础，投标人避免工程数量计算误差造成的风险，从而真正凭自身实力报价竞争。

④ 结合企业施工技术、工艺和标准。施工图预算招标的技术标和商务标是分别依据企业、政府的不同标准分离编制的，相互不能支持与匹配，不能全面正确反映和评价投标人的技术和经济的综合能力。工程量清单招标的工程实体项目和措施项目单价组成完全能够与技术标紧密结合，相互支持、配合，既能从技术和商务两方面反映和衡量投标方案的可行性、可靠性和合理性，又能反映投标人的综合竞争能力。

2）工程量清单计价规范

工程量清单计价规范的基本内容包括以下几个方面：

① 工程量清单项目的内容组成、格式要求、编制依据、计价规则要求等总体规定或说明。

② 分部分项工程建设项目工程量清单以及施工措施项目清单的项目名称、项目特征、计量单位、工程内容、工程量计算规则、项目价格和费用计算规则、合同价款核定与支付规则。

③ 工程建设有关的规费项目、税金项目以及暂列金额、暂估价、计日工、总承包服务费等其他项目计价方法规定。

3）招标工程量清单的内容和格式

工程量清单由总说明和计价表格组成。

① 工程量清单总说明

内容一般包括：工程概况；工程内容范围；工程量清单编制采用的技术标准、施工图纸等文件依据；专业工程估价、材料设备供应与定价等特别要求；投标计价的规定要求；其他需要说明的事项。

② 工程量清单计价表格

清单计价表格主要包括以下内容：A. 工程量清单汇总表。B. 分部分项工程量清单。C. 措施项目清单，措施项目是指为工程建设项目施工需要的技术、生活、安全、环境保护等方面必须采取的各项技术管理措施，包括临时设施、临时工程等非实体项目。D. 其他项目清单，包括四项内容：a. 暂列金额；b. 暂估价；c. 计日工；d. 总承包服务费。E. 规费项目清单，包括工程排污费、工程定额测定费、社会保障费（包括养老保险费、失业保险费、医疗保险费、住房公积金、危险作业意外伤害保险费）等。F. 税金项目清单。G. 工程量清单综合单价分析表，综合单价一般由成本、利润和税金组成；成本又分直接成本和间接成本，直接成本包括人工费、材料费和施工机械使用费，间接成本是指为施工准备、组织施工生产和经营管理发生的工程现场和企业的管理费、国家规定缴纳的费用和其他费用；利润指施工企业投入成本之外获得的收益；税金是指施工企业从事建筑服务，根据国家税法规定，应计入建筑安装工程造价内的增值税。

4）编写工程量清单应注意的事项

① 工程量清单内容格式规范统一

② 工程量清单数量要准确

③ 工程量清单信息要完整和正确

④ 投标报价的要求应条理明晰

5）标底与拦标价

招标人可以自行决定是否编制标底。一个招标项目只能有一个标底。标底必须保密。

接受委托编制标底的中介机构不得参加受托编制标底项目的投标，也不得为该项目的投标人编制投标文件或者提供咨询。

招标人设有最高投标限价的，应当在招标文件中明确最高投标限价或者最高投标限价的计算方法。招标人不得规定最低投标限价。

6）暂估价

暂估价，是指总承包招标时不能确定价格而由招标人在招标文件中暂时估定的工程、货物、服务的金额。

以暂估价形式包括在总承包范围内的工程、货物、服务属于依法必须进行招标的项目范围且达到国家规定规模标准的，应当依法进行招标。

（6）设计图纸

设计图纸是《房屋建筑和市政工程标准施工招标文件》（2010年版）第六章的内容。

设计图纸是合同文件的重要组成部分，是编制工程量清单以及投标报价的重要依据，也是进行施工及验收的依据。图纸目录一般包括：序号、图名、图号、版本、出图日期等。图纸目录以及相对应的图纸将对施工过程的合同管理以及争议解决发挥重要作用。

（7）技术标准和要求

技术标准和要求为《房屋建筑和市政工程标准施工招标文件》（2010年版）第七章的内容。

技术标准的内容主要包括各项工艺指标、施工要求、材料检验标准，以及各分部、分项工程施工成型后的检验手段和验收标准等。

国家对招标项目的技术、标准有规定的，招标人应当按照其规定在招标文件中提出相应要求。招标人可以在招标文件中合理设置支持技术创新、节能环保等方面的要求和条件。

（8）投标文件格式

投标文件格式为《房屋建筑和市政工程标准施工招标文件》（2010 年版）第八章的内容，详见本教材工作任务 4。

2. 工程招标文件的编制

（1）编写工程招标文件应注意的问题

① 招标文件应体现工程建设项目的特点和要求；

② 招标文件必须明确投标人实质性响应的内容；

③ 防范招标文件中的违法、歧视性条款；

④ 保证招标文件格式、合同条款的规范一致；

⑤ 招标文件语言要规范、简练。

商务与技术部分一般由不同人员编写，注意两者之间及各专业之间的相互结合与一致性，应交叉校核，检查各部分是否有不协调、重复和矛盾的内容，确保招标文件的质量。

（2）两阶段招标

对技术复杂或者无法精确拟定技术规格的项目，招标人可以分两阶段进行招标。

第一阶段，投标人按照招标公告或者投标邀请书的要求提交不带报价的技术建议，招标人根据投标人提交的技术建议确定技术标准和要求，编制招标文件。

第二阶段，招标人向在第一阶段提交技术建议的投标人提供招标文件，投标人按照招标文件的要求提交包括最终技术方案和投标报价的投标文件。

招标人要求投标人提交投标保证金的，应当在第二阶段提出。

（3）终止招标

招标人终止招标的，应当及时发布公告，或者以书面形式通知被邀请的或者已经获取资格预审文件、招标文件的潜在投标人。已经发售资格预审文件、招标文件或者已经收取投标保证金的，招标人应当及时退还所收取的资格预审文件、招标文件的费用，以及所收取的投标保证金及银行同期存款利息。

3.1.5 任务实施

1）根据任务描述中的工程项目招标公告，布置施工招标文件编制任务。

2）进行施工招标文件编制相关知识的学习。

3）同学分组进行招标助理角色扮演，并且起草施工招标文件。

4）教师模拟招标人，分组进行招标文件的答辩，评价施工招标文件编制成果的水平。

《标准施工招标文件》的投标人须知前附表格式见表 3-1。

投标人须知前附表   表 3-1

条款号	条款名称	编列内容
1.1.2	招标人	名称： 地址： 联系人： 电话： 电子邮件：

条款号	条款名称	编列内容
1.1.3	招标代理机构	名称： 地址： 联系人： 电话： 电子邮件：
1.1.4	项目名称	
1.1.5	建设地点	
1.2.1	资金来源	
1.2.2	出资比例	
1.2.3	资金落实情况	
1.3.1	招标范围	_____ _____， 关于招标范围的详细说明见第七章"技术标准和要求"
1.3.2	计划工期	计划工期：_____日历天 计划开工日期：___年___月___日 计划竣工日期：___年___月___日 除上述总工期外，发包人还要求以下区段 工期： _____ 有关工期的详细要求见第七章"技术标准和要求"
1.3.3	质量要求	质量标准： 关于质量要求的详细说明见第七章"技术标准和要求"。
1.4.1	投标人资质条件、能力和信誉	资质条件： 财务要求： 业绩要求： 信誉要求： 项目经理资格：_____专业___级（含以上级）注册建造师执业资格，具备有效的安全生产考核合格证书，且不得担任其他在施建设工程项目的项目经理。 其他要求：
1.4.2	是否接受联合体投标	□不接受 □接受，应满足下列要求： 联合体资质按照联合体协议约定的分工认定
1.9.1	踏勘现场	□不组织 □组织，踏勘时间： 　　　　踏勘集中地点：

条款号	条款名称	编列内容
1.10.1	投标预备会	□不召开 □召开，召开时间： 　　　　召开地点：
1.10.2	投标人提出问题的截止时间	
1.10.3	招标人书面澄清的时间	
1.11	分包	□不允许 □允许，分包内容要求： 　　　　分包金额要求： 　　　　接受分包的第三人资质要求：
1.12	偏离	□不允许 □允许，可偏离的项目和范围见第七章"技术标准和要求" 　　　　允许偏离最高项数：____ 　　　　偏差调整方法：_____
2.1	构成招标文件的其他材料	
2.2.1	投标人要求澄清招标文件的截止时间	
2.2.2	投标截止时间	___年___月___日___时___分
2.2.3	投标人确认收到招标文件澄清的时间	在收到相应澄清文件后____小时内
2.3.2	投标人确认收到招标文件修改的时间	在收到相应修改文件后____小时内
3.1.1	构成投标文件的其他材料	
3.3.1	投标有效期	_____天
3.4.1	投标保证金	投标保证金的形式： 投标保证金的金额： 递交方式：
3.5.2	近年财务状况的年份要求	___年，指___年___月___日起至___年___月___日止
3.5.3	近年完成的类似项目的年份要求	___年，指___年___月___日起至___年___月___日止

续表

条款号	条款名称	编列内容
3.5.5	近年发生的诉讼及仲裁情况的年份要求	___年，指___年___月___日起至___年___月___日止
3.6	是否允许递交备选投标方案	□不允许 □允许，备选投资方案的编制要求见附表七"备选投标方案编制要求"，评审和比较方法见第三章"评标办法"
3.7.3	签字和（或）盖章要求	
3.7.4	投标文件副本份数	_____份
3.7.5	装订要求	按照投标人须知第3.1.1项规定的投标文件组成内容，投标文件应按以下要求装订： □不分册装订 □分册装订，共分__册，分别为： 投标函，包括__至__的内容 商务标，包括__至__的内容 技术标，包括__至__的内容 ___标，包括__至__的内容 每册采用___方式装订，装订应牢固、不易拆散和换页，不得采用活页装订
4.1.2	封套上写明	招标人地址： 招标人名称： _____（项目名称）_____标段投标文件在___年___月___日___时___分前不得开启
4.2.2	递交投标文件地点	_____ （有形建筑市场/交易中心名称及地址）
4.2.3	是否退还投标文件	□否 □是，退还安排：
5.1	开标时间和地点	开标时间：同投标截止时间 开标地点：
5.2	开标程序	密封情况检查： 开标顺序：
6.1.1	评标委员会的组建	评标委员会构成：___人，其中招标人代表_____人（限招标人在职人员，且应当具备评标专家相应的或者类似的条件），专家_____人； 评标专家确定方式：_____
7.1	是否授权评标委员会确定中标人	□是 □否，推荐的中标候选人数：_____
7.3.1	履约担保	履约担保的形式： 履约担保的金额：

条款号	条款名称	编列内容
10. 需要补充的其他内容		
10.1　词语定义		
10.1.1	类似项目	类似项目是指：
10.1.2	不良行为记录	不良行为记录是指：
……	……	
10.2　招标控制价		
	招标控制价	□不设招标控制价 □设招标控制价，招标控制价为：＿＿＿元 　详见本招标文件附件：＿＿＿＿＿＿
10.3　"暗标"评审		
	施工组织设计是否采用"暗标"评审方式	□不采用 □采用，投标人应严格按照第八章"投标文件格式"中"施工组织设计（技术暗标）编制及装订要求"编制和装订施工组织设计
10.4　投标文件电子版		
	是否要求投标人在递交投标文件时，同时递交投标文件电子版	□不要求 □要求，投标文件电子版内容： ＿＿＿＿＿＿＿＿＿＿＿＿＿＿＿＿＿＿ 　投标文件电子版份数： ＿＿＿＿＿＿＿＿＿＿＿＿＿＿＿＿＿＿ 　投标文件电子版形式： ＿＿＿＿＿＿＿＿＿＿＿＿＿＿＿＿＿＿ 　投标文件电子版密封方式：单独放入一个密封袋中，加贴封条，并在封套封口处加盖投标人单位章，在封套上标记"投标文件电子版"字样
10.5　计算机辅助评标		
	是否实行计算机辅助评标	□否 □是，投标人需递交纸质投标文件一份，同时按本须知附表八"电子投标文件编制及报送要求"编制及报送电子投标文件。计算机辅助评标方法见第三章"评标办法"
10.6　投标人代表出席开标会		
		按照本须知第 5.1 款的规定，招标人邀请所有投标人的法定代表人或其委托代理人参加开标会。投标人的法定代表人或其委托代理人应当按时参加开标会，并在招标人按开标程序进行点名时，向招标人提交法定代表人身份证明文件或法定代表人授权委托书，出示本人身份证，以证明其出席，否则，其投标文件按废标处理
10.7　中标公示		
		在中标通知书发出前，招标人将中标候选人的情况在本招标项目招标公告发布的同一媒介和有形建筑市场/交易中心予以公示，公示期不少于 3 个工作日

续表

条款号	条款名称	编列内容
10.8	知识产权	
		构成本招标文件各个组成部分的文件，未经招标人书面同意，投标人不得擅自复印和用于非本招标项目所需的其他目的。招标人全部或者部分使用未中标人投标文件中的技术成果或技术方案时，需征得其书面同意，并不得擅自复印或提供给第三人
10.9	重新招标的其他情形	
		除投标人须知正文第8条规定的情形外，除非已经产生中标候选人，在投标有效期内同意延长投标有效期的投标人少于三个的，招标人应当依法重新招标
10.10	同义词语	
		构成招标文件组成部分的"通用合同条款""专用合同条款""技术标准和要求"和"工程量清单"等章节中出现的措辞"发包人"和"承包人"，在招标投标阶段应当分别按"招标人"和"投标人"进行理解
10.11	监督	
		本项目的招标投标活动及其相关当事人应当接受有管辖权的建设工程招标投标行政监督部门依法实施的监督
10.12	解释权	
		构成本招标文件的各个组成文件应互为解释，互为说明；如有不明确或不一致，构成合同文件组成内容的，以合同文件约定内容为准，且以专用合同条款约定的合同文件优先顺序解释；除招标文件中有特别规定外，仅适用于招标投标阶段的规定，按招标公告（投标邀请书）、投标人须知、评标办法、投标文件格式的先后顺序解释；同一组成文件中就同一事项的规定或约定不一致的，以编排顺序在后者为准；同一组成文件不同版本之间有不一致的，以形成时间在后者为准。按本款前述规定仍不能形成结论的，由招标人负责解释
10.13	招标人补充的其他内容	
		……

3.1.6 任务小结

本任务主要学习《标准施工招标文件》的应用，重点把握《投标人须知前附表》的编制要点。

任务3.2 编制工程设计施工总承包招标文件

3.2.1 学习目标

1. 知识目标

掌握《工程设计施工总承包招标文件》的构成及编制要点。

2. 能力目标

具备应用相关知识编制《工程设计施工总承包招标文件》的能力。

3. 素质目标

培养学生在编制工程设计施工总承包招标文件的过程中，养成严谨的工作态度和踏实的工作作风、实事求是的敬业精神。

3.2.2　任务描述

【案例背景】某工程设计施工总承包招标公告的信息如下所示：

××大学学生公寓组团1建设项目设计施工总承包招标公告
（招标编号：E1407000××××3001）

招标项目所在地区：市辖区

一、招标条件

本××大学学生公寓组团1建设项目设计施工总承包，已由××省发展和改革委员会以×发改审批发［2021］114号文批准建设，项目资金来源为社会引资及学校自筹等多渠道，招标人为××大学，本项目已具备招标条件，现进行公开招标。

二、项目概况与招标范围

项目规模：总建筑面积50096m²。主要建设内容包括1♯、2♯、3♯学生公寓，学生活动用房及室外配套工程。项目总投资26575万元，其中工程费用22177万元，工程建设其他费2430万元，预备费1968万元。计划建设工期：180日历天。

招标内容与范围：本招标项目划分为1个标段，本次招标为其中的001××大学学生公寓组团1建设项目。根据招标文件发包人要求完成××大学学生公寓组团1建设项目的勘察、设计（方案设计、初步设计及概算编制、施工图设计及后续相关服务）、施工、采购、工程保修期内的缺陷修复和保修工作。

三、投标人资格要求

（1）投标人须在中华人民共和国境内注册，具有独立法人资格。

（2）投标人须同时具备工程勘察综合甲级资质或工程勘察专业类［岩土工程（勘察）］乙级及以上资质、工程设计综合甲级资质［或建筑行业（建筑工程）乙级及以上设计资质］、建筑工程施工总承包叁级及以上资质；具有有效的营业执照，并在人员、设备、资金等方面具有相应的勘察、设计、施工能力。其中，投标人拟派工程总承包项目经理须具备建筑工程专业贰级（含）以上注册建造师执业资格或贰级（含）以上注册建筑师资格，且未同时在两个或者两个以上工程项目担任工程总承包项目经理、施工项目负责人；勘察负责人须具备注册土木工程师（岩土）资格；设计负责人须具备贰级（含）以上注册建筑师资格；施工负责人须具备建筑工程专业贰级（含）以上注册建造师执业资格，同时具有有效的安全生产考核合格证书（B类），且未担任其他在施建设工程项目的项目经理（拟派工程总承包项目经理和设计负责人或拟派工程总承包项目经理和施工负责人可兼任）。

（3）中国裁判文书网（投标人、投标人法定代表人、投标人拟派工程总承包项目经理、勘察负责人、设计负责人、施工负责人）无行贿犯罪记录。

（4）未被最高人民法院在"信用中国"网站中列入失信被执行人名单。

（5）单位负责人为同一人或存在控股、管理关系的不同单位不得同时参加本项目的投标。

本项目**允许**联合体投标。联合体投标的，应满足下列要求：

① 联合体各成员所有成员方应签署具有法律效力的协议书；

② 联合体的牵头单位应被授权，所有成员方之间签署的具有法律效力的授权书中应证明此授权（牵头人负责人为本项目的工程总承包项目经理）；

③ 联合体各方不得再以自己名义单独或加入其他联合体在同一标段中参加投标，出现上述情况者，其投标和与此有关的联合体的投标将被拒绝；

④ 联合体中标后，联合体各方应当共同与招标人签订合同，为履行合同向招标人承担连带责任；

⑤ 联合体协议书中应明确联合体所有成员方的有关责任与义务，各方并就合同条款共同分担合同的义务。

四、招标文件的获取

获取时间：2021-04-16 9∶00 至 2021-04-21 17∶00。招标文件每套售价 600.00 元，售后不退。

获取方法：请在文件发售期内持单位授权委托书原件，法定代表人、授权代理人身份证复印件，到代理公司缴费（地址：××省××市××区××路××广场×号楼6 层××号），获取招标文件。

五、投标文件的递交

递交截止时间：2021-05-11 14∶30。

递交方法：现场递交。

递交地址：××市公共资源交易服务中心开标三室（地址：××市××区××路××号××广场 2 号楼）。

六、开标时间、方式及地址

开标时间：2021-05-11 14∶30。开标方式：现场开标。开标地址：同递交地址。

七、其他公告内容

本次招标公告同时在"××招标投标公共服务平台""××市公共资源交易平台"上发布。

（1）主体库注册：获取招标文件前请在"××市公共资源交易平台"完成主体库注册（http：//×××××××）。主体库可随时免费注册，主体库核验咨询电话：03×
×-30×××××。

（2）确认投标：参与本项目的投标人，请在"××市公共资源交易平台"登录系统，在确认投标栏目中找到对应的项目参加投标。

八、监督部门

本招标项目的监督部门为 ××转型综合改革示范区××开发区管理委员会行政审批局。

70

九、联系方式

　　招标人：××大学

　　地址：××省××市××区××街×××号

　　联系人：于先生

　　联系电话：13×××××××××

　　电子邮件：×××××××@qq.com

　　招标代理机构：××项目管理咨询有限公司

　　地址：××市××区××街×××号和信商座 19 层

　　联系人：王××　　张××

　　联系电话：03××-×××××××

　　电子邮件：××××××××@163.com

　　　　　　招标人或其招标代理机构主要负责人（项目负责人）：刘××（签名）

　　　　　　招标人或其招标代理机构（盖章）：××项目管理咨询有限公司

　　　　　　2021 年 04 月 10 日

【任务要求】

　　采用《标准设计施工总承包招标文件》（2012 年版）格式，编制该工程《设计施工总承包招标文件》。

扫码阅读3.4

3.2.3　任务分析

　　结合具体工程项目，深入学习《房屋建筑和市政基础设施项目工程总承包管理办法》，与《房屋建筑和市政工程标准施工招标文件》（2010 年版）四卷八章相对比，掌握《标准设计施工总承包招标文件》（2012 年版）三卷七章的具体内容，掌握《设计施工总承包招标文件》的编制要点。

3.2.4　知识链接

　　工程总承包是指承包单位按照与建设单位签订的合同，对工程设计、采购、施工或者设计、施工等阶段实行总承包，并对工程的质量、安全、工期和造价等全面负责的工程建设组织实施方式。建设内容明确、技术方案成熟的项目，适宜采用工程总承包方式。

　　1.《标准设计施工总承包招标文件》（2012 年版）的基本内容

　　《标准设计施工总承包招标文件》（2012 年版）共包含封面格式和三卷七章的内容。第一卷包括第一章至第四章，涉及招标公告（投标邀请书）、投标人须知、评标办法、合同条款及格式等内容，其中，第一章和第三章并列给出了不同情况，由招标人根据招标项目特点和需要分别选择。第二卷由第五章发包人要求、第六章发包人提供资料组成。第三卷是第七章投标文件格式（详见前文扫码阅读 3.4）。

　　2. 工程总承包管理办法

　　由国家发展改革委与住房和城乡建设部联合制定的《房屋建筑和市政基础设施项目工程总承包管理办法》（以下简称《工程总承包管理办法》）于 2020 年 3 月 1 日正式施行，成为推动我国房建和市政领域工程总承包发展的纲领性文件，我国工程总承包的发展由此进入新常态。

（1）工程总承包模式对工程总承包单位的具体要求

① 资质、能力、业绩要求

工程总承包模式具有设计和施工深度融合的特点，决定了工程总承包单位应当具备设计和施工"两手都要抓、两手都要硬"的能力。工程总承包单位应当同时具有与工程规模相适应的工程设计资质和施工资质，或者由具有相应资质的设计单位和施工单位组成联合体。工程总承包单位应当具有相应的项目管理体系和项目管理能力、财务和风险承担能力，以及与发包工程相类似的设计、施工或者工程总承包业绩。

鼓励设计单位申请取得施工资质，已取得工程设计综合资质、行业甲级资质、建筑工程专业甲级资质的单位，可以直接申请相应类别施工总承包一级资质。鼓励施工单位申请取得工程设计资质，具有一级及以上施工总承包资质的单位可以直接申请相应类别的工程设计甲级资质。完成的相应规模工程总承包业绩可以作为设计、施工业绩申报。

② 联合体

设计单位和施工单位组成联合体的，应当根据项目的特点和复杂程度，合理确定牵头单位，并在联合体协议中明确联合体成员单位的责任和权利。联合体各方应当共同与建设单位签订工程总承包合同，就工程总承包项目承担连带责任。

③ 对于总承包单位的限制性规定

工程总承包单位不得是工程总承包项目的代建单位、项目管理单位、监理单位、造价咨询单位、招标代理单位。

政府投资项目的项目建议书、可行性研究报告、初步设计文件编制单位及其评估单位，一般不得成为该项目的工程总承包单位。政府投资项目招标人公开已经完成的项目建议书、可行性研究报告、初步设计文件的，上述单位可以参与该工程总承包项目的投标，经依法评标、定标，成为工程总承包单位。

（2）工程总承包模式存在的风险

建设单位和工程总承包单位应当加强风险管理，合理分担风险。建设单位承担的风险主要包括：主要工程材料、设备、人工价格与招标时基期价相比，波动幅度超过合同约定幅度的部分；因国家法律法规政策变化引起的合同价格的变化；不可预见的地质条件造成的工程费用和工期的变化；因建设单位原因产生的工程费用和工期的变化；不可抗力造成的工程费用和工期的变化。

具体风险分担内容由双方在合同中约定，鼓励建设单位和工程总承包单位运用保险手段增强防范风险能力。

（3）工程总承包的价格

企业投资项目的工程总承包宜采用总价合同，政府投资项目的工程总承包应当合理确定合同价格形式。采用总价合同的，除合同约定可以调整的情形外，合同总价一般不予调整。

建设单位和工程总承包单位可以在合同中约定工程总承包计量规则和计价方法。依法必须进行招标的项目，合同价格应当在充分竞争的基础上合理确定。

建设单位不得迫使工程总承包单位以低于成本的价格竞标，不得明示或者暗示工程总承包单位违反工程建设强制性标准、降低建设工程质量，不得明示或者暗示工程总承包单位使用不合格的建筑材料、建筑构配件和设备。

（4）工程总承包项目经理

工程总承包项目经理应当具备下列条件：

1）取得相应工程建设类注册执业资格，包括注册建筑师、勘察设计注册工程师、注册建造师或者注册监理工程师等；未实施注册执业资格的，取得高级专业技术职称。

2）担任过与拟建项目相类似的工程总承包项目经理、设计项目负责人、施工项目负责人或者项目总监理工程师。

3）熟悉工程技术和工程总承包项目管理知识以及相关法律法规、标准规范。

4）具有较强的组织协调能力和良好的职业道德。

工程总承包项目经理不得同时在两个或者两个以上工程项目担任工程总承包项目经理、施工项目负责人。

（5）工程总承包的各项责任

建设单位和工程总承包单位应当加强设计、施工等环节管理，确保建设地点、建设规模、建设内容等符合项目审批、核准、备案要求。

1）质量责任

工程总承包单位应当对其承包的全部建设工程质量负责，分包单位对其分包工程的质量负责，分包不免除工程总承包单位对其承包的全部建设工程所负的质量责任。

工程总承包单位、工程总承包项目经理依法承担质量终身责任。

工程保修书由建设单位与工程总承包单位签署，保修期内工程总承包单位应当根据法律法规规定以及合同约定承担保修责任，工程总承包单位不得以其与分包单位之间保修责任划分而拒绝履行保修责任。

工程总承包单位和工程总承包项目经理在设计、施工活动中有转包、违法分包等违法违规行为或者造成工程质量安全事故的，按照法律法规对设计、施工单位及其项目负责人相同违法违规行为的规定追究责任。

2）安全责任

建设单位不得对工程总承包单位提出不符合建设工程安全生产法律、法规和强制性标准规定的要求，不得明示或者暗示工程总承包单位购买、租赁、使用不符合安全施工要求的安全防护用具、机械设备、施工机具及配件、消防设施和器材。

工程总承包单位对承包范围内工程的安全生产负总责。分包单位应当服从工程总承包单位的安全生产管理，分包单位不服从管理导致生产安全事故的，由分包单位承担主要责任，分包不免除工程总承包单位的安全责任。

3）进度责任

建设单位不得设置不合理工期，不得任意压缩合理工期。

工程总承包单位应当依据合同对工期全面负责，对项目总进度和各阶段的进度进行控制管理，确保工程按期竣工。

4）资金责任

扫码阅读3.5

政府投资项目所需资金应当按照国家有关规定确保落实到位，不得由工程总承包单位或者分包单位垫资建设。政府投资项目建设投资原则上不得超过经核定的投资概算。

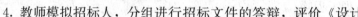

3.2.5　任务实施

1. 根据任务描述中的《××大学学生公寓组团 1 建设项目设计施工总承包招标公告》，布置该工程《设计施工总承包招标文件》编制任务。

2. 在编制《设计施工总承包招标文件》的过程中，针对性学习所涉及的相关招标投标法律法规、标准文本的具体要求。

3. 同学分组扮演招标助理角色，起草《设计施工总承包招标文件》。

4. 教师模拟招标人，分组进行招标文件的答辩，评价《设计施工总承包招标文件》成果的编制水平。

3.2.6　任务小结

本任务主要与《工程施工招标文件》对比，学习《工程设计施工总承包招标文件》的编制要点，尤其要重点把握《投标人须知前附表》所涉及的各项法律法规标准规定。

工作任务 4   编制工程施工投标文件

引文：

投标文件是投标人表明接受招标文件的要求和标准，载明自身（含参与项目实施的负责人）的资信资料、实施招标项目的技术方案、投标价格以及相关承诺内容的书面文书。投标文件应当对招标文件提出的实质性要求和条件作出响应。招标项目属于建设施工的，投标文件的内容应当包括拟派出的项目负责人与主要技术人员的简历、业绩和拟用于完成招标项目的机械设备等。

投标人在参加资格预审、取得招标文件、研究招标文件、参加现场踏勘与投标预备会、调查投标环境、确定投标策略、制定投标方案的基础上编制投标文件。

投标人是响应招标、参加投标竞争的法人或者其他组织。国家有关规定对投标人资格条件或者招标文件对投标人资格条件有规定的，投标人应当具备规定的资格条件。投标人应当按照招标文件的要求编制投标文件。

本任务主要了解工程投标阶段的注意事项，掌握投标程序及投标文件的编制和递交，包括如何编制投标文件的商务标、技术标、资信标等。

【思维导图】

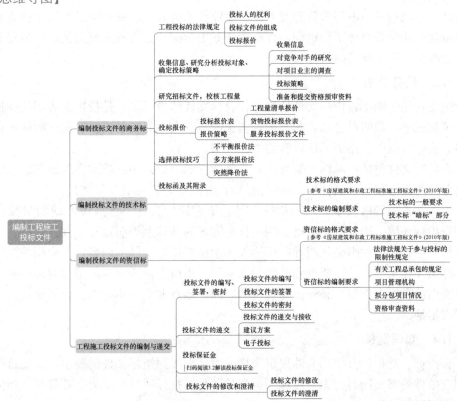

任务 4.1　编制投标文件的商务标

4.1.1　学习目标

1. 知识目标

掌握投标文件商务标的内容、格式；掌握投标人的权利、投标的法律规定、投标策略、投标报价的知识；熟悉投标程序和工程总承包的相关规定。

2. 能力目标

具备编制投标文件商务标的能力；具备合理判断投标行为能力；具备严谨科学决策，完成投标报价的能力。

3. 素质目标

使学生在编制商务标的过程中，学习投标人的"信心、细心、耐心、恒心"，依法合规确定投标报价。

4.1.2　任务描述

由学习者扮演投标人的角色，进行投标资料准备工作，模拟完成投标报价。

【案例背景】

此次任务的案例背景为本教材工作任务 3 的案例招标文件（详见扫码阅读 3.3）。

【任务要求】

投标工作机构一般由经营管理类人才、专业技术类人才、商务金融类人才构成。学生分组模拟建筑业企业投标工作机构，在此次任务中扮演商务造价人员角色，模拟完成某市某中学校改扩建施工项目的投标报价。

4.1.3　任务分析

学生需首先明确工程投标文件的概念，投标文件即投标书，是投标人表明接受招标文件的要求和标准，载明自身（含参与项目实施的负责人）的资信资料、实施招标项目的技术方案、投标价格以及相关承诺内容的书面文书。

工程投标文件包括技术标、商务标、资信标三部分。其中：技术标为施工组织设计文件，商务标为投标报价（已标价工程量清单），资信标为资格审查等资料。

投标人在参加资格预审、取得招标文件、研究招标文件、参加现场踏勘与投标预备会、调查投标环境、确定投标策略、制定投标方案的基础上编制投标文件。

投标人在投标文件中必须明确向招标人表示愿以招标文件的内容订立合同的意思；必须对招标文件提出的实质性要求和条件做出响应，不得以低于成本的报价竞标；必须由满足相应资格的投标人编制；必须按照规定的时间、地点递交给招标人。否则该投标文件将被招标人拒绝。

4.1.4　知识链接

工程投标，是指符合招标文件规定资格的投标人按照招标文件的要求，提出自己的报价及相应条件的书面问答行为。投标人应当具备承担投标项目的能力，并且符合招标文件规定的资格条件。

工程项目投标程序具体内容在工作任务 1 中阐述，此处不再赘述。

1. 工程投标的法律规定

（1）投标人的权利

施工企业作为建筑产品的生产者，在施工招标投标的活动中，享有下列权利：

1）凡持有营业执照和相应资质证书的施工企业或施工企业联合体，均可按招标文件的要求参加投标；

2）根据自己的经营状况和掌握的市场信息，有权确定自己的投标报价；

3）有权对招标人要求工程质量优良的工程实行优质优价；

4）根据自己的经营状况有权参与投标竞争或拒绝参与竞争。

（2）投标文件的组成

我国《建筑法》第二十四条规定："建筑工程的发包单位可以将建筑工程的勘察、设计、施工、设备采购一并发包给一个工程总承包单位，也可以将建筑工程勘察、设计、施工、设备采购的一项或多项发包给一个工程总承包单位；但是，不得将应由一个承包单位完成的建筑工程肢解成若干部分发包给几个承包单位。"建设工程项目投标文件应响应招标文件的要求进行编制。

工程投标文件一般由下列内容组成：①投标函及投标函附录；②法定代表人身份证明或附有法定代表人身份证明的授权委托书；③联合体协议书；④投标保证金；⑤已标价工程量清单；⑥施工组织设计；⑦项目管理机构；⑧拟分包项目情况表；⑨资格审查资料；⑩投标人须知前附表规定的其他材料。

（3）关于投标报价

投标人的报价明显低于其他通过符合性审查投标人的报价，有可能影响产品质量或者不能诚信履约的，应当要求其在评标现场合理的时间内提供书面说明，必要时提交相关证明材料；投标人不能证明其报价合理性的，评标委员会应当将其作为无效投标处理。

2. 收集信息、研究分析投标对象、确定投标策略

投标文件编制前的准备工作包括获取投标信息与前期投标决策，即从众多市场招标信息中确定选取哪个（些）项目作为投标对象。这方面工作要注意以下问题：

（1）收集信息

信息资源在工程项目投标活动中占有举足轻重的地位。准确、全面、及时地收集各项技术经济信息是投标成败的关键，工程项目投标活动中，需要收集的信息涉及面很广，其主要内容可以概括为以下几个方面。

1）项目的自然环境

主要包括工程所在地的地理位置和地形、地貌；气象状况，包括气温、湿度、主导风向、平均年降水量；洪水、台风及其他自然灾害状况等。

2）项目的市场环境

主要包括：建筑材料、施工机械设备、燃料、动力、供水和生活用品的供应情况、价格水平，还包括过去几年批发物价和零售物价指数以及今后的变化趋势和预测；劳务市场情况，如工人技术水平、工资水平、有关劳动保护和福利待遇的规定等；金融市场情况，如银行贷款的难易程度以及银行贷款利率等。

3）项目的社会环境

投标人首先应当了解与项目有关的政治形势、国家政策等，即国家对该项目采取的是

鼓励政策还是限制政策，同时还应了解在招标投标活动中以及在合同履行过程中有可能涉及的法律。

4）项目方面的情况

工程项目方面的情况包括：工程性质、规模、发包范围；工程的技术规模和对材料性能及工人技术水平的要求；总工期及分批竣工交付使用的要求；施工场地的地质、地下水位、交通运输、给排水、供电、通信条件的情况；对购买器材和雇佣工人有无限制条件；工程价款支付方式；监理师资历、职业道德和工作作风等。

5）投标人自身情况

投标人对自己内部情况、资料也应当进行归档管理。这类资料主要用于招标人要求的资格审查和本企业履行项目的可能性，包括反映本单位的技术能力、管理水平、信誉、工程业绩等各种资料。

6）有关报价的参考资料

如当地近期的类似工程项目的施工方案、报价、工期及实际成本等资料，同类已完工程的技术经济指标；本企业承担过类似工程项目的实际情况。

（2）对竞争对手的研究

主要工作是分析竞争对手的实力和优势，在当地的信誉；了解对手投标报价的动态，与业主之间的人际关系等；以便与自己相权衡，从而分析取胜的可能性和制定相应的投标策略。

（3）对项目业主的调查

对项目业主的调查了解是确信实施工程所获得的酬金能否收回的前提。目前许多业主倚仗项目实施过程中的强势，蛮不讲理，长期拖欠工程款，致使项目承包人不仅不能获取利润，而且连成本都无法收回。还有些业主的工程负责人利用发包工程项目的机会，索要巨额回扣，中饱私囊，致使承包人苦不堪言。因此承包人必须对获得该项目之后，履行合同的各种风险进行认真的评估分析。机会可以带来收益，但不良的业主同样有可能使承包人陷入泥潭而不能自拔，利润与风险并存。

投标人应当调查了解业主的信誉，包括业主的资信情况、履约态度、支付能力，在其他项目上有无拖欠工程款的情况，对实施的工程需求的迫切程度，以及对工程的工期、质量、费用等方面的要求等。

（4）投标策略

工程项目投标策略可分为基本策略和附加策略。基本策略分为赢利策略、保险策略、风险策略与保本策略。附加策略可分为优化设计策略、缩短工期策略、附加优惠策略和低价索赔策略。

1）基本策略

① 赢利策略：即在投标中以获取较大的利润为投标目标的策略。这种投标策略通常在建筑市场任务多，投标人对该项目拥有技术上的绝对优势、工期短、竞争对手少；或招标人意向明确；或投标人任务饱满，利润丰厚，且考虑让企业超负荷运转时才采用。

② 保险策略：对可以预见的情况，从技术、设备、资金等重大问题都有了解决的对策之后再投标的投标策略为保险策略。这种投标策略通常是投标人经济实力较弱，经不起失误的打击，往往采用的策略。当前，我国多数投标人特别在国际工程承包市场上都愿意

采用这种投标策略。

③ 风险策略：即在投标中明知工程难度大、风险大，且在技术、设备、资金上都有未解决的问题，但市场竞争激烈，竞争对手较强；或投标人急于打入市场；或因为工程赢利丰厚；或为了开拓新技术领域而决定参加投标，这种投标策略为风险策略。投标后，如果风险不发生、问题解决得好，即意味着投标人的投标成功；如果风险发生、问题解决得不好，则意味着投标人要承担极大的风险损失。因此，采取风险策略投标必须审慎从事。

④ 保本策略：即当企业无后继工程；或已经出现部分停工；或建筑市场供不应求，竞争对手又多；投标人为了维持当前状况，不去追求高额利润，以不产生亏损为目标时采用的投标策略。

2）附加策略

① 优化设计策略：即发现并修改原有施工图设计中存在的不合理情况或采用新技术优化设计方案。如果这种设计能大幅度降低工程造价或缩短工期，且设计方案可靠，则这种设计方案一经采纳，投标人即可获得中标资格。

② 缩短工期策略：即通过先进的施工方案、施工方法、科学的施工组织或者优化设计来缩短合同工期。当评标的关键因素是工期时，则业主在评标过程中会将缩短工期后所带来的预期收益加以考虑，此时对投标人获取中标资格是有利的。

③ 附加优惠策略：即在得知业主资金较紧张或者主要材料供应有一定困难的情形下，通过向业主提出相应的优惠条件来取得中标资格的一种投标策略。例如，当承包人在得知业主的建设资金紧张的情况下，提出可以减免预付款甚至垫资施工，可以延期支付工程款，利用这种优惠条件，解决业主暂时困难，替业主分忧，为夺标创造条件。

④ 低价索赔策略：即在发现招标文件中存在许多漏洞甚至许多错误或业主的施工条件根本不具备，开工后必然违约的情形下有意将价格报低，先争取中标，中标后通过索赔来挽回低报价的损失。这种策略只有在合同条款中关于索赔的规定明显对己方有利的情形下才可采用，对于以 FIDIC 条款作为合同条款的项目招标不宜采用这种方法。

投标竞争中无论采取何种策略，绝不能代替竞争的实力。实力是策略运用的前提，提高中标率最根本的还是靠投标人的经营管理水平，充分发挥投标人的人力、物力和财力优势；采用新技术、新工艺、新方法，提高质量，缩短工期，降低材料消耗，才能真正提高投标的中标率。

（5）准备和提交资格预审资料

资格预审是投标人投标过程中需要通过的第一关。参加一个工程招标的资格预审，应全力以赴，力争通过预审，成为可以投标的合格投标人（资格预审申请文件的内容与格式见本教材工作任务 2 的相关内容）。

投标人应当在资格预审公告、招标公告或者投标邀请书载明的电子招标投标交易平台注册登记，如实递交有关信息，并经电子招标投标交易平台运营机构验证。投标人应当通过资格预审公告、招标公告或者投标邀请书载明的电子招标投标交易平台递交数据电文形式的资格预审申请文件或者投标文件：

投标人申请资格预审时应注意如下问题：

1）应注意资格预审有关资料的积累工作。

2）加强填表时的分析。

3）注意收集信息。

4）做好递交资格预审申请后的跟踪工作。

总之，资格预审文件不仅发挥通过资格预审的作用，还是企业重要的宣传资料。

【应用案例】某预算价值 1.4 亿元的水电站资格预审文件规定，未回答所有问题的申请人可能被拒绝。一家承包过大型水电站工程的大承包人虽回答了大部分问题，但未填答有关财务的问题，而是用过去 5 年的财务审计报告代替。

同时，在资格预审中，招标人认为该申请人不具备承包资格，理由是该申请人以往的一项合同成绩不佳，但根据资格预审文件所规定的标准，招标人聘请的评审咨询专家都认为该申请的经验、技术和财力足以承担这项工程。

【分析】资格预审的目的是了解申请人的经验、技术和财务能力能否承担合同任务。一是招标人的规定不灵活，申请人已用 5 年的财务审计报告说明了其财务能力。如果招标人为慎重起见，可以要求申请人进一步澄清；二是投标申请人填报时严格按要求填报以免带来不必要的麻烦。

3. 研究招标文件，校核工程量

通过了资格审查的投标人，在取得招标文件之后，首要的工作就是认真仔细研究招标文件，充分了解其内容和要求，以便有针对性地安排投标工作。招标文件的研究工作包括：

（1）招标项目综合说明，熟悉工程项目全貌；

（2）研究设计文件，为制定报价或制定施工方案提供确切的依据；

（3）研究合同条款，明确中标后的权利与义务；

（4）研究投标须知，提高工作效率，避免造成废标等。

对于校核的工作量，可能今后会增加工程量的可以在标前会上不提出，报一个高价；可能会减少的工程量，要在标前会上提出力争更正。

4. 投标报价

投标人应该按照招标文件中提供工程量清单或货物、服务清单及其投标报价表格式要求编制投标报价文件。

投标人根据招标文件及相关信息，计算出投标报价，并在此基础上研究投标策略；提出反映自身竞争能力的报价。可以说，投标报价对投标人竞标的成败和将来实施项目的盈亏具有决定性作用。

按招标文件规定格式编制、填写投标报价表及相关内容和说明等报价文件是投标文件的核心内容，招标文件往往要求投标人的法定代表人或其委托代理人对报价文件内容逐页亲笔签署姓名，并不得进行涂改或删减。

（1）投标报价表

1）工程量清单报价

工程招标的"工程量清单"是根据招标项目具体特点和实际需要编制，并与"投标人须知""通用合同条款""专用合同条款""技术标准与要求""图纸"等内容相衔接。工程量清单中的计量、计价规则依据招标文件规定，并符合有关国家和行业标准的规定。

投标人根据招标文件中工程量清单以及计价要求，结合施工现场实际情况及施工组织设计，按照企业定额或参照政府工程造价管理机构发布的工程定额，结合市场人工、材料、机械等要素价格信息，编制《已标价工程量清单》，进行投标报价。

2）货物投标报价表

货物投标应按照招标文件的货物需求一览表和统一的报价表格式要求进行投标报价。投标人应认真阅读招标文件中的报价说明，全面、正确和详尽地理解招标文件报价要求，避免与招标文件实质性要求发生偏离。

投标人应根据招标文件规定的报价要求、价格构成和市场行情，考虑设备、附件、备品备件、专用工具生产成本，以及合同条款中规定的交货条件、付款条件、质量保证、运输保险及其他伴随服务等因素报出投标价格。投标报价一般包含所需货物及包装费、保险费、各种税费、运输费等招标人指定地点交货的全部费用和技术服务等费用。

货物投标报价除填写投标一览表外，还应填写分项报价表。分项报价表中要对主设备及附件、备品备件、专用工具、安装、调试、检验、培训、技术服务等项目逐项填写并报价。但简易小型的货物，一般不需要安装、培训等项目。复杂、大型成套设备，除了提交设计、安装、培训、调试、检验等报价外，还应该提交培训计划、备品备件、专用工具清单等。根据招标文件要求，还可能提交推荐的备品备件清单及报价。

填写报价表，应逐一填写并特别注意分项报价的准确性及分项合价的对应性。正确填写报价表后，应按照招标文件的要求签字、盖章。

3）服务投标报价文件

服务招标投标中，投融资与特许经营、勘察、设计、监理、项目管理、科研与咨询服务等招标，投标人应根据招标文件规定的服务期、服务量、拟投入服务人的数量以及服务方案，结合企业经营管理水平、财务状况、服务业务能力、履约情况、类似项目服务经验、企业资源优势等编制投标报价文件。投标报价文件包括：

① 服务费用说明；

② 服务费用估算汇总表；

③ 服务费用估算分项明细表等。

其中投融资与特许经营的投标文件还应按照招标文件要求提供完整的项目融资方案、财务分析、服务费价格方案及分析报告。

（2）报价策略

投标人结合自身的优势劣势和项目特点，选取报价策略。

1）一般说来下列情况报价可高一些：

① 施工条件差（如场地狭窄、地处闹市）的工程；

② 专业要求高的技术密集型工程，而本公司这方面有专长，声望也高；

③ 总价低的小工程，以及自己不愿做而被邀请投标的工程；

④ 特殊的工程，如港口码头工程、地下开挖工程等；

⑤ 业主对工期要求急的工程；

⑥ 投标对手少的工程；

⑦ 支付条件不理想的工程。

2）下述情况报价应低一些：

① 施工条件好的工程，工作简单、工程量大且一般公司都可以做的工程，如大量的土方工程、一般房建工程等；

② 本公司目前急于打入某一市场、某一地区，以及虽已在某地区经营多年，但即将面临没有工程的情况（某些国家规定，在该国注册公司一年内没有经营项目时，就撤销营业执照），机械设备等无工地转移时；

③ 附近有工程且本项目可以利用该项工程的设备、劳务或短期内可突击完成；

④ 投标对手多，竞争力激烈时；

⑤ 非急需工程；

⑥ 支付条件好，如有预付款、进度款支付比例高。

5. 选择投标技巧

投标人为了中标和取得期望的收益，必须在保证满足招标文件各项要求的条件下，研究和运用投标技巧。投标技巧的研究与运用贯穿于整个投标过程中，具体表现形式如下：

（1）不平衡报价法

在总价基本确定的前提下，如何调整内部各个子项的报价，以期既不影响总报价，也不影响中标，又能在中标后投标人尽早收回垫支于工程中的资金和获取较好的经济效益。但要注意避免畸高畸低现象，避免失去中标机会。通常采用的不平衡报价有下列几种情况：

1）对能早期结账收回工程款的项目（如土方、基础等）的单价可报以较高价，以利于资金周转；对后期项目（如装饰、电气设备安装等）单价可适当降低。

2）经过工程量复核，估计今后工程量会增加的项目，其单价可提高，而工程量会减少的项目，其单价可降低。但上述两点要统筹考虑。对于工程量数量有错误的早期工程，如不可能完成工程量表中的数量，则不能盲目抬高单价，需要具体分析后再确定。

3）设计图纸内容不明确或有错误，估计修改后工程量要增加的，其单价可提高；而工程内容不明确的，其单价可降低。

4）没有工程量而只填报单价的项目（如土方超运、开挖淤泥等），其单价宜高。这样，既不影响投标总价，又可多获利。

5）对于暂定项目，其实施的可能性大的项目，价格可定高价；估计该工程不一定实施的可定低价。

6）对于允许价格调整的工程，当银行利率低于物价上涨幅度时，则后期施工的项目的单价报价高；反之，报价低。

7）国际工程中零星用工（计日工）一般可稍高于工程单价表中的工资单价，之所以这样做是因为零星用工不属于承包有效合同总价的范围，发生时实报实销，也可多获利。需要指出的是，这一点与我国目前实施的《建设工程工程量清单计价规范》GB 50500 规定有所不同。

（2）多方案报价法

利用招标文件中工程说明书不够明确，或合同条款、技术要求过于苛刻时，以争取达到修改工程说明书和合同为目的的一种报价方法。其方法是：若业主拟定的合同条件要求过于苛刻，为使业主修改合同要求，可准备"两个报价"，并阐明按原合同要求规定，投标报价为某一数值；倘若合同要求作某些修改，则投标报价为另一数值。即比前一数值的报价低一定百分点，以此吸引业主修改合同条件。

（3）突然降价法

报价是一项保密性工作，但是竞争对手往往会通过各种渠道和手段来获取相关情报，因此在报价时可以采用迷惑对手的竞争手段。即在整个报价过程中，仍按一般情况报价，甚至有意无意地将报价泄露，或者表示对工程兴趣不大，等到临近投标截止时间时突然降价，使竞争对手措手不及，从而解决标价保密问题，提高竞争能力和中标机会。

应用案例一

【案例背景】

某工程在施工招标文件中规定：本工程有预付款，数额为合同价款的 10％，在合同签署并生效后 7 日内支付，当进度款支付达合同总价的 60％时一次性全额扣回，工程进度款按季度支付。

某承包商准备对该项目投标，图纸计算，报价为 9000 万元，总工期为 24 个月，其中：基础工程估价为 1200 万元，工期为 6 个月，上部结构工程估价为 4800 万元，为 12 个月；装饰和安装工程估价为 3000 万元，工期为 6 个月。

该承包商为了既不影响中标，又能在中标后取得较好的收益，决定对原报价作适当调整，基础工程调整为 1300 万元，结构工程调整为 5000 万元，装饰和安装工程调整为 2700 万元。

另外，该承包商还考虑到，该工程虽然有预付款，但平时工程款按季度支付不利于资金周转，决定除按上述调整后的数额报价外，还建议业主将支付条件改为：预付款为合同价的 5％，工程款按月支付，其余条款不变。

【分析思考，分组讨论】

1）该承包商所采用的不平衡报价法是否恰当？为什么？

2）除了不平衡报价法，该承包商还运用了哪一种报价技巧？运用是否得当？

应用案例二

【案例背景】

某建设单位为一座集装箱仓库的屋盖进行工程招标，该工程为 60000m² 的仓库，上面为 6 组拼接的屋盖，每组约 10000m²，原招标方案用大跨度的普通钢屋架、檩条和彩色涂层压型钢板的传统式屋盖。招标文件规定除按原方案报价外，允许投标者提出新的建议方案和报价，但不能改变仓库的外形和下部结构；A 公司参加了投标，除严格按照原方案报价外，提出的新建议是，将普通钢屋架——檩条结构改为钢管构件的螺栓球节点空间网架结构。这个新建议方案不仅节省大量钢材，而且可以在 A 公司所属加工厂加工制作构件和节点后，用集装箱运到该项目现场进行拼装，从而大大降低了工程造价，施工周期可以缩短两个月。开标后，按原方案的报价，A 公司名列第 5 名；其可供选择的建议方案报价最低、工期最短且技术先进。招标人派专家到 A 公司考察，看到大量的大跨度的飞机库和体育场馆均采用球节点空间网架结构，技术先进、可靠，而且美观，因此宣布将这个仓库的大型屋盖工程以近 3000 万元的承包价格授予这家 A 公司。

【分析思考】

本项目是否属于一个项目投了两个标？

6. 投标函及其附录

投标函及其附录是指投标人按照招标文件的条件和要求，向招标人提交的有关投标报价、工期、质量目标等要约内容的函件，是投标人为响应招标文件相关要求所做的概括性核心函件，一般位于投标文件首要部分，其内容、格式必须符合招标文件的规定。投标人提交的投标函内容、格式需严格按照招标文件提供的统一格式编写，不得随意增减内容。

（1）投标函

工程投标函包括投标人告知招标人投标项目具体名称和具体标段，以及投标报价、工期和达到的质量目标等。

1）投标有效期。投标有效期从提交投标文件的截止之日起算；是指为保证招标人有足够的时间在开标后完成评标、定标、合同签订等工作而要求投标人提交的投标文件在一定时间内保持有效的期限，该期限由招标人在招标文件中载明。投标函中，投标人应当填报投标有效期限和在有效期内相关的承诺。例如"我方同意在规定的开标之日起 28 天的投标有效期内严格遵守本投标文件的各项承诺。在此期限届满之前，本投标文件始终对我方具有约束力，并随时接受中标。我方承诺在投标有效期内不修改和不撤销投标文件。"《标准施工招标文件》中指出：

① 在投标人须知前附表规定的投标有效期内，投标人不得要求撤销或修改其投标文件。

② 出现特殊情况需要延长投标有效期的，招标人以书面形式通知所有投标人延长投标有效期。投标人同意延长的，应相应延长其投标保证金的有效期，但不得要求或被允许修改或撤销其投标文件；投标人拒绝延长的，其投标失效，但投标人有权收回其投标保证金。

2）投标担保。

3）中标后的承诺。从理论上讲，每个投标人都存在中标的可能性，所以应在投标函中要求每个投标人对中标后的责任和义务进行承诺。例如，要求投标人承诺：

① 在收到中标通知书后，按照招标文件规定向招标人递交履约担保；

② 在中标通知书规定的期限内与招标人签订合同；

③ 提交的投标函及其附录作为合同的组成部分；

④ 在合同约定的期限内完成并移交全部合同工程；

⑤ 所提交的整个投标文件及有关资料完整、准确、真实有效，且不存在招标文件不允许的情形。

4）投标函的签署。投标人承诺的执行性和可操作性都基于投标人的书面签署，因此在投标函格式部分均应按招标文件要求由投标人签字或盖法人印章、法定代表人或其委托代理人签字，明确投标人的联系方式（包括地址、网址、电话、传真、邮政编码等），作为对投标函内容的确认。

① 投标文件应按照招标文件提供的统一格式编写，投标人有针对性地填写有空格的地方，评标时评标专家可以一目了然，减少废标的可能性，简化评标的工作。

② 货物投标函内容及特点。货物投标函内容与工程投标函内容基本相同，包括投标项目名称、标包号和名称、投标文件主要构成内容、投标总价等。

③ 服务投标函内容及特点。服务投标函内容一般包括投标人告知招标人本次所投的项目具体名称和具体标段、投标报价、投标有效期、承诺的服务期限和达到的质量目标、投标函签署等，这些内容与工程及货物招标投标函相关内容基本一致。服务投标函还包括投标人对其权利、义务的声明：

A. 投标人自行承担因对招标文件不理解或误解而产生的后果。投标人充分理解招标人本次招标活动所采取的程序性办法及相应安排。

B. 投标人保证遵守招标文件的全部规定，确认其提交的材料所陈述内容和声明均是真实和正确的。

C. 确认招标人有权根据招标文件的规定，在投标人未能履行规定责任时没收其投标保证金。

D. 保证投标文件的所有内容均属独立完成，未经与其他投标人以限制本项目的竞争为目的协商、合作或达成谅解后完成。

（2）投标函附录

1）工程投标函附录的特点

投标函附录一般附于投标函之后，共同构成合同文件的重要组成部分，主要内容是对投标文件中涉及关键性或实质性的内容条款进行说明或强调。

投标人填报投标函附录时，在满足招标文件实质性要求的基础上，可以提出比招标文件要求更有利于招标人的承诺。一般以表格形式摘录列举。其中"序号"一般是根据所列条款名称在招标文件合同条款中的先后顺序进行排列；"条款名称"为所摘录条款的关键词；"合同条款号"为所摘录条款名称在招标文件合同条款中的条款号；"约定内容"是投标人投标时填写的承诺内容。

工程投标函附录所约定的合同重点条款应包括工程缺陷责任期、履约担保金额、发出开工通知期限、逾期竣工违约金、逾期竣工违约金限额、提前竣工的奖金、提前竣工的奖金限额、价格调整的差额计算、工程预付款、材料、设备预付款等对于合同执行中需投标人响应和引起重视的关键数据。

投标函附录除对以上合同重点条款摘录外，也可以根据项目的特点、需要，并结合合同执行者重视的内容进行摘录，这有助于投标人仔细阅读并深刻理解招标文件重要的条款和内容。如采用价格指数进行价格调整时，可增加价格指数和权重表等合同条款由投标人填报。

2）货物投标一览表的特点

货物投标文件中必须有投标一览表，其作用与工程投标文件中的投标函附录类似。投标一览表主要内容包括货物名称、数量、规格和型号、制造商名称、投标报价、投标保证金、交货期等。

3）服务投标函的特点

服务招标在投标函附录（或投标一览表）中可重点摘录和强调的内容包括项目负责人、各阶段服务的期限、赔偿的限额、服务费用的支付期限、预付款、履约担保等。投标人提交的投标函附录（或投标一览表）内容、格式需严格按照招标文件提供的统一格式编写，不得随意增减内容。

4.1.5 任务实施

学生分组模拟施工企业的投标团队，根据招标文件，按照企业实际情况及收集相关信息，计算工程量清单报价，经过数据分析对投标行为作出合理的判断，科学确定工程施工投标报价。

因工程量清单计价工作由专业工程造价人员完成，此部分任务直接给出投标商务计价成果，如表4-1所示。

×××建工集团有限公司

××市××中学校改扩建项目计价成果　　　　　　　　　　　　表 4-1

序号	项目	金额
1	××市××中学校改扩建项目总造价	壹亿肆仟叁佰柒拾柒万陆仟叁佰柒拾玖元陆角柒分 ¥143776379.67元
2	分部分项费	¥104202099.26元
3	措施项目费	¥18142343.63元

学生分组模拟的施工企业投标团队，按照企业实际情况，确定投标策略，填写表 4-2；完成投标函，如表 4-3 所示。

×××建工集团有限公司

××市××中学校改扩建项目投标报价　　　　　　　　　　　　表 4-2

序号	项目	金额（元）
1	××市××中学校改扩建项目总造价	
2	分部分项费	
3	措施项目费	

×××建工集团有限公司

××市××中学校改扩建项目投标函及投标函附录　　　　　　　表 4-3

投标函

致：＿＿＿＿＿＿＿＿＿（招标人名称）

1. 根据你方＿＿＿＿＿＿工程的招标文件，遵照《中华人民共和国招标投标法》等有关规定，经踏勘项目现场和研究上述招标文件的投标须知、合同条款、图纸、工程建设标准和工程量清单及其他有关文件后，我方愿以人民币（大写）＿＿＿＿＿＿＿＿＿＿＿＿¥＿＿＿＿＿元的投标报价并按上述图纸、合同条款、工程建设标准和工程量清单（如有时）的条件要求承包上述工程的施工、竣工，并承担任何质量缺陷保修责任。

上述报价中，包括：

分部分项费¥＿＿＿＿＿＿＿元

措施项目费¥＿＿＿＿＿＿＿元

2. 我方已详细审核全部招标文件，包括修改文件（如有时）及有关附件。

3. 我方承认投标函附录是我方投标函的组成部分。

4. 如果我方中标，我方保证按合同协议书中规定的开工日期开始施工，＿＿＿＿＿天（日历天）内完成并移交全部工程。质量标准＿＿＿＿＿＿。

5. 我方同意所提交的投标文件在招标文件的投标须知中第15条规定的投标有效期内有效，在此期间内如果中标，我方将受此约束。

6. 除非另外达成协议并生效，你方的中标通知书和本投标文件将成为约束双方的合同文件的组成部分。

7. 我方将与本投标函一起，提交人民币＿＿＿＿＿＿＿万元作为投标担保。

投标人：＿＿＿＿＿＿＿（电子签章）

单位地址：＿＿＿＿＿＿＿

法定代表人或其委托代理人：＿＿＿＿＿＿＿（电子签章或签字）

邮政编码：＿＿＿＿＿＿＿电话：＿＿＿＿＿＿传真：＿＿＿＿＿＿＿

开户银行名称：＿＿＿＿＿＿＿

开户银行账号：＿＿＿＿＿＿＿

开户银行地址：＿＿＿＿＿＿＿

开户银行电话：＿＿＿＿＿＿＿

日期：＿＿＿＿年＿＿＿月＿＿＿日

投标函附录一

序号	项 目 内 容	合同条款	约 定 内 容	备注
1	施工准备时间		签订合同后（／）天	
2	误期违约金额		（／）元／天	
3	误期赔偿费限额		合同价款（／）%	
4	提前工期奖		（／）元／天	
5	施工总工期		（　）日历天	
6	质量标准			
7	工程质量违约金最高限额		（／）元	
8	预付款金额		合同价款的（／）%	
9	预付款保函金额		合同价款的（／）%	
10	进度款付款时间		签发月付款凭证后（／）天	
11	竣工结算款付款时间		签发竣工结算付款凭证后（／）天	
12	保修期		依据保修书约定的期限	
13	投标有效期		（　）天	

投标函附录二

承诺书

_____（招标人名称）：

_____（投标人名称）在此声明，我方投标文件的内容均系我方法人行为，各类资信情况及复印件均真实和准确；拟派往_____（项目名称）__标段（以下简称"本工程"）的项目经理_____（项目经理姓名）现阶段没有担任任何在施建设工程项目的项目经理。一旦我单位中标，将实行项目经理负责制，保证并配备已报项目管理机构，按照招标文件承诺完成本工程施工。

由于上述信息存在不真实和弄虚作假情形，我方愿意放弃中标并承担因此所引起的一切法律后果。

特此承诺

投标人：_____（电子签章）

法定代表人或其委托代理人：_____（电子签章或签字）

___年___月___日

4.1.6　任务小结

本任务要求同学们体验投标人角色，学习投标的概念、投标人的权利，了解投标程序，通过大量收集工程项目投标活动相关信息、分析投标对象和竞争对手的情况，熟悉投标技巧，研究招标文件，检核工程量，最终确定投标策略，完成投标报价。

任务4.2　编制投标文件的技术标

4.2.1　学习目标

1. 知识目标

掌握投标文件技术标的内容、格式；了解《标准施工招标文件》对于投标文件技术标的编写要求。

2. 能力目标

具备编制投标文件技术标的能力，提升分析判断能力、沟通协调能力和风险管理能力。

3. 素质目标

培养学生编制技术标的过程中，养成严谨科学的工作态度，具备精益求精、团结协作、开拓创新的职业精神。

4.2.2　任务描述

由学习者扮演投标人的角色，进行投标资料准备工作，模拟完成技术标。

【案例背景】

此次任务的案例背景为本教材工作任务3的案例招标文件（详见扫码阅读3.3）。

【任务要求】

学生分组模拟某建筑业企业的投标工作机构，在此次任务中扮演工程技术人员角色，模拟完成某市某中学校改扩建施工项目的技术标，即施工组织设计文件。

4.2.3　任务分析

根据给定的案例背景，教师扮演承包商单位领导，学习者扮演承包商经营部技术标编制小组成员，完成投标文件技术标的编制，并对技术标的完成成果进行答辩。

4.2.4　知识链接

1. 技术标的格式要求

《房屋建筑和市政工程标准施工招标文件》（2010 年版）中，对于投标文件格式的技术标部分进行了规范性规定：

六、施工组织设计

1. 投标人应根据招标文件和对现场的勘察情况，采用文字并结合图表形式，参考以下要点编制本工程的施工组织设计：

（1）施工方案及技术措施；

（2）质量保证措施和创优计划；

（3）施工总进度计划及保证措施（包括以横道图或标明关键线路的网络进度计划、保障进度计划需要的主要施工机械设备、劳动力需求计划及保证措施、材料设备进场计划及其他保证措施等）；

（4）施工安全措施计划；

（5）文明施工措施计划；

（6）施工场地治安保卫管理计划；

（7）施工环保措施计划；

（8）冬期和雨期施工方案；

（9）施工现场总平面布置（投标人应递交一份施工总平面图，绘出现场临时设施布置图表并附文字说明，说明临时设施、加工车间、现场办公、设备及仓储、供电、供水、卫生、生活、道路、消防等设施的情况和布置）；

（10）项目组织管理机构（若施工组织设计采用"暗标"方式评审，则在任何情况下，"项目管理机构"不得涉及人员姓名、简历、公司名称等暴露投标人身份的内容）；

（11）承包人自行施工范围内拟分包的非主体和非关键性工作（按第二章"投标人须知"第1.11款的规定）、材料计划和劳动力计划；

（12）成品保护和工程保修工作的管理措施和承诺；

（13）任何可能的紧急情况的处理措施、预案以及抵抗风险（包括工程施工过程中可能遇到的各种风险）的措施；

（14）对总包管理的认识以及对专业分包工程的配合、协调、管理、服务方案；

（15）与发包人、监理及设计人的配合；

（16）招标文件规定的其他内容。

2. 若投标人须知规定施工组织设计采用技术"暗标"方式评审，则施工组织设计的编制和装订应按附表七"施工组织设计（技术暗标部分）编制及装订要求"编制和装订施工组织设计。

3. 施工组织设计除采用文字表述外可附下列图表，图表及格式要求附后。

附表一　拟投入本工程的主要施工设备表

附表二　拟配备本工程的试验和检测仪器设备表

附表三　劳动力计划表

附表四　计划开、竣工日期和施工进度网络图

附表五　施工总平面图

附表六　临时用地表

附表七　施工组织设计（技术暗标部分）编制及装订要求

附表一：拟投入本工程的主要施工设备表

序号	设备名称	型号规格	数　量	国别产地	制造年份	额定功率（kW）	生产能力	用于施工部位	备注

附表二：拟配备本工程的试验和检测仪器设备表

序号	仪器设备名 称	型号规格	数 量	国别产地	制造年份	已使用台时 数	用 途	备注

附表三：劳动力计划表

单位：人

工种	按工程施工阶段投入劳动力情况					

附表四：计划开、竣工日期和施工进度网络图

1. 投标人应递交施工进度网络图或施工进度表，说明按招标文件要求的计划工期进行施工的各个关键日期。

2. 施工进度表可采用网络图和（或）横道图表示。

附表五：施工总平面图

投标人应递交一份施工总平面图，绘出现场临时设施布置图表并附文字说明，说明临时设施、加工车间、现场办公、设备及仓储、供电、供水、卫生、生活、道路、消防等设施的情况和布置。

附表六：临时用地表

用 途	面 积（m²）	位 置	需用时间

附表七：施工组织设计（技术暗标部分）编制及装订要求

（一）施工组织设计中纳入"暗标"部分的内容：

_____。

（二）暗标的编制和装订要求

1. 打印纸张要求：_____。

2. 打印颜色要求：_____。

3. 正本封皮（包括封面、侧面及封底）设置及盖章要求：_____。

4. 副本封皮（包括封面、侧面及封底）设置要求：_____。

5. 排版要求：_____。

6. 图表大小、字体、装订位置要求：_____。

7. 所有"技术暗标"必须合并装订成一册，所有文件左侧装订，装订方式应牢固、美观，不得采用活页方式装订，均应采用_____方式装订。

8. 编写软件及版本要求：Microsoft Word _____。

9. 任何情况下，技术暗标中不得出现任何涂改、行间插字或删除痕迹。

10. 除满足上述各项要求外，构成投标文件的"技术暗标"的正文中均不得出现投标人的名称和其他可识别投标人身份的字符、徽标、人员名称以及其他特殊标记等。

备注："暗标"应当以能够隐去投标人的身份为原则，尽可能简化编制和装订要求。

2. 技术标的编制要求

（1）技术标的一般要求

投标人编制施工组织设计时，应采用文字并结合图表形式，说明施工方法、拟投入本标段的主要施工设备情况、拟配备本标段的试验和检测仪器设备情况、劳动力计划等；结合工程特点提出切实可行的工程质量、安全生产、文明施工、工程进度、技术组织措施，同时应对关键工序、复杂环节重点提出相应技术措施，如冬雨期施工技术、减少噪声、降低环境污染、地下管线及其他地上地下设施的保护加固措施等。

施工组织设计除采用文字表述外，还应按照招标文件规定的格式编写拟投入本标段的主要施工设备表、拟配备本标段的试验和检测仪器设备表、劳动力计划表，及开、竣工日期和施工进度网络图、施工总平面图、临时用地表等。

（2）技术标"暗标"部分

1）纳入"暗标"部分的内容

施工组织设计中纳入"暗标"部分的内容一般包括：施工组织设计封面、目录及施工组织设计的各项内容。

2）"暗标"部分编制要求

目前工程通常采用电子评标系统评标，对于技术暗标一般规定如下：

① 电子标书投标文件的施工组织设计中，不得出现投标单位名称、人员姓名、徽标、标识文字、特殊符号标记等内容。

② 任何情况下，施工组织设计"暗标"中不得出现任何涂改、行间插字或删除痕迹。

③ 排版要求。对于施工组织设计暗标会规范排版格式。例如，某工程施工组织设计暗标排版格式的规定如下：目录、标题及正文部分全部为宋体四号字；页边距除左边距为 2.5cm，其余均为 2cm；行间距为单倍行距；页码在页面底端居中；图表部分格式不限。

④ 未按要求编制和装订的，其投标将被否决。

4.2.5　任务实施

1. 布置投标文件技术标编制任务，完成重要知识点的学习。

扫码阅读4.1

2. 学生扮演投标经营部技术标编制小组成员，分组讨论，分析并明确工作分工，提交技术标成果——《某中学校改扩建项目施工组织设计》。

3. 教师扮演承包商领导，对该施工组织设计文件组织分组答辩。

4.2.6　任务小结

本任务需要按照招标文件要求，掌握工程项目技术标的编制要点。

任务4.3　编制投标文件的资信标

4.3.1　学习目标

1. 知识目标

掌握投标文件资信标的构成及编制要求。

2. 能力目标

具备投标文件资信标的编制能力。

3. 素质目标

使学生在编制资信标的过程中，养成实事求是、诚实守信的职业精神，具备从事投标工作良好的职业素养。

扫码阅读4.2

4.3.2　任务描述

【案例背景】

此次任务的案例背景为本教材工作任务3的案例招标文件（详见扫码阅读3.3）。

【任务要求】

学生分组模拟建筑业企业的投标工作机构，在此次任务中扮演工程管理人员角色，模拟完成某市某中学校改扩建施工项目的资信标。

4.3.3　任务分析

由学习者扮演投标人的角色，对照招标文件对于企业资信的要求，进行投标企业资质、荣誉、类似工程业绩、工程项目团队人员的资料准备工作，模拟完成资信标。

4.3.4　知识链接

1. 资信标的格式要求

《房屋建筑和市政工程标准施工招标文件》（2010年版）中，对于投标文件的资信标部分格式进行了规范性规定：

七、项目管理机构

（一）项目管理机构组成表

职务	姓名	职称	执业或职业资格证明					备注
			证书名称	级别	证号	专业	养老保险	

（二）主要人员简历表

附 1：项目经理简历表

项目经理应附建造师执业资格证书、注册证书、安全生产考核合格证书、身份证、职称证、学历证、养老保险复印件及未担任其他在施建设工程项目项目经理的承诺书，管理过的项目业绩须附合同协议书和竣工验收备案登记表复印件。类似项目限于以项目经理身份参与的项目。

姓　名		年　龄		学历		
职　称		职　务		拟在本工程任职		项目经理
注册建造师执业资格等级			级	建造师专业		
安全生产考核合格证书						
毕业学校	年毕业于		学校		专业	
主要工作经历						
时　间	参加过的类似项目名称		工程概况说明		发包人及联系电话	

附 2：主要项目管理人员简历表

主要项目管理人员指项目副经理、技术负责人、合同商务负责人、专职安全生产管理人员等岗位人员。应附注册资格证书、身份证、职称证、学历证、养老保险复印件，专职安全生产管理人员应附安全生产考核合格证书，主要业绩须附合同协议书。

岗位名称

姓　　名　　　　　　年　　龄

性　　别　　　　　　毕业学校

学历和专业　　　　　毕业时间

拥有的执业资格　　　专业职称

执业资格证书编号	工作年限
主要工作业绩及担任的主要工作	

附 3：承诺书

承诺书

_____（招标人名称）：

我方在此声明，我方拟派往_____（项目名称）_____标段（以下简称"本工程"）的项目经理（项目经理姓名）现阶段没有担任任何在施建设工程项目的项目经理。

我方保证上述信息的真实和准确，并愿意承担因我方就此弄虚作假所引起的一切法律后果。

特此承诺

投标人：_____（盖单位章）

法定代表人或其委托代理人：_____（签字）

_____年_____月_____日

八、拟分包计划表

序号	拟分包项目名称、范围及理由	拟选分包人				备注
		拟选分包人名称	注册地点	企业资质	有关业绩	
		1				
		2				
		3				
		1				
		2				
		3				

备注：本表所列分包仅限于承包人自行施工范围内的非主体、非关键工程。

日　　期：　　年　月　日

九、资格审查资料

（一）投标人基本情况表

投标人名称					
注册地址			邮政编码		
联系方式	联系人		电话		
	传真		网址		
组织结构					
法定代表人	姓名		技术职称	电话	
技术负责人	姓名		技术职称	电话	
成立时间			员工总人数：		
企业资质等级		其中	项目经理		
营业执照号			高级职称人员		
注册资金			中级职称人员		
开户银行			初级职称人员		
账号			技工		
经营范围					
备注					

备注：本表后应附企业法人营业执照及其年检合格的证明材料、企业资质证书副本、安全生产许可证等材料的复印件。

（二）近年财务状况表

备注：在此附经会计师事务所或审计机构审计的财务会计报表，包括资产负债表、损益表、现金流量表、利润表和财务情况说明书的复印件，具体年份要求见第二章"投标人须知"的规定。

（三）近年完成的类似项目情况表

项目名称	
项目所在地	
发包人名称	
发包人地址	
发包人联系人及电话	
合同价格	
开工日期	
竣工日期	
承担的工作	
工程质量	
项目经理	
技术负责人	
总监理工程师及电话	
项目描述	
备注	

备注：1. 类似项目指＿＿＿＿＿＿＿＿＿＿工程。

2. 本表后附中标通知书和（或）合同协议书、工程接收证书（工程竣工验收证书）的复印件，具体年份要求见投标人须知前附表。每张表格只填写一个项目，并标明序号。

（四）正在施工的和新承接的项目情况表

项目名称	
项目所在地	
发包人名称	
发包人地址	
发包人电话	
签约合同价	
开工日期	
计划竣工日期	
承担的工作	
工程质量	
项目经理	
技术负责人	
总监理工程师及电话	
项目描述	
备注	

备注：本表后附中标通知书和（或）合同协议书复印件。每张表格只填写一个项目，并标明序号。

（五）近年发生的诉讼和仲裁情况

说明：近年发生的诉讼和仲裁情况仅限于投标人败诉的，且与履行施工承包合同有关的案件，不包括调解结案以及未裁决的仲裁或未终审判决的诉讼。

（六）企业其他信誉情况表（年份要求同诉讼及仲裁情况年份要求）

1. 近年企业不良行为记录情况

2. 在施工程以及近年已竣工工程合同履行情况

3. 其他

备注：1. 企业不良行为记录情况主要是近年投标人在工程建设过程中因违反有关工程建设的法律、法规、规章或强制性标准和执业行为规范，经县级以上建设行政主管部门或其委托的执法监督机构查实和行政处罚，形成的不良行为记录。应当结合第二章"投标人须知"前附表第 10.1.2 项定义的范围填写。

2. 合同履行情况主要是投标人近年所承接工程和已竣工工程是否按合同约定的工期、质量、安全等履行合同义务，对未竣工工程合同履行情况还应重点说明非不可抗力解除合同（如果有）的原因等具体情况，等等。

十、其他材料

2. 资信标的编制要求

（1）法律法规关于参与投标的限制性规定

投标人是响应招标、参加投标竞争的法人或者其他组织。

《招标投标法实施条例》第三十四条规定：与招标人存在利害关系可能影响招标公正性的法人、其他组织或者个人，不得参加投标。单位负责人为同一人或者存在控股、管理关系的不同单位，不得参加同一标段投标或者未划分标段的同一招标项目投标。违反上述规定的，相关投标均无效。

《工程建设项目施工招标投标办法》第三十五条规定：招标人的任何不具独立法人资格的附属机构（单位），或者为招标项目的前期准备或者监理工作提供设计、咨询服务的任何法人及其任何附属机构（单位），都无资格参加该招标项目的投标。

《工程建设项目货物招标投标办法》第三十二条规定：法定代表人为同一个人的两个及两个以上法人，母公司、全资子公司及其控股公司，都不得在同一货物招标中同时投标。一个制造商对同一品牌同一型号的货物，仅能委托一个代理商参加投标。

（2）有关工程总承包的规定

1）工程总承包企业应当具备与发包工程规模相适应的工程设计资质（工程设计专项资质和事务所资质除外）或施工总承包资质，且具有相应的组织机构、项目管理体系、项目管理专业人员和工程业绩。

2）工程总承包企业不得是工程总承包项目的代建单位、项目管理单位、监理单位、招标代理单位或者与前述单位有控股或者被控股关系的机构或单位，还不得是项目的初步设计文件或者总体设计文件的设计单位或者与其有控股或者被控股关系的机构或单位。

3）工程总承包项目负责人应当具有相应工程建设类注册执业资格（包括注册建筑师、勘察设计注册工程师、注册建造师、注册监理工程师），拥有与工程建设相关的专业技术知识，熟悉工程总承包项目管理知识和相关法律法规，具有工程总承包项目管理经验，并具备较强的组织协调能力和良好的职业道德。

4）工程总承包项目的分包

工程总承包企业可以在其资质证书许可的工程项目范围内自行实施设计和施工，也可以根据合同约定或者经建设单位同意，直接将工程项目的设计或者施工业务择优分包给具有相应资质的企业。

仅具有设计资质的企业承接工程总承包项目时，应当将工程总承包项目中的施工业务依法分包给具有相应施工资质的企业。仅具有施工资质的企业承接工程总承包项目时，应当将工程总承包项目中的设计业务依法分包给具有相应设计资质的企业。

（3）项目管理机构

工程招标项目要求提供项目管理机构情况，包括投标企业为本项目设立的专门机构的形式、人员组成、职责分工，项目经理、项目负责人、技术负责人等主要人员的职务、职称、养老保险关系，以上人员所持职业（执业）资格证书名称、级别、专业、证号等。

投标人应将主要人员的简历按照格式填写。项目经理应附注册建造师证书、安全生产考核合格证书、身份证、职称证、学历证、养老保险复印件，承接过的项目业绩须附合同协议书复印件；技术负责人应附身份证、职称证、学历证、养老保险复印件，管理过的项目业绩须附证明其所任技术职务的企业文件或用户证明；其他主要人员应附职称证（执业证或上岗证书）、养老保险复印件。

（4）拟分包项目情况

如有分包工程，则要求提供分包项目情况。投标人应说明分包工程的内容、分包人的资质以及类似工程业绩。

（5）资格审查资料

如果招标采用资格预审，投标时一般不需要提供资格审查资料。但是如果投标人资格情况发生变化或资格审查资料是评标因素时，需要提供资格变化的证明材料或评标需要的有关证明材料。如果招标采用资格后审，投标时需要提供完整的资格审查资料。

资格审查资料包括投标人资质、财务情况、业绩情况、涉及的诉讼情况等。

4.3.5 任务实施

1. 布置投标文件资信标编制任务，完成重要知识点的学习。

2. 学生扮演投标经营部投标书编制小组成员，分组讨论，分析并明确工作分工，完成资信标成果。

4.3.6 任务小结

本任务需要按照招标文件要求，完成工程项目投标文件资信标的编制。

任务 4.4 工程施工投标文件的编制与递交

4.4.1 学习目标

1. 知识目标

掌握工程投标文件的汇总提交要求；熟悉工程投标文件的递交、修改和澄清的专业知识；了解工程投标文件的编写、签署、密封要求。

2. 能力目标

具备投标文件的编制、签署、密封等工作的能力。

3. 素质目标

培养学生信息获取和分析的能力，满足企业需求，养成团队协作、开创创新的职业精神。

4.4.2 任务描述

由学习者扮演投标人的角色，进行投标文件的编制、签署、密封，完成投标文件的递交、修改和澄清，掌握递交投标文件的工作要点。

4.4.3 任务分析

引入鲜活的工程案例，梳理解释投标过程中涉及的法律条文知识点，依法合规顺利完成工程施工投标文件递交工作。

4.4.4 知识链接

1. 投标文件的编写、签署、密封

（1）投标文件的编写

投标文件应按招标文件中对于投标文件格式的相关要求进行编写，如有必要，可以增加附页，作为投标文件的组成部分。其中，投标函附录在满足招标文件实质性要求的基础上，可以提出比招标文件要求更有利于招标人的承诺。

投标文件应当对招标文件有关工期、投标有效期、质量要求、技术标准和要求、招标范围等实质性内容作出响应。

投标文件应用不褪色的材料书写或打印，并由投标人的法定代表人或其委托代理人签字或盖单位章。委托代理人签字的，投标文件应附法定代表人签署的授权委托书。投标文件应尽量避免涂改、行间插字或删除。如果出现上述情况，改动之处应加盖单位章或由投标人的法定代表人或其授权的代理人签字确认。签字或盖章的具体要求见投标人须知前附表。

投标文件正本一份，副本份数应符合投标人须知前附表的要求。正本和副本的封面上应清楚地标记"正本"或"副本"的字样。当副本和正本不一致时，以正本为准。

投标文件的正本与副本应分别装订成册，并编制目录，具体装订要求应符合投标人须知前附表的规定。

投标人必须保证投标文件所提供的全部资料真实可靠，并接受招标人对其中任何资料进一步审查的要求。

（2）投标文件的签署

投标函及投标函附录、已标价工程量清单（或投标报价表、投标报价文件）、调价函及调价后报价明细目录等内容，应由投标人的法定代表人或其委托代理人逐页签署姓名，并按招标文件签署规定加盖投标人单位印章。以联合体形式参与投标的，投标文件应按联合体投标协议，由联合体牵头人的法定代表人或其委托代理人按上述规定签署并加盖联合体牵头人单位印章。

（3）投标文件的密封

投标文件的正本与副本应分开包装，加贴封条，并在封套的封口处加盖投标人单位章。

投标文件的封套上应清楚地标记"正本"或"副本"字样，封套上应写明的其他内容需符合投标人须知前附表的要求。

未按招标文件要求密封和加写标记的投标文件，招标人不予受理。

2. 投标文件的递交

（1）投标文件的递交与接收

根据有关规定，投标文件必须在招标文件规定的投标截止时间前送达到指定的投标地点。除投标人须知前附表另有规定外，投标人所递交的投标文件不予退还。

招标人收到投标文件后，向投标人出具签收凭证。

未通过资格预审的申请人提交的投标文件，以及逾期送达或者不按照招标文件要求密封的投标文件，招标人应当拒收。

（2）建议方案

投标人可以按照招标文件的要求，提出修改设计、合同条件等建议方案，并做出相应标价和投标书，同时密封递送招标人，供招标人参考。

（3）电子投标

投标人电子投标时，应遵循本教材任务 1.1 的"7. 电子招标投标"所述，递交数据电文形式的资格预审申请文件或者投标文件。落实《电子招标投标办法》的具体规定。

3. 投标保证金

投标人在递交投标文件的同时,应按投标人须知前附表规定的金额、担保形式和投标保证金格式递交投标保证金,并作为其投标文件的组成部分。联合体投标的,其投标保证金由牵头人递交,并应符合投标人须知前附表的规定。投标人不按招标文件要求提交投标保证金的,其投标文件作废标处理。见本教材任务3.1中扫码阅读3.2的具体规定。

4. 投标文件的修改和澄清

(1) 投标文件的修改

在招标文件规定的投标截止时间前,投标人可以修改或撤回已递交的投标文件,但应以书面形式通知招标人。投标人修改或撤回已递交投标文件的书面通知应按照招标文件的要求签字或盖章。招标人收到书面通知后,向投标人出具签收凭证。修改的内容为投标文件的组成部分。修改的投标文件应按照招标文件规定进行编制、密封、标记和递交,并标明"修改"字样。

(2) 投标文件的澄清

投标人必须按照招标人通知的澄清内容和时间对问题作出澄清。必要时招标人可要求投标人就澄清的问题作书面答复,该答复经投标人的法定代表人或授权代表的签字认可,将作为投标文件的一部分。

澄清、说明或者补正不得超出投标文件的范围或者改变投标文件的实质性内容。如果评标委员会一致认为某个投标人的报价明显不合理,有降低质量、不能诚信履约的可能时,评标委员会有权通知投标人限期进行解释。若该投标人未在规定期限内做出解释,或作出的解释不合理,经评标委员会取得一致意见后,可确定拒绝该投标。

4.4.5 任务实施

1. 布置投标文件编制、签署和递交任务,完成重要知识点的学习。

2. 学生扮演承包商经营部投标书编制小组成员,依据招标文件要求,分组讨论,分析并明确工作分工,编制汇总工作任务4的商务标、技术标、资信标,密封、递交投标书。

4.4.6 任务小结

本节需要掌握工程项目投标文件的编制要求,继续熟悉投标文件的组成、投标文件的修改和澄清等知识点。按照扫码阅读3.3的要求,进行案例工程施工项目投标书的签署密封、递交。

工作任务 5 开标、评标和中标

引文：

为了确定必须招标的工程项目，规范招标投标活动，提高工作效率，降低企业成本，预防腐败，根据《招标投标法》第三条的规定，制定了《必须招标的工程项目规定》。社会上也依法设立了从事招标代理业务并提供相关服务的社会中介组织。这些组织的服务内容包括组织开标、评标与定标。学习掌握本工作任务内容，可以为读者从事招标及其相关工作奠定基础。

【思维导图】

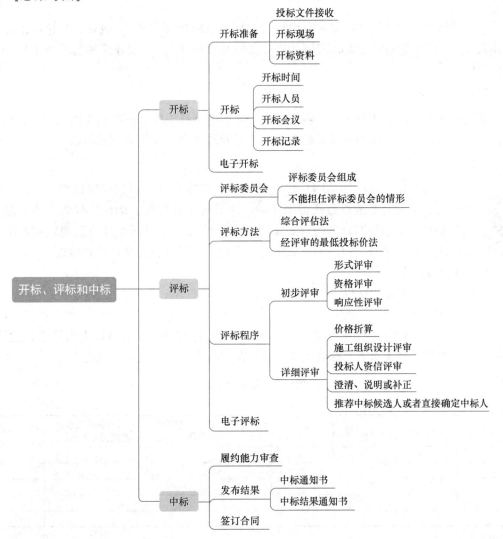

任务 5.1　开　　标

5.1.1　学习目标

1. 知识目标

掌握开标准备工作的内容；掌握开标的会议流程；了解电子开标的流程。

2. 能力目标

具备完成投标文件递交登记表、开标记录表的能力；具备协助做好开标及开标前准备工作的能力。

3. 素质目标

培养学生坚持公开、公平、公正原则，坚决抵制不公平、不规范的行为，遵章守法，做好开标工作。

5.1.2　任务描述

学习开标工作相关法律法规，分组扮演招标人（或招标代理）、投标人角色，汇总工作任务 3、工作任务 4 所完成的成果（招标文件和投标文件），做好开标前准备工作，并模拟开标过程。

5.1.3　任务分析

要想做好开标前的准备工作，需要知道开标前的准备工作有哪些；要想顺利完成模拟开标过程，需要掌握开标的流程及相关要求，并处理开标过程中遇到的问题。

5.1.4　知识链接

扫码阅读5.1

开标是招标投标活动的一项重要程序，招标人或其招标代理机构应按照招标文件公布的时间和地点公开组织开标，并邀请所有投标人的法定代表人或其授权代表参加，并通知监督部门，如实记录开标情况。除招标文件特别规定或相关法律法规另有规定外，投标人不参加开标会议不影响其投标文件的有效性。

1. 开标准备工作

开标准备工作主要包括以下五方面内容：

（1）投标文件接收

按照招标文件规定的时间和地点安排专人接收投标文件，并向投标人出具签收凭证。投标文件签收凭证经送达人、接收人签字后，存档备查，签收凭证，见表 5-1。

投标文件递交登记表　　　　　　　　　　　　　　　　表 5-1

招标项目名称：　　　　　　　　　　　　　　　　　　　　　　　　　招标编号：

序号	单位名称	密封情况	份数	递交时间	保证金递交方式	法定代表人或委托代理人签名	联系电话

接收人：＿＿＿＿＿＿＿＿　　　　　　　　　　　　　　　　　年　　月　　日

未通过资格预审的申请人提交的投标文件，以及逾期送达或者不按照招标文件要求密封的投标文件，招标人应当拒收。在投标截止时间前投标人声明撤回或修改投标文件的，招标代理机构应按照招标文件要求检查投标人出具的书面撤回或修改通知的签字、盖章情况，以及修改后投标文件的密封情况，经确认无误后予以接收并向投标人出具签收凭证。

在投标截止时提交投标文件的投标人少于法律法规规定开标数量的，不得开标；招标代理机构应报告招标人并将接收的投标文件原封退回投标人。招标代理机构应协助招标人分析原因并提出应对措施。经招标人同意，招标代理机构应依法重新组织招标或采用其他采购方式。

（2）开标现场

开标地点为投标邀请书、招标文件（或招标文件变更通知）最终确定的地点。

《招标投标法实施条例》规定，设区的市级以上地方人民政府可以根据实际需要，建立统一规范的招标投标交易场所，为招标投标活动提供服务。

国家鼓励利用电子招标投标交易平台进行招标投标活动。采用电子招标投标的，招标代理机构应组织投标人参加电子开标的代表通过电子交易平台在线签到。开标记录由电子交易平台自动生成，投标人代表可通过互联网在线办理电子签名确认。

招标人应保证接收的投标文件不丢失、不损坏、不泄密，并组织工作人员将投标截止时间前接收的投标文件、投标文件的修改和补充文件及可能的投标文件撤回声明书等运送至开标地点。

招标人应准备好开标必备现场条件，包括提前布置好开标会议室、准备好开标需要的设备、设施等。

（3）开标资料

招标人应准备好开标资料，如投标人会议报到表、开标记录表、标底文件或拦标价（如有）、投标文件接收登记表、签收凭证等。招标人还应准备相关国家法律法规、招标文件及其澄清及修改内容，以备必要时使用。

（4）抽取专家

开标前，招标人或其委托的招标代理机构应从评标专家库中抽取评标委员会的专家成员。

招标人具有与招标项目规模和复杂程度相适应的技术、经济等方面的专业人员，能编制招标文件和组织评标能力的，可以自行办理招标事宜。招标人不具有编制招标文件和组织评标能力的，可以委托招标代理机构代理招标事宜。招标代理机构应当具备下列条件：1）有从事招标代理业务的营业场所和相应资金；2）有能够编制招标文件和组织评标的相应专业力量。

招标代理机构在招标人委托的范围内开展招标代理业务，任何单位和个人不得非法干涉。招标代理机构不得在所代理的招标项目中投标或者代理投标，也不得为所代理的招标项目的投标人提供咨询。

任何单位和个人不得强制招标人委托招标代理机构办理招标事宜。依法必须进行招标的项目，招标人自行办理招标事宜的，应当向有关行政监督部门备案。

（5）工作人员

招标人和参与开标会议的有关工作人员应按时到达开标现场，包括主持人、开标人、唱标人、记录人、监标人、核分人及其他辅助工作人员等。

2. 开标

（1）开标的基本规定

《招标投标法》规定，开标应当在招标文件确定的提交投标文件截止时间的同一时间公开进行；开标地点应当为招标文件中预先确定的地点。

开标由招标人主持，邀请所有投标人参加。开标时，由投标人或者其推选的代表检查投标文件的密封情况，也可以由招标人委托的公证机构检查并公证；经确认无误后，由工作人员当众拆封，宣读投标人名称、投标价格和投标文件的其他主要内容。招标人在招标文件要求提交投标文件的截止时间前收到的所有投标文件，开标时都应当当众予以拆封、宣读。开标过程应当记录，并存档备查。

投标人少于3个的，不得开标；招标人应当重新招标。投标人对开标有异议的，应当在开标现场提出，招标人应当当场作出答复，并制作记录。

（2）开标会议的程序

1）宣布开标会议纪律，见表5-2。

开标会议纪律　　　　　　　　　　　　　　　　　表5-2

开标会议纪律
1. 所有参会人员必须遵守纪律，服从会议统一安排，以确保开标工作顺利进行。
2. 凡与本次开标无关的人员一律不得进入开标会场。
3. 所有参会人员按指定席位就座，主动关闭手机或将手机设置为震动，开标期间不得大声喧哗。
4. 所有参会人员均应严格按照程序办事，不得取消或简化程序，不得走过场。
以上纪律如有违反，视情节轻重，对工作人员追究责任，对投标单位取消本次投标资格。
年　　月　　日

2）公布在投标截止时间前递交投标文件的投标人名称，并点名确认投标人是否派代表到场。

3）宣布开标人、唱标人、记录人和监标人等相关工作人员姓名。

4）按规定检查投标文件的密封情况。可由监标人或随机抽取的投标人代表检验投标文件的密封情况，也可以由招标人委托的公证机构检查并公证。

5）宣布投标文件的开标顺序。

6）按照宣布的开标顺序当众开标，公布投标人名称、项目名称、投标保证金的递交情况、投标报价、质量目标、工期及其他内容，并记录在案。

7）投标人代表、招标人代表、监标人、记录人等有关人员在开标记录上签字确认。

8）开标结束，投标人退场。

（3）开标记录

招标代理机构应按照招标文件规定的程序组织开标，并安排专人做好书面开标记录，如实记录，见表5-3。

开标记录表   表 5-3

_____ (项目名称) _____ 标段施工开标记录表

开标时间：_____ 年 ___ 月 ___ 日 ___ 时 ___ 分

开标地点：

（一）唱标记录

序号	投标人	投标报价（元）	分部分项工程费（元）	措施项目费（元）	工期（日历天）	质量标准	备注	签名
招标人编制的标底（如果有）								

（二）开标过程中的其他事项记录

（三）出席开标会的单位和人员（附签到表）

招标人代表：_____ 记录人：_____ 监标人：_____

_____ 年 _____ 月 _____ 日

开标过程应当记录，并存档备查。在宣读投标人名称、投标价格和投标文件的其他主要内容时，招标代理工作人员对公开开标所读的每一项，按照开标的时间的先后顺序进行记录。

投标人对开标有异议的，应当在开标现场提出，招标人应当场答复并记录。

3. 电子开标

投标人应当在投标截止时间前完成投标文件的传输递交，并可以补充、修改或者撤回投标文件。投标截止时间前未完成投标文件传输的，视为撤回投标文件。投标截止时间后送达的投标文件，电子招标投标交易平台应当拒收。

电子招标投标交易平台收到投标人送达的投标文件，应当即时向投标人发出确认回执通知，并妥善保存投标文件。在投标截止时间前，除投标人补充、修改或者撤回投标文件外，任何单位和个人不得解密、提取投标文件。

电子开标应当按照招标文件确定的时间，在电子招标投标交易平台上公开进行，所有投标人均应当准时在线参加开标。

开标时，电子招标投标交易平台自动提取所有投标文件，提示招标人和投标人按招标文件规定方式按时在线解密。解密全部完成后，应当向所有投标人公布投标人名称、投标价格和招标文件规定的其他内容。

因投标人原因造成投标文件未解密的，视为撤销其投标文件；因投标人之外的原因造成投标文件未解密的，视为撤回其投标文件，投标人有权要求责任方赔偿因此遭受的直接损失。部分投标文件未解密的，其他投标文件的开标可以继续进行。招标人可以在招标文件中明确投标文件解密失败的补救方案，投标文件应按照招标文件的要求作出响应。

电子招标投标交易平台应当生成开标记录并向社会公众公布，但依法应当保密的除外。

5.1.5 任务实施

1. 布置模拟开标的任务，完成重要知识点的学习。

2. 学生分组扮演招标人代表、招标代理机构工作人员（包括主持人、开标人、唱标人、记录人、监标人、核分人及其他辅助工作人员等）、投标人代表等角色，模拟完成标前准备和开标工作。

5.1.6 任务小结

本任务主要学习标前准备的有关资料、表格，以及开标纪律、程序和相关记录的知识，同学们通过拟完成标前准备和开标环节的工作任务，填写投标文件递交登记表、开标记录表。

任务 5.2 评 标

5.2.1 学习目标

1. 知识目标

掌握评标专家和评标委员会的相关规定和要求；掌握评标程序；熟悉综合评估法和最低价中标法、评标报告的内容。

2. 能力目标

具备采用综合评估法、最低价法评标的能力；具备评标过程中必备的专业分析和决策能力、沟通和协作能力。

3. 素质目标

培养学生遵纪守法，秉承公正诚信的职业道德，树立信息保密和保护公共利益的意识。

5.2.2 任务描述

【案例背景】

依据本教材工作任务 3 成果——《××市××中学校改扩建项目施工招标文件》、工作任务 4 成果——《××市××中学校改扩建项目施工投标文件》。

本案例采用综合评估法，如表5-4所示。

综合评估法评标办法 表 5-4

条款号		评审因素	评审标准
2.1.1	形式评审标准	投标人名称	与营业执照、资质证书、安全生产许可证一致
		投标函签字盖章	有法定代表人或其委托代理人签字并加盖单位章
		投标文件格式	符合招标文件要求
		联合体投标人（如有）	提交联合体协议书，并明确联合体牵头人
		报价唯一	只能有一个有效报价

条款号		评审因素	评审标准
2.1.2	资格评审标准	营业执照	有效且符合招标文件要求
		安全生产许可证	有效且符合招标文件要求
		资质等级	有效且符合招标文件要求
		项目经理（建造师）	有效且符合招标文件要求
		其他要求	符合招标文件要求
2.1.3	响应性评审标准	投标内容	符合招标文件要求
		工期	符合或优于招标文件要求
		工程质量	符合招标文件要求
		投标有效期	符合招标文件要求
		投标保证金	符合招标文件要求
		已标价工程量清单	符合招标文件要求
		技术标准和要求	符合招标文件要求
		投标总报价	设招标控制价：低于（含等于）招标控制价
		分包计划	符合国家规定要求
2.1.4	清标评审标准（对投标文件进行基础性数据分析和整理工作）	算术性评审	对投标文件进行基础性数据分析和整理工作形成清标成果，按照规定进行修正并由投标人签字确认
		单价或合价遗漏	遗漏是指投标报价某一子目的单价或者合价遗漏，遗漏修正按照不利于投标人的原则进行。 （一）单价遗漏且合价正确，以合价为准，修正遗漏单价； （二）合价遗漏且修正该合价不改变总报价的，以单价与工程量的乘积修正合价；合价遗漏且修正该合价将对总报价产生影响的，不予修正，其投标将被否决
		重大偏差	（一）没有按照招标文件要求提供投标担保或者所提供的投标担保有瑕疵； （二）投标文件未经投标人法人代表或授权代表签字和加盖公章； （三）投标文件载明的招标项目完成期和质量标准没有响应招标文件的； （四）明显不符合技术规格、技术标准的要求； （五）投标文件附有招标人不能接受的条件； （六）不符合招标文件中规定的其他实质性要求。 投标文件有上述情形之一的，为未能对招标文件作出实质性响应，按废标处理
		不平衡报价	不平衡报价是投标人根据自身施工管理能力、施工技术以及以往施工经验等，对报价的一种差异调整。不平衡报价评审只进行分析，对可能存在的严重不平衡报价分析结果写入评审报告，不作为否决投标的条件
		错项	错项是指工程量清单计价活动中产生的错项。因招标人原因产生的错项不得作为评审或者判定投标文件的依据，评标委员会应在评标报告中载明；因投标人原因产生错项的其投标将被否决

续表

条款号	条款内容	编列内容
2.2.1	分值构成 （总分100分）	投标报价：55分 施工组织设计：25分 投标人资信：20分
2.2.2（1）	评标基准价合成范围	当投标人≥5家时，去掉投标报价总价最高的20%家数（四舍五入取整）和最低的20%家（四舍五入取整）后进行算术平均；当投标人<5家时，则全部投标报价总价进行算术平均。算术平均值下浮一定比例作为参加评标基准价合成和评标的合理最低价。 下浮范围：房屋建筑工程为3%～6%，市政工程为3%～8% 下浮率：开标现场随机抽取（下浮率取整） 低于合理最低价的投标报价不再参加评标基准价的合成，低于理论成本指标的进行理论成本评审
2.2.2（2）	投标报价得分	投标报价得分＝55－偏差率×100

条款号		评审因素	评审标准要求和方法
2.2.3 （1）	施工组织设计	施工方案（15分）	（1）拟招标工程施工总体方案：1分 （2）关键部位施工方案：2分 （3）大型机械进出场方案：1分 （4）冬雨期施工方案：1分 （5）降排水方案：1分 （6）夜间施工方案：2分 （7）材料进出场及二次搬运方案：1分 （8）安全文明施工方案：2分 （9）生活性和生产性临时设施方案：1分 （10）环境保护及环境污染检测方案：2分 （11）新技术应用方案：1分
		保障措施（5分）	质量、安全、环保、消防、降噪、文明等措施
		计划安排（5分）	拟投入劳动力、机械设备、工期计划和项目班子配备情况
		施工组织设计最低分值比例	开标现场随机抽取（取整）
2.2.3 （2）	投标人资信	投标人良好记录（11分）	投标人近5年承担过一项与拟招标工程同类型工程得2分。该同类型工程有质量和安全方面良好评价的，国家级各加2分、省级各加1.5分、市级各加1分；投标人近2年有管理方面良好评价的，国家级加2分、省级加1分、市级加0.5分；投标人近1年为省级优秀骨干企业的加2分，骨干企业的加1分；投标人近一年无不良记录的加1分。以最高分计，不累计
		项目经理良好记录（9分）	项目经理近5年承担过一项与拟招标工程同类型工程得2分，在该项目中担任项目副经理的得1分。该同类型工程有质量和安全方面良好评价的，国家级各加2分、省级各加1.5分、市级各加1分；项目经理近2年有良好个人方面评价的，国家级加2分、省级加1分、市级加0.5分；项目经理近一年无不良行为记录的加1分。以最高分计，不累计

条款号	评审因素	评审标准要求和方法
2.2.3 (2)	投标人资信	（1）投标人和项目经理近一年有一次被处罚的不良记录，在投标人资信总分中扣2分，扣到0分为止。 （2）投标人和项目经理近一年有一次被通报的不良记录，在投标人资信总分中扣1分，扣到0分为止

条款号	编列内容	
3	评标程序	1. 评标准备。评标委员会成员熟悉招标文件、评标标准、方法和评审表格。投标文件基础数据整理分析（清标）。 2. 初步评审。形式评审、资格评审、响应性评审、算术错误修正、判定初步评审不合格情形等。 3. 详细评审。理论成本评审、报价评审、施工组织设计评审、资信评审等。 4. 根据需要澄清说明或补正。 5. 推荐中标候选人或按照授权直接确定中标人。 6. 向招标人提交书面评标报告
3.1.3	废标条件	投标人及其投标文件为下列情形之一的，按废标处理。 （1）投标人为不具有独立法人资格的附属机构或者单位的； （2）投标人为本工程提供勘察或设计服务，但设计施工总承包的除外； （3）投标人为本工程的监理人、代建人或提供招标代理服务的； （4）投标人与本工程的监理人、代建人、招标代理机构相互控股、参股或互相任职的； （5）投标人被责令停业、暂停或取消投标资格、财产被接管或冻结的，尚在处罚期限内的； （6）投标人有串通投标、骗取中标、严重违约或者发生过重大质量安全事故尚在限制期限内的； （7）投标人未按招标文件规定交纳投标保证金的； （8）法律法规规定的其他情形
补1	投标人及项目经理资信认定依据	1. 项目经理与企业同类型工程不能同一项，应分别提供。 2. 投标人和项目经理同类工程，以同一工程的合同（协议书）、中标通知书（备案）、主体竣工或竣工验收证明为准。 3. 同类型工程：详见第二章 投标人须知前附表 第10.1.1款。 4. 良好记录是指质量、安全、管理、个人方面的良好评价。质量方面：质量奖、优质结构工程；安全方面：建筑安全标准化示范项目、建筑施工安全生产标准化考评优良项目；管理方面：优秀建筑业企业、建筑安全标准化示范企业、建筑施工安全生产标准化考评优良企业、科技奖、绿色建筑创新奖、建设科技重大成果登记、施工工法；个人方面：建筑业优秀项目经理。 5. 不良记录是指已经被处罚或被通报的建筑市场主体的违法违规行为。 6. 评审内容需要的证书、证件、文件的复印件应清晰地编入投标文件并加盖单位公章，真实性由投标人负责
补2	特殊情况处置	1. 评标委员会应当按招标文件中规定的程序、内容、方法、标准连续完成全部评标工作。只有评标工作无法继续时，经招标人、招标代理机构、评标委员会全体成员、投标人和监管机构的代表共同签字确认，评标活动方可暂停。发生评标暂停情况时，招标人、招标代理机构和评标委员会应当共同封存全部投标文件和评标记录，待具备继续评标的条件时，由原评标委员会继续评标。 2. 除非发生下列情况之一，评标委员会成员不得在评标中途更换： （1）因不可抗拒的客观原因，不能到场或需在评标中途退出评标活动； （2）根据法律法规规定，某个或某几个评标委员会成员需要回避。

续表

条款号		编列内容
补2	特殊情况处置	3. 退出评标的评标委员会成员，其已完成的评标行为无效。由招标人根据本招标文件规定的评标委员会成员产生方式另行确定替代者进行评标。 4. 在任何评标环节中，需评标委员会就某项定性的评审结论做出表决的，由评标委员会全体成员按照少数服从多数的原则，以记名投票方式表决。 5. 招标人应当根据评标委员会提交的书面评标报告和推荐的中标候选人，依法确定中标人和中标价。国有资金占控股或者主导地位的工程项目招标人或授权的评标委员会，应当确定排序第一的投标人为中标人，投标人的投标报价即为中标价。确定中标人后将书面评标报告送招标投标监督机构备案。 6. 签订合同前，中标人无正当理由放弃中标的，停止其在××省内一年投标资格；私自更换项目经理或项目班子主要人员（技术负责人、质量员、安全员）的停止其在××省内半年投标资格。 7. 中标通知书内容、招标人与中标人签订的合同内容应当与招标文件内容一致，合同签订后由招标人送工程所在地招标投标监管机构备案

【任务要求】

采用角色扮演法，学生分组组成评标委员会，采用综合评估法，模拟完成评标打分过程。

5.2.3　任务分析

本任务主要掌握评标过程的相关知识，评标专家的确定、评标委员会的组成、相关要求及不得担任评标委员的情形；具备应用两种常用的评标方法进行工程评标的能力。

5.2.4　知识链接

扫码阅读5.2

评标应由招标人依法组建的评标委员会负责，即由招标人按照法律的规定，挑选符合条件的人员组成评标委员会，负责对各投标文件的评审工作。招标人应当采取必要的措施，保证评标在严格保密的情况下进行。任何单位和个人不得非法干预、影响评标的过程和结果。

1. 评标委员会

（1）评标专家的确定

评标委员会的专家成员应当从依法组建的专家库内的相关专家名单中确定。

确定评标专家的方式有两种：随机抽取或者直接确定。一般项目，可以采取随机抽取的方式；技术复杂、专业性强或者国家有特殊要求的招标项目，采取随机抽取方式确定的专家难以保证胜任的，可以由招标人直接确定。

入选评标专家库的专家，必须具备如下条件：

1）从事相关专业领域工作满八年并具有高级职称或者同等专业水平；

2）熟悉有关招标投标的法律法规，并具有与招标项目相关的实践经验；

3）能够认真、公正、诚实、廉洁地履行职责；

4）身体健康，能够承担评标工作；

5）法规规章规定的其他条件。

（2）评标委员会的组成

依法必须进行招标的项目，其评标委员会由招标人的代表和有关技术、经济等方面的专家组成，成员人数为 5 人以上单数，其中技术、经济等方面的专家不得少于成员总数的三分之二。与投标人有利害关系的人不得进入相关项目的评标委员会；已经进入的应当更换。评标委员会成员的名单在中标结果确定前应当保密。

（3）评标委员会的相关要求

评标委员会可以要求投标人对投标文件中含义不明确的内容作必要的澄清或者说明。投标文件中有含义不明确的内容、明显文字或者计算错误，评标委员会认为需要投标人作出必要澄清、说明的，应当书面通知该投标人。投标人的澄清、说明应当采用书面形式，并不得超出投标文件的范围或者改变投标文件的实质性内容。评标委员会不得暗示或者诱导投标人作出澄清、说明，不得接受投标人主动提出的澄清、说明。

评标委员会成员不得私下接触投标人，不得收受投标人给予的财物或者其他好处，不得向招标人征询确定中标人的意向，不得接受任何单位或者个人明示或者暗示提出的倾向或者排斥特定投标人的要求，不得有其他不客观、不公正履行职务的行为。

评标委员会应当按照招标文件确定的评标标准和方法，对投标文件进行评审和比较；招标文件没有规定的评标标准和方法不得作为评标的依据。设有标底的，应当参考标底。

招标项目设有标底的，招标人应当在开标时公布。标底只能作为评标的参考，不得以投标报价是否接近标底作为中标条件，也不得以投标报价超过标底上下浮动范围作为否决投标的条件。

有下列情形之一的，评标委员会应当否决其投标：

1）投标文件未经投标单位盖章和单位负责人签字；

2）投标联合体没有提交共同投标协议；

3）投标人不符合国家或者招标文件规定的资格条件；

4）同一投标人提交两个以上不同的投标文件或者投标报价，但招标文件要求提交备选投标的除外；

5）投标报价低于成本或者高于招标文件设定的最高投标限价；

6）投标文件没有对招标文件的实质性要求和条件作出响应；

7）投标人有串通投标、弄虚作假、行贿等违法行为。

评标委员会经评审，认为所有投标都不符合招标文件要求的，可以否决所有投标。依法必须进行招标的项目的所有投标被否决的，招标人应当依法重新招标。

评标委员会完成评标后，应当向招标人提出书面评标报告，并推荐合格的中标候选人。中标候选人应当不超过 3 个，并标明排序。评标报告应当由评标委员会全体成员签字。对评标结果有不同意见的评标委员会成员应当以书面形式说明其不同意见和理由，评标报告应当注明该不同意见。评标委员会成员拒绝在评标报告上签字又不书面说明其不同意见和理由的，视为同意评标结果。

（4）评标报告

评标委员会完成评标后，应当向招标人提出书面评标报告，并抄送有关行政监督部门。评标报告应当如实记载以下内容：

1）基本情况和数据表；

2）评标委员会成员名单；

3）开标记录；

4）符合要求的投标一览表；

5）否决投标的情况说明；

6）评标标准、评标方法或者评标因素一览表；

7）经评审的价格或者评分比较一览表；

8）经评审的投标人排序；

9）推荐的中标候选人名单与签订合同前要处理的事宜；

10）澄清、说明、补正事项纪要。

（5）不得担任评标委员会成员的情形

评标委员会成员有下列情形之一的，应当主动提出回避：

1）投标人或者投标人主要负责人的近亲属；

2）项目主管部门或者行政监督部门的人员；

3）与投标人有经济利益关系，可能影响对投标公正评审的；

4）曾因在招标、评标以及其他与招标投标有关活动中从事违法行为而受过行政处罚或刑事处罚的；

5）其他应当依法回避的人员。

2. 评标程序（综合评估法）

综合评估法是将投标报价、施工组织设计、投标人资信具体量化，赋予相应权重分值，评标委员会对初步评审合格的投标进行详细评审打分，按照综合得分由高到低顺序择优选择最佳投标人的方法。综合评估法不保证投标报价最低的投标人中标。

评标委员会应按照如下程序开展并完成评标工作：评标准备→初步评审→详细评审→澄清、说明或补正→推荐中标候选人或者直接确定中标人。

（1）评标准备

1）评标委员会成员签到

评标委员会成员到达评标现场时应在签到表上签到以证明其出席。

2）评标委员会的分工

评标委员会首先推选一名评标委员会组长。招标人也可以直接指定评标委员会组长。评标委员会主任负责评标活动的组织领导工作。

3）熟悉文件资料

① 评标委员会主任应组织评标委员会成员认真研究招标文件，了解和熟悉招标目的、招标范围、主要合同条件、技术标准和要求、质量标准和工期要求等，掌握评标标准和方法，熟悉评标表格的使用，如果提供的表格不能满足评标所需时，评标委员会应补充编制评标所需的表格，尤其是用于详细分析计算的表格。未在招标文件中规定的标准和方法不得作为评标的依据。

② 招标人或招标代理机构应向评标委员会提供评标所需的信息和数据，包括招标文件、未在开标会上当场拒绝的各投标文件、开标会记录、资格预审文件及各投标人在资格预审阶段递交的资格预审申请文件（适用于已进行资格预审的）、招标控制价或标底（如果有）、工程所在地工程造价管理部门颁布的工程造价信息、定额（如作为计价依据时）、

有关的法律、法规、规章、国家标准以及招标人或评标委员会认为必要的其他信息和数据。

4）对投标文件进行基础性数据分析和整理工作（清标）

在不改变投标人投标文件实质性内容的前提下，评标委员会应当对投标文件进行清标。

清标是指评标委员会对投标报价进行的基础性数据整理和分析，包括：投标报价的算术性错误、错项、单价或合价遗漏、不平衡报价、评审所需投标报价方面数据等问题，并整理形成清标成果，为初步评审和详细评审提供依据，并使用表 5-5 记录评审结果。

清标评审记录表

表 5-5

建设单位：　　　　　　　　　　　　　　项目编号：

项目名称：　　　　　　　　　　　　　　开标时间：

序号	投标单位 评审因素	算术性错误	错项	单价或合价遗漏	不平衡报价	重大偏差	评审结果
			评审意见				
1							
2							
3							
……							

专家签字：　　　　　　　　　　　　　　日期：

算术性错误修正应当按照下列要求进行：

① 用数字表示的数额与用文字表示的数额不一致时，以文字数额为准。

② 单价与工程量的乘积与合价之间不一致时，以单价为准修正合价。

遗漏是指投标报价某一子目的单价或者合价遗漏，遗漏修正按照不利于投标人的原则进行。

① 单价遗漏且合价正确，以合价为准，修正遗漏单价。

② 合价遗漏且修正该合价不改变总报价的，以单价与工程量的乘积修正合价；合价遗漏且修正该合价将对总报价产生影响的，不予修正，其投标将被否决。

错项是指工程量清单计价活动中产生的错项。因招标人原因产生的错项不得作为评审或者判定投标文件的依据，评标委员会应在评标报告中载明；因投标人原因产生错项的其投标将被否决。

投标文件中的大写金额和小写金额不一致的，以大写金额为准；总价金额与单价金额不一致的，以单价金额为准，但单价金额小数点有明显错误的除外；对不同文字文本投标文件的解释发生异议的，以中文文本为准。

评标委员会依据相关原则对投标报价中存在的算术性错误进行修正，并根据算术性错误修正结果计算评标价。

有下列情形之一的，评标委员会应当否决其投标：

① 在评标过程中，评标委员会发现投标人以他人的名义投标、串通投标、以行贿手段谋取中标或者以其他弄虚作假方式投标的，应当否决该投标人的投标。

②　在评标过程中，评标委员会发现投标人的报价明显低于其他投标报价或者在设有标底时明显低于标底，使得其投标报价可能低于其个别成本的，应当要求该投标人作出书面说明并提供相关证明材料。投标人不能合理说明或者不能提供相关证明材料的，由评标委员会认定该投标人以低于成本报价竞标，应当否决其投标。

③　投标人资格条件不符合国家有关规定和招标文件要求的，或者拒不按照要求对投标文件进行澄清、说明或者补正的，评标委员会可以否决其投标。

④　评标委员会应当审查每一投标文件是否对招标文件提出的所有实质性要求和条件作出响应。未能在实质上响应的投标，应当予以否决。

⑤　评标委员会应当根据招标文件，审查并逐项列出投标文件的全部投标偏差。投标偏差分为重大偏差和细微偏差。

细微偏差是指投标文件在实质上响应招标文件要求，但在个别地方存在漏项或者提供了不完整的技术信息和数据等情况，并且补正这些遗漏或者不完整不会对其他投标人造成不公平的结果。细微偏差不影响投标文件的有效性。

评标委员会应当书面要求存在细微偏差的投标人在评标结束前予以补正。拒不补正的，在详细评审时可以对细微偏差作不利于该投标人的量化，量化标准应当在招标文件中规定。

下列情况属于重大偏差：

A. 没有按照招标文件要求提供投标担保或者所提供的投标担保有瑕疵；

B. 投标文件没有投标人授权代表签字和加盖公章；

C. 投标文件载明的招标项目完成期限超过招标文件规定的期限；

D. 明显不符合技术规格、技术标准的要求；

E. 投标文件载明的货物包装方式、检验标准和方法等不符合招标文件的要求；

F. 投标文件附有招标人不能接受的条件；

G. 不符合招标文件中规定的其他实质性要求。

投标文件有上述情形之一的，为未能对招标文件作出实质性响应，作否决投标处理。招标文件对重大偏差另有规定的，从其规定。

⑥　评标委员会根据①～④及⑤中属于重大偏差的规定否决不合格投标后，因有效投标不足三个使得投标明显缺乏竞争的，评标委员会可以否决全部投标。

投标人少于三个或者所有投标被否决的，招标人在分析招标失败的原因并采取相应措施后，应当依法重新招标。

评标委员会对清标成果审议后，决定需要投标人进行书面澄清、说明或补正的问题，形成质疑问卷，向投标人发出问题澄清通知（包括质疑问卷）。

在不影响评标委员会成员的法定权利的前提下，评标委员会可委托由招标人专门成立的清标工作小组完成清标工作。

在这种情况下，清标工作可以在评标工作开始之前完成，也可以与评标工作平行进行，即放到初步评审中进行。

清标工作小组成员应为具备相应执业资格的专业人员，且应当符合有关法律法规对评标专家的回避规定和要求，不得与任何投标人有利益、上下级等关系，不得代行依法应当由评标委员会及其成员行使的权利。

清标成果应当经过评标委员会的审核确认，经过评标委员会审核确认的清标成果视同是评标委员会的工作成果，并由评标委员会以书面方式追加对清标工作小组的授权，书面授权委托书必须由评标委员会全体成员签名。

投标人接到评标委员会发出的问题澄清通知后，应按评标委员会的要求提供书面澄清资料并按要求进行密封，在规定的时间递交到指定地点。投标人递交的书面澄清资料由评标委员会开启。

技术标和商务标都有进行清标的必要，但一般而言，清标主要是针对商务标（投标报价）部分。在现有建设工程招标投标法律法规的框架体系内，清标属于评标工作的范畴。清标是已经被当前招标投标实践证明是必要和可行的一种做法，有利于确保评标结果的公正、客观和科学。工程清标是对清单报价的审核、进一步的分析与说明。

（2）初步评审

初步评审主要分为三阶段：形式评审、资格评审、响应性评审。

1）形式评审

评标委员会根据评标办法前附表中规定的评审因素和评审标准，对投标人的投标文件进行形式评审，并使用表 5-6 记录评审结果。

形式评审记录表　　　　　　　　　　　　　　　　　　　　　表 5-6

建设单位：　　　　　　　　　　　　　　　项目编号：

项目名称：　　　　　　　　　　　　　　　开标时间：

评审意见							
序号	投标单位 评审因素 投标人名称	投标函签字 盖章	投标文 件格式	联合体投标人 （如有）	报价唯一	评审结果
1						
2						
3						
……						

专家签字：　　　　　　　　　　　　　　　日期：

2）资格评审

① 评标委员会根据评标办法前附表中规定的评审因素和评审标准，对投标人的投标文件进行资格评审，并使用表 5-7 记录评审结果。

资格评审记录表　　　　　　　　　　　　　　　　　　　　　表 5-7

建设单位：　　　　　　　　　　　　　　　项目编号：

项目名称：　　　　　　　　　　　　　　　开标时间：

评审意见					
序号	投标单位 评审因素 营业执照	安全生产许 可证（如有）	资质等级 （如有）	其他要求	评审结果
1					
2					
3					
……					

专家签字：　　　　　　　　　　　　　　　日期：

② 当投标人资格预审申请文件的内容发生重大变化时，评标委员会依据资格预审文件中规定的标准和方法，对照投标人在资格预审阶段递交的资格预审文件中的资料以及在投标文件中更新的资料，对其更新的资料进行评审（适用于已进行资格预审的）。其中：

A. 资格预审采用"合格制"的，投标文件中更新的资料应当符合资格预审文件中规定的审查标准，否则其投标作废标处理；

B. 资格预审采用"有限数量制"的，投标文件中更新的资料应当符合资格预审文件中规定的审查标准，其中以评分方式进行审查的，其更新的资料按照资格预审文件中规定的评分标准评分后，其得分应当保证即便在资格预审阶段仍然能够获得投标资格且没有对未通过资格预审的其他资格预审申请人构成不公平，否则其投标作废标处理。

3）响应性评审

①评标委员会根据评标办法前附表中规定的评审因素和评审标准，对投标人的投标文件进行响应性评审，并使用表5-8记录评审结果。

响应性评审记录表　　　　　　　　　　表5-8

建设单位：　　　　　　　　　　项目编号：

项目名称：　　　　　　　　　　开标时间：

序号	投标单位 评审因素	投标 内容	工期	工程 质量	投标有 效期	投标金 保证	已标价 工程量 清单	技术标 准和 要求	投标总 报价	分包计划 （如有）	评审 结果
					评审意见						
1											
2											
3											
……											

专家签字：　　　　　　　　　　日期：

② 投标人投标价格不得超出（不含等于）招标文件载明的或提前公示的招标控制价，凡投标人的投标价格超出招标控制价的，该投标人的投标文件不能通过响应性评审（适用于设立招标控制价的情形）。

4）澄清、说明或补正

在初步评审过程中，评标委员会应当就投标文件中不明确的内容要求投标人进行澄清、说明或者补正。投标人应当根据问题澄清通知要求，以书面形式予以澄清、说明或者补正。澄清、说明或补正未在规定时间内送达的，评标委员会可否决其投标。澄清、说明或补正的内容含糊不清或未说明实质性内容的，评标委员会可否决其投标。

（3）详细评审

只有通过了初步评审、被判定为合格的投标方可进入详细评审。

详细评审是评标委员会按照招标文件载明的定性、定量标准，结合清标成果，对所有初步评审合格的投标文件进行的评审，包括报价合理性评审、施工组织设计可行性评审、投标人资信评审等。

详细评审阶段的评审因素和分值构成为：投标报价55分，施工组织设计25分，投标人资信 20 分。

1）投标报价评审

评标委员会根据评标办法前附表中规定的程序、标准和方法，以及算术性错误修正结果，对投标报价进行价格折算，计算出评标价，并使用表 5-9 记录评标价折算结果。

投标报价评审记录表 表 5-9

建设单位： 项目编号：

项目名称： 开标时间：

序号	量化因素	投标人名称及折算价格							
1	理论成本评审								
2	合理性评审								
	评审结果汇总								
	是否通过评审								

专家签字： 日期：

2）判断投标报价是否低于成本

评标委员会根据投标人澄清和说明的结果，计算出对投标人投标报价进行合理化修正后所产生的最终差额，判断投标人的投标报价是否低于其成本。由评标委员会认定投标人以低于成本竞标的，否决其投标。

评标委员会判断投标人的投标报价是否低于其成本，所参考的评审依据包括：

① 招标文件；

② 标底或招标控制价（如果有）；

③ 施工组织设计；

④ 投标人已标价的工程量清单；

⑤ 工程所在地工程造价管理部门颁布的工程造价信息（如果有）；

⑥ 工程所在地市场价格水平；

⑦ 工程所在地工程造价管理部门颁布的定额或投标人企业定额；

⑧ 经审计的企业近三年财务报表；

⑨ 投标人所附其他证明资料；

⑩ 法律法规允许的和招标文件规定的参考依据等。

3）施工组织设计和投标人资信评审

评标委员会根据评标办法前附表中规定的评审因素和评审标准，对投标人的施工组织设计和项目管理机构进行评审，并使用表 5-10、表 5-11 记录评审结果。评标办法要求对施工组织设计采用"暗标"评审方式且招标文件中对施工组织设计的编制有暗标要求，则在评标工作开始前，招标人将指定专人负责编制投标文件暗标编码，并就暗标编码与投标人的对应关系做好暗标记录。暗标编码随机方式编制。在评标委员会全体成员均完成暗标部分评审并对评审结果进行汇总和签字确认后，招标人方可向评标委员会公布暗标记录。暗标记录公布前必须妥善保管并保密。

施工组织设计评审得分表 表 5-10

建设单位： 项目编号：
项目名称： 开标时间：

序号	评分项目	标准分	投标人名称							
1	施工方案									
2	保障措施									
3	计划安排									
......										
施工组织设计得分合计（满分_____）										

专家签字： 日期：

投标人资信评审得分表 表 5-11

建设单位： 项目编号：
项目名称： 开标时间：

序号	评分项目	标准分	投标人名称				
1	投标人良好记录						
2	项目经理良好记录						
3	投标人和项目经理不良记录						
......							
项目管理机构得分合计（满分_____）							

专家签字： 日期：

（4）澄清、说明或补正

在初步评审过程中，评标委员会应当就投标文件中不明确的内容要求投标人进行澄清、说明或者补正。投标人应当根据问题澄清通知要求，以书面形式予以澄清、说明或者补正。

（5）推荐中标候选人或者直接确定中标人

1）汇总评标结果

投标报价评审工作全部结束后，评标委员会应按照表 5-12 的格式填写评审汇总表。

评审汇总表 表 5-12

建设单位： 项目编号：
项目名称： 开标时间：

序号	投标单位评审内容	报价得分	施工组织设计得分	投标人资信得分	合计	排序
1						
2						
3						
......						

专家签字： 日期：

2）推荐中标候选人

除招标人授权直接确定中标人外，评标委员会在推荐中标候选人时，应遵照以下原则：

① 评标委员会对有效的投标按照评标价由低至高的次序排列，根据招标文件中相关规定推荐中标候选人。

② 如果评标委员会根据本章的规定否决部分投标后，有效投标不足三个，使得投标明显缺乏竞争，评标委员会可以建议招标人重新招标。

投标截止时间前递交投标文件的投标人数量少于三个或者所有投标被否决的，招标人应当依法重新招标。

3）直接确定中标人

招标人授权评标委员会直接确定中标人的，评标委员会对有效的投标按照评标价由低至高的次序排列，并确定排名第一的投标人为中标人。

4）编制及提交评标报告

评标委员会根据招标文件的相关规定向招标人提交评标报告，评标报告应当由全体评标委员会成员签字。评标报告应当包括以下内容：

① 基本情况和数据表；

② 评标委员会成员名单；

③ 开标记录；

④ 符合要求的投标一览表；

⑤ 否决投标的情况说明；

⑥ 评标标准、评标方法或者评标因素一览表；

⑦ 经评审的价格或者评分比较一览表（包括评标委员会在评标过程中所形成的所有记载评标结果、结论的表格、说明、记录等文件）；

⑧ 经评审的投标人排序；

⑨ 推荐的中标候选人名单（如果招标文件第二章"投标人须知"前附表授权评标委员会直接确定中标人，则为"确定的中标人"）与签订合同前要处理的事宜；

⑩ 澄清、说明、补正事项纪要。

（6）特殊情况的处置

1）关于评标活动暂停

评标委员会应当执行连续评标的原则，按评标办法中规定的程序、内容、方法、标准完成全部评标工作。只有发生不可抗力导致评标工作无法继续时，评标活动方可暂停。

发生评标暂停情况时，评标委员会应当封存全部投标文件和评标记录，待不可抗力的影响结束且具备继续评标的条件时，由原评标委员会继续评标。

2）关于评标中途更换评标委员会成员

除非发生下列情况之一，评标委员会成员不得在评标中途更换：

① 因不可抗拒的客观原因，不能到场或需在评标中途退出评标活动。

② 根据法律法规规定，某个或某几个评标委员会成员需要回避。

退出评标的评标委员会成员，其已完成的评标行为无效。由招标人根据本招标文件规定的评标委员会成员产生方式另行确定替代者进行评标。

3）记名投票

在任何评标环节中，需评标委员会就某项定性的评审结论做出表决的，由评标委员会全体成员按照少数服从多数的原则，以记名投票方式表决。

3. 评标程序（经评审的最低投标价法）

经评审的最低投标价法的评标程序与综合评估法基本相同，主要区别是其详细评审环节以及推荐中标候选人的排序。

经评审的最低投标价法是评标委员会对初步评审合格投标人的投标报价、施工组织设计、投标人资信进行定性合格性评审，按照投标报价由低到高顺序择优推荐最佳投标人的方法。

经评审的最低投标价法一般适用于具有通用技术、性能标准或者招标人对其技术、性能没有特殊要求的招标项目。

（1）投标报价评审

1）理论成本评审

投标报价出现超出下列指标之一的，启动理论成本评审，判定投标报价是否低于理论成本，低于理论成本的投标将被否决。

① 投标报价低于最高投标限价总价85％的；

② 投标报价的分部分项工程费合价低于最高投标限价分部分项工程费合价85％的；

③ 投标报价的措施项目费合价低于最高投标限价措施项目费合价70％的；

④ 评标委员会一致认为投标报价明显低于其他投标报价的。

判定方法：投标报价分部分项工程费中人、材、机合价和措施项目费中人、材、机价之和减去最高投标限价相对应的人、材、机合价之和的差值记为M，M为负值且$|M|$大于投标报价利润的，判定为低于其理论成本。

2）合理性评审

当投标人不少于5家时，去掉投标报价总价最高的20％家（四舍五入取整）和最低的20％家（四舍五入取整）后进行算术平均；当投标人少于5家时，则全部投标报价总价进行算术平均。算术平均值下浮一定比例作为参加评标的合理最低价。

房屋建筑工程下浮范围为3％～6％，市政工程下浮范围为3％～8％。招标人可以在招标文件中明确下浮率，也可以在开标时随机抽取（下浮率取整）。

低于合理最低价的投标报价不再参加评标基准价的合成，低于理论成本指标的进行理论成本评审。

3）评审要求

评标委员会应当对低于合理最低价的投标报价进行下列指标的评审，并作出合理或者不合理结论，不合理投标报价将被否决。

① 分部分项工程项目清单综合单价子目；

② 措施项目清单综合单价子目；

③ 其他项目清单费用（指总费用）；

④ 主要材料费用；

⑤ 规费项目（指计算基数，其中社会保险费指计算及计算费率）；

⑥ 税金项目（指计算基数）。

（2）施工组织设计评审

1）评审因素

① 施工方案。包括但不限定：拟招标工程施工总体方案；关键部位方案；大型机械进出场方案；冬雨期施工方案；降排水方案；夜间施工方案；材料进出场及二次搬运方案；安全文明施工方案；生活性和生产性临时设施方案；环境保护及环境污染检测方案；新技术应用方案以及招标人根据工程实际提出的其他方案。

② 保障措施。质量、安全、环保、消防、降噪、文明等措施。

③ 计划安排。拟投入劳动力、机械设备、工期计划和项目班子配备情况。

招标人根据拟招标工程实际需要确定评审项。

2）评审要求

① 招标人确定的施工组织设计评审项应充分考虑与拟招标工程实际并在招标文件中载明，不得含有排他性。

② 评标委员会对施工组织设计评审应以招标文件为依据，施工组织设计的针对性、合理性、可行性、符合性、满足性为评审要点。

③ 施工组织设计存在违反建筑施工规范（经批准的除外）内容，或者存在雷同情形，或者未按照招标文件要求编制的，其投标将被否决。

④ 评标委员会完成施工组织设计全部评审，做出合格或者不合格结论，不合格的投标将被否决。

（3）投标人资信评审

1）评审因素

① 投标人和项目经理近 5 年有承担工程施工经历。

② 投标人没有被限制投标情形。

③ 项目经理没有被限制投标情形。

2）评审要求

① 投标人和项目经理承担工程施工经历不区分类型和规模，招标人确需划分规模的，一般以满足工程施工要求为原则且不得超过拟招标工程规模的 50%（规模标准＋规模标准的 50%），并在招标文件中载明。

② 本办法"近"是指从开标日起计算的时间。

③ 本办法限制投标情形是指已经"国家和省有关公共服务或监管平台、诚信信息平台"公布的建筑市场主体的违法违规行为，且在处罚期内。

④ 投标人应将评审内容需要的证书、证件的复印件清晰地编入投标文件并加盖单位公章，真实性由投标人负责。

⑤ 本办法在建工程是指主体工程未竣工的工程。

（4）评审结论

评标委员会对投标报价、施工组织设计、投标人资信评审合格的所有有效投标按照投标报价总价由低到高顺序排序，向招标人推荐中标候选人，招标人根据评标委员会的评审意见从推荐的中标候选人中确定中标人，或评标委员会按授权直接确定中标人。

4. 电子评标

根据国家规定应当进入依法设立的招标投标交易场所的招标项目，评标委员会成员应当在依法设立的招标投标交易场所登录使用电子招标投标交易平台进行评标。

电子评标应当在有效监控和保密的环境下在线进行。

评标中需要投标人对投标文件澄清或者说明的，招标人和投标人应当通过电子招标投标交易平台交换数据电文。

评标委员会完成评标后，应当通过电子招标投标交易平台向招标人提交数据电文形式的评标报告。

5.2.5　任务实施

1. 布置模拟评标的任务，完成重要知识点的学习。

2. 学生分组扮演招评标委员会成员，按照招标文件给出的评标办法完成评标工作。

5.2.6　任务小结

本任务主要学习了评标过程的相关知识，比如：评标专家的确定、评标委员会的组成、相关要求及不得担任评标委员的情形；重点学习了两种常用的评标方法——综合评估法和经评审的最低投标价法。

任务 5.3　中标和签约

5.3.1　学习目标

1. 知识目标

掌握确定中标人的方法、中标通知书和签订合同的相关要求；熟悉串通投标和其他不正当投标行为的相关规定。

2. 能力目标

具备根据招标文件确定的评标办法确定中标人的能力。

3. 素质目标

培养学生在评标、定标及签约过程中，遵守工程项目招投标行业规范，诚实守信、爱岗敬业，并具备严谨的工作态度、良好的沟通能力，提升学生职业素养、团队协作精神。

5.3.2　任务描述

【案例背景】

如本教材工作任务 3 中招标文件、工作任务 4 中投标文件的案例所述，××市××中学校改扩建项目于 2021 年 07 月 14 日开评标，评审报告如下：

评审报告

一、项目简介

××工程项目管理有限公司受××市××中学校委托，对其××市××中学校改扩建项目施工进行国内公开招标，招标编号为：Q9A20210610×××。

二、招标过程简介

本次招标于 2021 年 06 月 17 日在××省招标投标公共服务平台、××联合（××）招标采购平台网站上发布了招标公告。自 2021 年 06 月 17 日起开始发售招标文件，共有 4 家单位购买了招标文件，详见招标文件购买记录。

到投标截止时间 2021 年 07 月 14 日 14 时 30 分（北京时间）止，共有 4 家投标人递交了投标文件。

开标大会于 2021 年 07 月 14 日 14 时 30 分（北京时间）在××市召开，投标人代表及××市××中学校工作人员参加了开标会议，开标情况详见开标记录。

三、评审程序及情况

本项目的评审委员会由 7 人组成，其中用户代表 2 名，其余 5 名均从专家库中抽取产生。开标大会结束后，评标委员会于 2021 年 07 月 14 日 14 时 30 分（北京时间）在××市对本项目投标进行了评审。

1. 初步评审

评审委员会首先对各投标人提交的投标文件进行了初审，审查投标文件是否实质性响应了招标文件的要求且没有重大偏差，初审情况详见报表。

2. 详细评审

评审委员会对实质上响应招标文件要求的 4 家投标人的投标文件进行了细致认真的审阅，按招标文件中规定的评标标准对投标人进行了评审，评审结果详见报表。

3. 评审结果汇总

投标人	投标报价（单位：人民币元）	总得分	排名
A 建设集团有限公司	141758357.19	78.38	1
B 建设发展有限公司	13998935212	77.54	2
C 建筑工程有限公司	140562427.40	77.01	3

四、评标结论

根据排序，评委会推荐中标候选人如下：

第 1 中标候选人：A 建设集团有限公司

第 2 中标候选人：B 建设发展有限公司

第 3 中标候选人：C 建筑工程有限公司

评审委员会签字：

2021 年 07 月 14 日

【任务要求】

通过学习中标和签约相关法律法规规范标准的知识，采用角色扮演法，模拟中标和签约过程，完成中标通知书的填写任务。

5.3.3　任务分析

通过本任务的学习，需要使学生掌握中标人的确定方法及相关要求、中标通知书的发放和签订合同的相关要求、有关投诉和处理的一些规定、对串通投标和其他不正当竞争行为的一些相关规定，会编制中标通知书。

扫码阅读5.3

5.3.4　知识链接

1. 确定中标人的程序

（1）确定中标人

招标人根据评标委员会提出的书面评标报告和推荐的中标候选人确定中标人。中标候选人应当不超过 3 个，并标明排序。招标人也可以授权评标委员会直接确定中标人。

国有资金占控股或者主导地位的依法必须进行招标的项目，招标人应当确定排名第一的中标候选人为中标人。排名第一的中标候选人放弃中标、因不可抗力不能履行合同、不按照招标文件要求提交履约保证金，或者被查实存在影响中标结果的违法行为等情形，不符合中标条件的，招标人可以按照评标委员会提出的中标候选人名单排序依次确定其他中标候选人为中标人，也可以重新招标。

确定中标人前，招标人不得与投标人就投标价格、投标方案等实质性内容进行谈判。

（2）中标结果公告

依法必须进行招标的项目，招标人应当自收到评标报告之日起 3 日内公示中标候选人，公示期不得少于 3 日。投标人或者其他利害关系人对依法必须进行招标的项目的评标结果有异议的，应当在中标候选人公示期间提出。招标人应当自收到异议之日起 3 日内作出答复；作出答复前，应当暂停招标投标活动。

（3）履约能力审查

在发出中标通知书前，如果中标候选人的经营、财务状况发生较大变化或者存在违法行为，招标人认为可能影响其履约能力的，应当请原评标委员会按照招标文件规定的标准和方法审核确认。

2. 中标通知书

中标人确定后，招标人应当向中标人发出中标通知书，并同时将中标结果通知所有未中标的投标人。

中标通知书对招标人和中标人具有法律效力。中标通知书发出后，招标人改变中标结果的，或者中标人放弃中标项目的，应当依法承担法律责任。

（1）中标通知书的内容应当简明扼要，但至少应当包括告知投标人已中标，签订合同的时间和地点等内容。

（2）中标通知书应在投标有效期内发出。

（3）中标通知书需要载明签订合同的时间和地点。需要对合同细节进行谈判的，中标通知书上需要载明合同谈判的有关安排。

（4）中标通知书可以载明提交履约保证金等投标人需注意或完善的事项。

（5）对合同执行有影响的澄清、说明事项，是中标通知书的组成部分。

（6）中标人收到中标通知书后，应发出确认通知。

3. 签订合同

招标人和中标人应当在投标有效期内并在自中标通知书发出之日起 30 日内，按照招标文件和中标人的投标文件订立书面合同，明确双方责任、权利和义务。合同的标的、价款、质量、履行期限等主要条款应当与招标文件和中标人的投标文件的内容一致。招标人和中标人不得再行订立背离合同实质性内容的其他协议。签订合同时，双方在不改变招标投标实质性内容的条件下，对非实质性差异的内容可以通过协商取得一致意见。

招标人最迟应当在书面合同签订后 5 日内向中标人和未中标的投标人退还投标保证金及银行同期存款利息。

招标文件要求中标人提交履约保证金的，中标人应当按照招标文件的要求提交。履约保证金不得超过中标合同金额的 10％。

中标人应当按照合同约定履行义务，完成中标项目。中标人不得向他人转让中标项目，也不得将中标项目肢解后分别向他人转让。中标人按照合同约定或者经招标人同意，可以将中标项目的部分非主体、非关键性工作分包给他人完成。接受分包的人应当具备相应的资格条件，并不得再次分包。中标人应当就分包项目向招标人负责，接受分包的人就分包项目承担连带责任。

依法必须进行招标的项目，招标人和中标人应当公布合同履行情况。

4. 向行政监督部门报告招标投标情况

依法必须进行招标的项目，招标人应当自订立书面合同之日起 15 日内，向有关行政监督部门提交招标投标和合同订立情况的书面报告。

5.3.5 任务实施

1. 布置模拟合同签署的任务，完成重要知识点的学习。

2. 学生分组扮演合同双方，模拟中标签约过程，编制完成中标通知书，如下：

中标通知书

_____：　　　　　　　　　　　　　　工程编码：_____

_____于_____年___月___日开标后，已完成评标工作，现确定你单位为中标人，中标价为_____元，中标工期为_____年___月___日开工，_____年___月___日竣工，总工期为_____日历天。质量标准：_____；项目经理：_____，项目副经理：_____。

你单位收到中标通知书后，须在 30 日内与招标人签订合同。

说　　明

一、本通知书是该项目的中标依据，工程竣工后，本通知书废止。

二、中标通知书未经招标投标管理机构盖章无效。

三、此中标通知书一式四份，招标人、中标人、招标代理机构、招标投标管理机构各一份。

招 标 人（盖章）

法定代表人（签字或盖章）

××建设工程招标投标管理办公室（备案章）

招标代理机构（盖章）

法定代表人（签字或盖章）

日期：_____年___月___日

5.3.6　任务小结

通过本任务的学习，需要学生掌握中标人的确定方法及相关要求、中标通知书的发放和签订合同的相关要求、有关投诉和处理的一些规定、对串通投标和其他不正当竞争行为的一些相关规定。

学习模块 2 工程项目合同管理

　　合同管理是工程项目管理的核心，贯穿于工程项目实施的全过程和实施的各个方面。合同确定了工程项目的质量、工期和投资三大目标，规定了双方的责权利关系。有效的合同管理是促进参与工程建设各方履行合同约定的义务，确保实现项目目标的重要手段。对完善和发展建筑市场有着重要作用，成为我国建筑业可持续发展、实现科学管理的重要内容。

　　合同管理的全过程就是合同双方进行谈判、签订、履约及合同终止的过程。以下，将工程项目合同管理的真实工作场景作为学习模块，按照工程项目合同管理的工作流程提炼出三个典型工作任务：

　　由学习者扮演合同谈判的双方，完成合同起草、谈判及签订的任务；由学习者扮演承包方合同管理人员，完成施工合同履约管理的任务；由学习者扮演承包方合同管理人员，完成处理索赔事件，计算索赔费用的任务。通过模拟在真实的合同管理情境中，实践完成各项工作任务，使学习者初步具备从事招标代理机构招标师助理、建筑业施工企业项目管理等相关岗位的工作能力。

工作任务6　建设工程施工合同的签订

引文：

建设工程施工合同谈判和签订是工程项目实施过程中的重要环节。合同签订是明确各方权益和责任的法律文件，合同谈判能够协商明确双方的权利和责任，减少后期争议和纠纷的发生，并对工程价格、期限和质量等方面的要求进行有效磋商，以确保项目实施的可行性和效益。

本任务对建设工程合同的概念、类型、体系作了简要概述，对施工合同示范文本的基本内容作了介绍，同时对合同谈判、合同签订的原则、程序、内容、注意事项以及采用的担保方式有详细的阐述。

【思维导图】

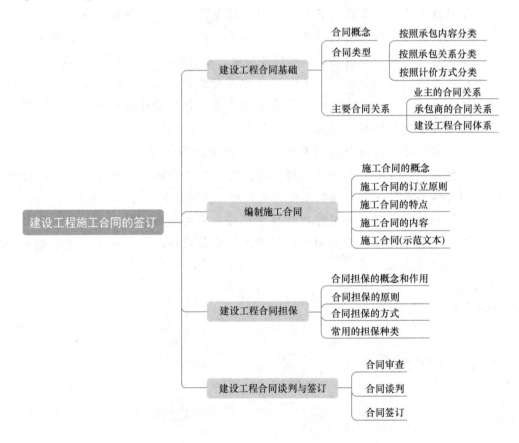

任务 6.1 认知建设工程合同

6.1.1 学习目标

1. 知识目标

掌握建设工程合同的概念；掌握建设工程合同的类型；了解建设工程合同体系。

2. 能力目标

具备根据工程实际情况，选择合适合同类型的能力。

3. 素质目标

培养学生树立平等、公正、诚信的价值观，培养学生知法守法的良好意识，提升法治素养和契约精神。

6.1.2 任务描述

【案例背景】

案例 1：某项目施工期限一年左右，工程设计详细，图纸完整、清楚，工程任务和范围明确；工程结构和技术比较简单；

案例 2：某项目建设周期两年半，在建设期间劳务工资、材料费用发生了上涨；

案例 3：某新校区的教学楼项目（如任务 1.1 所述）；

案例 4：某研发项目，工程特别复杂，工程技术、结构方案不能预先确定；

案例 5：某抢险救灾工程；

案例 6：某项目实施过程中工程量变化很大，而且出现了通货膨胀现象。

【任务要求】

思考以上案例的工程合同应该采用哪种计价模式，完成表 6-1。

合同计价模式分析表   表 6-1

合同类型	单价合同		总价合同		成本加酬金合同
	固定单价	变动单价	固定总价	变动单价	
应用范围					
造价控制					
风险管理					
设计深度					

6.1.3 任务分析

建设工程施工合同的形式繁多、特点各异，对于一个建设工程项目而言，采用何种合同形式不是固定的。即使在同一个工程项目中，不同的工程阶段或者标段，也可采用不同类型的合同。业主应根据实际情况，综合考虑项目的复杂程度、设计深度、施工技术的先进程度、工期的紧迫程度等因素选择合适的合同。

6.1.4 知识链接

1. 建设工程合同的概念

《民法典》第四百六十四条规定，合同是民事主体之间设立、变更、终止民事法律关系的协议。民事主体包括法人、自然人、其他组织。

建设工程合同是承包人进行工程建设，发包人支付价款的合同。

2. 建设工程合同的类型

（1）按合同承包内容划分

1）建设工程勘察合同

建设工程勘察合同是承包方进行工程勘察，发包人支付价款的合同。建设单位或者有关单位称为发包方（也称为委托方），建设工程勘察单位称为承包方。

2）建设工程设计合同

建设工程设计合同是承包方进行工程设计，委托方支付价款的合同。建设单位或有关单位为委托方，建设工程设计单位为承包方。

3）建设工程施工合同

建设工程施工合同也称为建筑安装工程承包合同，是指建设单位（发包方）和施工单位（承包方），为了完成商定的或通过招标投标确定的建筑工程安装任务，明确相互权利、义务关系的书面协议。

（2）按合同签约各方的承包关系划分

1）总包合同。建设单位（发包方）将工程项目建设全过程或其中某个阶段的全部工作，发包给一个承包单位总包，发包方与总包方签订的合同称为总包合同。总包合同签订后，总承包单位可以将若干专业性工作交给不同的专业承包单位去完成，并统一协调和监督它们的工作。在一般情况下，建设单位仅同总承包单位发生法律关系，而不同各专业承包单位发生法律关系。

2）分包合同。即总承包方与发包方签订了总包合同之后，将若干专业性工作分包给不同的专业承包单位去完成，总包方分别与几个分包方签订的分包合同。对于大型工程项目，有时也可由发包方直接与每个承包方签订合同，而不采取总包形式。这时每个承包方都是处于同样地位，各自独立完成本单位所承包的任务，并直接向发包方负责。

扫码阅读6.1

（3）按承包合同的不同计价方法划分

1）总价合同

扫码阅读6.2

总价合同是指合同当事人约定以施工图、已标价工程量清单或预算书及有关条件进行合同价格计算、调整和确认的建设工程施工合同，在约定的范围内合同总价不作调整。合同当事人应在专用合同条款中约定总价包含的风险范围和风险费用的计算方法，并约定风险范围以外的合同价格的调整方法。

总价合同分为固定总价合同和变动总价合同。

固定总价合同适用情况：①工程量小、工期短，工程条件稳定且合理；②设计详细、图纸完整、清楚，工程任务和范围明确；③结构和技术简单，风险小；④投标期相对宽裕。

对业主而言，合同签订时就基本上确定项目的总投资额，对投资控制有利。承包商的风险主要是价格、工作量的风险。

变动总价合同中，设计变更、工程量变化、通货膨胀等风险由业主方承担。

2）单价合同

单价合同是指合同当事人约定以工程量清单及其综合单价进行合同价格计算、调整和确认的建设工程施工合同，在约定的范围内合同单价不作调整。合同当事人应在专用合同条款中约定综合单价包含的风险范围和风险费用的计算方法，并约定风险范围以外的合同价格的调整方法。

单价合同对业主来说，需要安排专门力量来核实已经发生的工程量，协调工作量大，对投资控制不利。

固定单价合同可以约定出现以下情况调整单价：①实际工程量发生较大变化；②通货膨胀达到一定水平；③国家政策发生变化。固定单价合同适用于工期较短，工程量变化幅度不太大的项目。

3）其他形式

合同当事人可在专用合同条款中约定其他合同价格形式，比如成本加酬金合同等。

成本加酬金合同，承包商不承担任何价格变化和工程量变化的风险，这些风险由业主承担，对业主的投资控制不利。适用于：①工程特别复杂，工程技术、结构方案不能预先确定；②时间特别紧迫，来不及进行详细的计划和商谈。

成本加酬金合同的形式主要有成本加固定费用合同、成本加固定比例费用合同、成本加奖金合同、最大成本加费用合同。

3. 建设工程中的主要合同关系

建设工程项目是个极为复杂的社会生产过程。完成一个建设工程项目，依次要经历可行性研究、勘察设计、工程施工和运行等阶段；涉及建筑工程、装饰工程、安装工程、水电工程、机械设备、通信等专业设计和施工活动；参与工程项目建设的单位有十几个、几十个，甚至成百上千个。它们之间形成各式各样的经济关系，而维系关系的纽带是合同，因此各式各样的合同形成一个复杂的合同网络。在这个网络中，业主与众多的承包商、设备供应商之间都会签订许多合同，形成合同关系。

（1）业主的主要合同关系

业主作为建筑产品（服务）的买方，是工程最终的所有者，它可能是政府、企业、其他投资者，或几个企业的联合体、政府与企业的联合体。业主投资一个项目，通常委派一个代理人或代表以业主的身份进行工程项目的经营管理。

业主根据对工程的需求，确定工程项目的整体目标。这个目标是所有相关工程合同的核心。要实现工程目标，业主必须将建设工程的勘察设计、各专业工程施工、设备和材料供应等工作委托出去，除了前面提到的勘察、设计、施工合同，必须与有关单位签订如下各种合同：

1）咨询（监理）合同，即业主与咨询（监理）单位签订的合同。咨询合同签订后，咨询单位负责承担工程项目建设过程中的可行性研究、设计、招标投标和施工阶段监理等某一项或几项工作。

2）咨询（造价）合同，即业主与造价（或投资）咨询单位签订的合同。此合同签订后，咨询单位负责承担工程项目建设过程中的可行性研究、工程概预算、工程招标投标、工程结算、竣工决算编制和审计等某一项或几项工作。

3）勘察设计合同，即业主与勘察设计单位签订的合同。由勘察设计单位负责工程的地质勘察和技术设计工作。

4）施工合同，即业主与工程承包商签订的工程施工合同。一个或几个承包商承包或分别承包建筑工程、装饰工程、机械设备、安装工程等的施工。

5）供应合同，即业主与材料或设备供应商（厂家）签订的材料和设备供应合同。由各供应商向业主进行材料、设备供应。

6）贷款合同，即业主与金融机构签订的合同。后者向业主提供资金保证。按照资金来源的不同，可能有贷款合同、融资合同、合资合同或 BOT 合同等。

在建筑工程中业主的主要合同关系如图 6-1 所示。

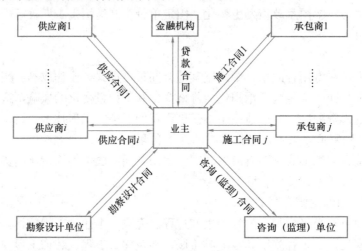

图 6-1　业主的主要合同关系

（2）承包商的主要合同关系

承包商作为工程承包合同的履行者。要完成承包合同的责任，包括由工程量表所确定的工程范围的施工、竣工和保修，为完成这些工程提供劳动力、施工设备、材料等，有时也包括项目立项、技术设计等，任一承包商都不可能，也不必具备所有的专业工程的施工能力、材料和设备的生产和供应能力，也可以通过签订合同将工程承包合同中所确定的工程设计、施工、设备材料采购等部分任务委托给其他相关单位来完成。承包商的主要合同关系包括：

1）分包合同

对于大中型工程的承包商，常常必须与其他承包商合作才能完成施工总承包责任。承包商把从业主那里承接到的工程中的某些分项工程或工作分包给另一承包商来完成，则与其签订分包合同。

2）供应合同

承包商在进行工程施工中，对由自己进行采购和供应的材料和设备，必须与相应的供应商签订供应合同。

3）运输合同

运输合同是承运人将旅客或者货物从起运地点运输到约定地点，旅客、托运人或者收货人支付票款或者运输费用的合同。

4）加工合同

加工合同即承包商将建筑构配件、特殊构件的加工任务委托给加工单位而签订的合同。

5）租赁合同

在建筑工程施工中，需要大量的施工设备、运输设备、周转材料，当承包商没有这些东西，而又不具备这个经济实力进行购置时，可以采用租赁的方式，与租赁单位签订租赁合同。

6）劳务合同

现在的许多承包商大部分没有属于自己的施工队伍，在承揽到工程时，与劳务供应商签订劳务合同，由劳务供应商向其提供劳务。

7）担保或保险合同

承包商按施工合同要求对工程进行担保或保险，与担保或保险公司签订担保或保险合同。

承包商的主要合同关系如图 6-2 所示。

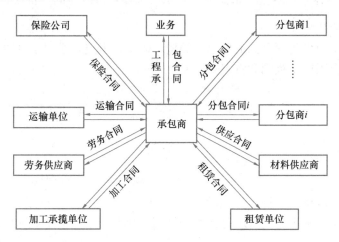

图 6-2　承包商的主要合同关系

（3）建设工程合同体系

建设工程项目的合同体系在项目管理中是一个非常重要的概念，它从一个重要角度反映了项目的形象，对整个项目管理的运作有很大的影响。建设工程合同体系如图 6-3 所示。

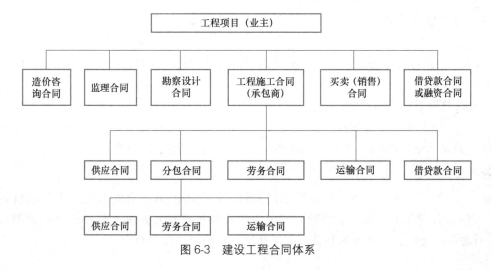

图 6-3　建设工程合同体系

133

建立这些关系有以下方面的作用：

1）将整个项目划分为相对独立的、易于管理的较小的单位。

2）将这些单位与参加项目的组织相联系，将这些组织要完成的工作用合同形式确定下来。

3）对每一单位做出详细的时间与费用估计，形成进度目标和费用目标。

4）确定项目需要完成的工作内容、质量标准和各项工作的顺序，建立项目质量控制计划。

5）估计项目全过程的费用，建立项目成本控制计划。

6）预计项目的完成时间，建立项目进度控制计划。

6.1.5　任务实施

1. 选择合同计价模式的任务，完成重要知识点的学习。

2. 学生分析具体案例背景，根据所学知识，选择合适的合同计价模式。

6.1.6　任务小结

本任务学习了建设工程合同的概念、类型、体系；重点是学习了合同的计价模式以及不同计价模式的合同应用范围和特点。

任务 6.2　编 制 施 工 合 同

6.2.1　学习目标

1. 知识目标

掌握施工合同的概念和特点；

掌握《建设工程施工合同（示范文本）》（GF-2017-0201）的组成和内容。

2. 能力目标

具备根据工程实际情况编制施工合同的能力。

3. 素质目标

培养学生树立平等、公正、诚信、法治、和谐、友善的理念，并在编制施工合同的过程中充分体现，并运用到合同履行之中。

6.2.2　任务描述

【案例背景】

××学院新校区建设项目××实训楼项目目前已完成招标投标流程，请草拟一份施工合同。

【任务要求】

扫码阅读6.3

结合××学院新校区建设项目××实训楼项目的特点，按照《建设工程施工合同（示范文本）》（GF-2017-0201）格式拟制一份施工合同。

6.2.3　任务分析

由于建筑工程不可预见性的因素较多，完善的施工合同对建筑工程项目各参与方权利和义务做出了明确的约定，并且为各参与方提供了解决纠纷的依据，能够有效地维护合同各参与方的利益，确保建筑工程项目有序进行。

6.2.4 知识链接

1. 施工合同的概念

建设工程施工合同是发包人和承包人为完成双方商定的建设工程，明确相互权利义务关系的协议。建设工程施工合同的发包方可以是法人，也可以是依法成立的其他组织或公民，而承包方必须是法人。

2. 施工合同的订立原则

（1）自愿原则

《民法典》第五条规定，民事主体从事民事活动，应当遵循自愿原则，按照自己的意思设立、变更、终止民事法律关系。

自愿原则体现了民事活动的基本特征，是民事法律关系区别于行政法律关系、刑事法律关系的特有原则。自愿原则贯穿于合同活动的全过程，包括订不订立合同自愿，与谁订立合同自愿，合同内容由当事人在不违法的情况下自愿约定，在合同履行过程中当事人可以协议补充、协议变更有关内容，双方也可以协议解除合同，可以约定违约责任，以及自愿选择解决争议的方式。总之，只要不违背法律、行政法规强制性的规定，合同当事人有权自愿决定，任何单位和个人不得非法干预。

（2）公平原则

《民法典》第六条规定，民事主体从事民事活动，应当遵循公平原则，合理确定各方的权利和义务。

公平原则主要包括：

1）订立合同时，要根据公平原则确定双方的权利和义务，不得欺诈，不得假借订立合同恶意进行磋商；

2）根据公平原则确定风险的合理分配；

3）根据公平原则确定违约责任。

（3）诚信原则

《民法典》第七条规定，民事主体从事民事活动，应当遵循诚信原则，秉持诚实，恪守承诺。诚信原则主要包括：

1）订立合同时，不得有欺诈或其他违背诚信的行为；

2）履行合同义务时，当事人应当根据合同的性质、目的和交易习惯，履行及时通知、协助、提供必要条件、防止损失扩大、保密等义务；

3）合同终止后，当事人应当根据交易习惯，履行通知、协助、保密等义务。

（4）不得违反法律及不得违背公序良俗原则

《民法典》第八条规定，民事主体从事民事活动，不得违反法律，不得违背公序良俗。一般来讲，合同的订立和履行，属于合同当事人之间的民事权利义务关系，只要当事人的意思不与法律规范、社会公序良俗相抵触，即承认合同的法律效力。对于损害社会公共利益、扰乱社会经济秩序的行为，国家应当予以干预，但这种干预要依法进行，由法律、行政法规作出规定。

（5）有利于节约资源、保护生态环境原则

《民法典》第九条规定，民事主体从事民事活动，应当有利于节约资源、保护生态环境。有利于节约资源、保护生态环境原则是一项限制性的"绿色原则"，即民事主体在从事民事行为过程中，不仅要遵循自愿、公平、诚信原则，不得违反法律及不得违背公序良俗，还必须要兼顾社会环境公益，有利于节约资源和生态环境保护。

3. 施工合同的特点

（1）合同标的的特殊性

施工合同的标的是各类建筑产品，建筑产品的固定性、多样性、单件性、复杂性以及生产的流动性，使得合同标的具有特殊性。

（2）合同履行期限的长期性

建筑物的施工由于结构复杂、体积大、建筑材料类型多、工作量大，工期都较长。在较长的合同期内，项目进展、承发包方履行义务受到不可抗力、政策法规、市场变化等多方面多条件的限制和影响。

（3）合同内容的复杂性

施工合同的履行过程中涉及的主体有许多种，牵涉到分包方、材料供应单位、构配件生产和设备加工厂家，以及政府、银行等部门。施工合同内容的约定还需与其他相关合同设计合同、供货合同等相协调，建设工程施工合同内容繁杂，合同的涉及面广。

（4）合同风险大

施工合同的上述特点以及金额大、建筑市场竞争激烈等因素，构成和加剧了施工合同的风险性。因此，在签订合同中应慎重分析研究各种因素和避免承担风险条款。

4. 施工合同的内容

《民法典》七百九十五条规定，施工合同的内容一般包括工程范围、建设工期、中间交工工程的开工和竣工时间、工程质量、工程造价、技术资料交付时间、材料和设备供应责任、拨款和结算、竣工验收、质量保修范围和质量保证期、相互协作等条款。

（1）工程范围

工程范围是指施工的界区，是施工人进行施工的工作范围。

（2）建设工期

建设工期是指施工人完成施工任务的期限。在实践中，有的发包人常常要求缩短工期，施工人为了赶进度，往往导致严重的工程质量问题。因此，为了保证工程质量，双方当事人应当在施工合同中确定合理的建设工期。

（3）中间交工工程的开工和竣工时间

中间交工工程是指施工过程中的阶段性工程。为了保证工程各阶段的交接，顺利完成工程建设，当事人应当明确中间交工工程的开工和竣工时间。

（4）工程质量

工程质量条款是明确施工人施工要求，确定施工人责任的依据。施工人必须按照工程设计图纸和施工技术标准施工，不得擅自修改工程设计，不得偷工减料。发包人也不得明示或者暗示施工人违反工程建设强制性标准，降低建设工程质量。

（5）工程造价

工程造价是指进行工程建设所需的全部费用，包括人工费、材料费、施工机械使用费、措施费等。在实践中，有的发包人为了获得更多的利益，往往压低工程造价，而施工人为了盈利或不亏本，不得不偷工减料、以次充好，结果导致工程质量不合格，甚至造成严重的工程质量事故。因此，为了保证工程质量，双方当事人应当合理确定工程造价。

（6）技术资料交付时间

技术资料主要是指勘察、设计文件以及其他施工人据以施工所必需的基础资料。当事人应当在施工合同中明确技术资料的交付时间。

（7）材料和设备供应责任

材料和设备供应责任，是指由哪一方当事人提供工程所需材料设备及其应承担的责任。材料和设备可以由发包人负责提供，也可以由施工人负责采购。如果按照合同约定由发包人负责采购建筑材料、构配件和设备的，发包人应当保证建筑材料、构配件和设备符合设计文件和合同要求。施工人则须按照工程设计要求、施工技术标准和合同约定，对建筑材料、构配件和设备进行检验。

（8）拨款和结算

拨款是指工程款的拨付。结算是指施工人按照合同约定和已完工程量向发包人办理工程款的清算。拨款和结算条款是施工人请求发包人支付工程款和报酬的依据。

（9）竣工验收

竣工验收条款一般应当包括验收范围与内容、验收标准与依据、验收人员组成、验收方式和日期等内容。

（10）质量保修范围和质量保证期

建设工程质量保修范围和质量保证期，应当按照 2019 年 4 月经修改后公布的《建设工程质量管理条例》的规定执行。

（11）相互协作

相互协作一般包括当事人在施工前的准备工作，施工人及时向发包人提出开工通知书、施工进度报告书、对发包人的监督检查提供必要协助等。

5. 施工合同（示范文本）

（1）示范文本的性质和适用范围

《民法典》第四百七十条规定，当事人可以参照各类合同的示范文本订立合同。因此，示范文本为非强制性使用文本。国家制定合同示范文本的目的在于为当事人提供指导性文件，提示当事人在订立合同时更好地明确各自的权利义务，承担相应的风险，对防止合同纠纷起到积极的作用。当事人可根据其自身情况和需要，决定是否采用，以及进行必要的添加、补充、修改和保留。另外，合同示范文本的发布部门将根据市场变化和工程管理的要求及时进行修订和完善。

示范文本适用于房屋建筑工程、土木工程、线路管道和设备安装工程、装修工程等建设工程的施工承发包活动，合同当事人可结合建设工程具体情况，根据示范文本订立合同，并按照法律法规规定和合同约定承担相应的法律责任及合同权利义务。

（2）示范文本的类型

国内工程类合同示范文本按照合同对象的不同，可以分为以下类型：

1) 建设项目工程总承包合同（示范文本）；

2) 建设工程勘察合同（示范文本）；

3) 建设工程设计合同（示范文本）；

4) 建设工程委托监理合同（示范文本）；

5) 建设工程施工合同（示范文本）；

6）建设工程施工专业分包合同（示范文本）；

7）建设工程施工劳务分包合同（示范文本）。

（3）施工合同（示范文本）的基本内容

《建设工程施工合同（示范文本）》（GF-2017-0201）（以下简称《示范文本》）由合同协议书、通用合同条款、专用合同条款组成，并有 11 个附件。

1）合同协议书

合同协议书是《示范文本》中总纲性文件，是发包人与承包人就建设工程施工中最基本、最重要的事项协商一致而订立。

合同协议书共计 13 条，主要包括：工程概况、合同工期、质量标准、签约合同价和合同价格形式、项目经理、合同文件构成、承诺以及合同生效条件等重要内容，集中约定了合同当事人基本的合同权利义务。并且合同当事人在这份文件上签字盖章，因此具有很高的法律效力，在所有施工合同文件组成中具有最优的解释效力。

2）通用合同条款

通用合同条款是合同当事人根据《建筑法》《民法典》等法律法规的规定，就工程建设的实施及相关事项，对合同当事人的权利义务作出的原则性约定。

通用合同条款共计 20 条，具体条款分别为：一般约定、发包人、承包人、监理人、工程质量、安全文明施工与环境保护、工期和进度、材料与设备、试验与检验、变更、价格调整、合同价格、计量与支付、验收和工程试车、竣工结算、缺陷责任与保修、违约、不可抗力、保险、索赔和争议解决。前述条款安排既考虑了现行法律法规对工程建设的有关要求，也考虑了建设工程施工管理的特殊需要。

3）专用合同条款

专用合同条款是对通用合同条款原则性约定的细化、完善、补充、修改或另行约定的条款。合同当事人可以根据不同建设工程的特点及具体情况，通过双方的谈判、协商对相应的专用合同条款进行修改补充。在使用专用合同条款时，应注意以下事项：

① 专用合同条款的编号应与相应的通用合同条款的编号一致；

② 合同当事人可以通过对专用合同条款的修改，满足具体建设工程的特殊要求，避免直接修改通用合同条款；

③ 在专用合同条款中有横道线的地方，合同当事人可针对相应的通用合同条款进行细化、完善、补充、修改或另行约定；如无细化、完善、补充、修改或另行约定，则填写"无"或划"/"。

4）附件

《示范文本》提供的 11 个附件对施工合同当事人权利义务进一步明确，并且使发包方和承包方的有关工作一目了然，便于执行和管理。

协议书附件包括：承包人承揽工程项目一览表、发包人供应材料设备一览表、工程质量保修书、主要建设工程文件目录、承包人用于本工程施工的机械设备表、承包人主要施工管理人员表、分包人主要施工管理人员表、履约担保格式、预付款担保格式、支付担保格式、暂估价一览表。

（4）合同文件的解释顺序

组成合同的各项文件应互相解释，互为说明。除专用合同条款另有约定外，解释合同文件的优先顺序如下：

1）合同协议书；

2）中标通知书（如果有）；

3）投标函及其附录（如果有）；

4）专用合同条款及其附件；

5）通用合同条款；

6）技术标准和要求；

7）图纸；

8）已标价工程量清单或预算书；

9）其他合同文件。

上述各项合同文件包括合同当事人就该项合同文件所作出的补充和修改，属于同一类内容的文件，应以最新签署的为准。

在合同订立及履行过程中形成的与合同有关的文件均构成合同文件组成部分，并根据其性质确定优先解释顺序。

（5）《示范文本》的基本内容

为了方便大家学习，本书中保留《示范文本》的格式。限于篇幅，仅列出合同协议书和附件。通用合同条款、专用合同条款的内容参见扫码阅读6.3。

合同协议书

发包人（全称）：＿＿＿＿＿＿＿＿＿＿＿＿＿＿＿＿＿

承包人（全称）：＿＿＿＿＿＿＿＿＿＿＿＿＿＿＿＿＿

根据《中华人民共和国民法典》、《中华人民共和国建筑法》及有关法律规定，遵循平等、自愿、公平和诚实信用的原则，双方就＿＿＿＿＿＿＿＿＿＿＿＿工程施工及有关事项协商一致，共同达成如下协议：

一、工程概况

1. 工程名称：＿＿＿＿＿＿＿＿＿＿＿＿＿＿＿＿＿＿＿＿＿。

2. 工程地点：＿＿＿＿＿＿＿＿＿＿＿＿＿＿＿＿＿＿＿＿＿。

3. 工程立项批准文号：＿＿＿＿＿＿＿＿＿＿＿＿＿＿＿＿＿。

4. 资金来源：＿＿＿＿＿＿＿＿＿＿＿＿＿＿＿＿＿＿＿＿＿。

5. 工程内容：＿＿＿＿＿＿＿＿＿＿＿＿＿＿＿＿＿＿＿＿＿。

6. 工程承包范围：＿＿＿＿＿＿＿＿＿＿＿＿＿＿＿＿＿＿＿。

二、合同工期

计划开工日期：＿＿＿＿年＿＿＿＿月＿＿＿＿日。

计划竣工日期：＿＿＿＿年＿＿＿＿月＿＿＿＿日。

工期总日历天数：＿＿＿＿天。工期总日历天数与根据前述计划开竣工日期计算的工期天数不一致的，以工期总日历天数为准。

三、质量标准

工程质量符合＿＿＿＿＿＿＿＿＿＿＿＿＿＿＿标准。

四、签约合同价与合同价格形式

1. 签约合同价为：

人民币（大写）＿＿＿＿＿＿＿＿＿（￥＿＿＿＿＿＿元）；

其中：

（1）安全文明施工费：

人民币（大写）＿＿＿＿＿＿＿＿＿（￥＿＿＿＿＿＿元）；

（2）材料和工程设备暂估价金额：

人民币（大写）＿＿＿＿＿＿＿＿＿（￥＿＿＿＿＿＿元）；

（3）专业工程暂估价金额：

人民币（大写）＿＿＿＿＿＿＿＿＿（￥＿＿＿＿＿＿元）；

（4）暂列金额：

人民币（大写）＿＿＿＿＿＿＿＿＿（￥＿＿＿＿＿＿元）。

2. 合同价格形式：＿＿＿＿＿＿＿＿＿＿＿＿＿＿＿＿＿＿＿。

五、项目经理

承包人项目经理：＿＿＿＿＿＿＿＿＿＿＿＿＿＿＿＿＿。

六、合同文件构成

本协议书与下列文件一起构成合同文件：

（1）中标通知书（如果有）；

（2）投标函及其附录（如果有）；

（3）专用合同条款及其附件；

（4）通用合同条款；

（5）技术标准和要求；

（6）图纸；

（7）已标价工程量清单或预算书；

（8）其他合同文件。

在合同订立及履行过程中形成的与合同有关的文件均构成合同文件组成部分。

上述各项合同文件包括合同当事人就该项合同文件所作出的补充和修改，属于同一类内容的文件，应以最新签署的为准。专用合同条款及其附件须经合同当事人签字或盖章。

七、承诺

1. 发包人承诺按照法律规定履行项目审批手续、筹集工程建设资金并按照合同约定的期限和方式支付合同价款。

2. 承包人承诺按照法律规定及合同约定组织完成工程施工，确保工程质量和安全，不进行转包及违法分包，并在缺陷责任期及保修期内承担相应的工程维修责任。

3. 发包人和承包人通过招标投标形式签订合同的，双方理解并承诺不再就同一工程另行签订与合同实质性内容相背离的协议。

八、词语含义

本协议书中词语含义与第二部分通用合同条款中赋予的含义相同。

九、签订时间

本合同于＿＿＿＿＿年＿＿月＿＿日签订。

十、签订地点

本合同在＿＿＿＿＿＿＿＿＿＿＿＿＿＿＿＿＿＿＿＿签订。

十一、补充协议

合同未尽事宜，合同当事人另行签订补充协议，补充协议是合同的组成部分。

十二、合同生效

本合同自＿＿＿＿＿＿＿＿＿＿＿＿＿＿＿＿＿＿生效。

十三、合同份数

本合同一式＿＿份，均具有同等法律效力，发包人执＿＿份，承包人执＿＿份。

发包人：（公章）　　　　　　承包人：（公章）

法定代表人或其委托代理人：　法定代表人或其委托代理人：

（签字）　　　　　　　　　　（签字）

组织机构代码：＿＿＿＿＿＿＿　组织机构代码：＿＿＿＿＿＿＿

地　　　　址：＿＿＿＿＿＿＿　地　　　　址：＿＿＿＿＿＿＿

邮 政 编 码：＿＿＿＿＿＿＿　邮 政 编 码：＿＿＿＿＿＿＿

法 定 代 表 人：＿＿＿＿＿＿＿　法 定 代 表 人：＿＿＿＿＿＿＿

委 托 代 理 人：＿＿＿＿＿＿＿　委 托 代 理 人：＿＿＿＿＿＿＿

电　　　　话：＿＿＿＿＿＿＿　电　　　　话：＿＿＿＿＿＿＿

传　　　　真：＿＿＿＿＿＿＿　传　　　　真：＿＿＿＿＿＿＿

电 子 信 箱：＿＿＿＿＿＿＿　电 子 信 箱：＿＿＿＿＿＿＿

开 户 银 行：＿＿＿＿＿＿＿　开 户 银 行：＿＿＿＿＿＿＿

账　　　　号：＿＿＿＿＿＿＿　账　　　　号：＿＿＿＿＿＿＿

第二部分　通用条款（略）

第三部分　专用合同条款（略）

协议书附件：

附件1：承包人承揽工程项目一览表

附件2：发包人供应材料设备一览表

附件3：工程质量保修书

附件4：主要建设工程文件目录

附件5：承包人用于本工程施工的机械设备表

附件6：承包人主要施工管理人员表

附件7：分包人主要施工管理人员表

附件8：履约担保格式

附件9：预付款担保格式

附件10：支付担保格式

附件11：暂估价一览表

附件 1：

承包人承揽工程项目一览表

单位工程名称	建设规模	建筑面积（m²）	结构形式	层数	生产能力	设备安装内容	合同价格（元）	开工日期	竣工日期

附件 2：

发包人供应材料设备一览表

序号	材料、设备品种	规格型号	单位	数量	单价（元）	质量等级	供应时间	送达地点	备注

附件 3：

工程质量保修书

发包人（全称）：＿＿＿＿＿＿＿＿＿＿＿＿＿＿＿＿＿＿＿

承包人（全称）：＿＿＿＿＿＿＿＿＿＿＿＿＿＿＿＿＿＿＿

发包人和承包人根据《中华人民共和国建筑法》和《建设工程质量管理条例》，经协商一致就＿＿＿＿（工程全称）签订工程质量保修书。

一、工程质量保修范围和内容

承包人在质量保修期内，按照有关法律规定和合同约定，承担工程质量保修责任。

质量保修范围包括地基基础工程、主体结构工程，屋面防水工程、有防水要求的卫生间、房间和外墙面的防渗漏，供热与供冷系统，电气管线、给水排水管道、设备安装和装修工程，以及双方约定的其他项目。具体保修的内容，双方约定如下：

＿＿＿＿＿＿＿＿＿＿＿＿＿＿＿＿＿＿＿＿＿＿＿＿＿＿＿＿＿＿＿＿＿＿＿＿。

二、质量保修期

根据《建设工程质量管理条例》及有关规定，工程的质量保修期如下：

1. 地基基础工程和主体结构工程为设计文件规定的工程合理使用年限；

2. 屋面防水工程、有防水要求的卫生间、房间和外墙面的防渗为＿＿＿＿＿＿年；

3. 装修工程为_____年；

4. 电气管线、给排水管道、设备安装工程为_____年；

5. 供热与供冷系统为_____个采暖期、供冷期；

6. 住宅小区内的给排水设施、道路等配套工程为_____年；

7. 其他项目保修期限约定如下：

_____。

质量保修期自工程竣工验收合格之日起计算。

三、缺陷责任期

工程缺陷责任期为_____个月，缺陷责任期自工程竣工验收合格之日起计算。单位工程先于全部工程进行验收，单位工程缺陷责任期自单位工程验收合格之日起算。

缺陷责任期终止后，发包人应退还剩余的质量保证金。

四、质量保修责任

1. 属于保修范围、内容的项目，承包人应当在接到保修通知之日起6天内派人保修。承包人不在约定期限内派人保修的，发包人可以委托他人修理。

2. 发生紧急事故需抢修的，承包人在接到事故通知后，应当立即到达事故现场抢修。

3. 对于涉及结构安全的质量问题，应当按照《建设工程质量管理条例》的规定，立即向当地建设行政主管部门和有关部门报告，采取安全防范措施，并由原设计人或者具有相应资质等级的设计人提出保修方案，承包人实施保修。

4. 质量保修完成后，由发包人组织验收。

五、保修费用

保修费用由造成质量缺陷的责任方承担。

六、双方约定的其他工程质量保修事项：

_____。

工程质量保修书由发包人、承包人在工程竣工验收前共同签署，作为施工合同附件，其有效期限至保修期满。

发 包 人（公章）：_____   承 包 人（公章）：_____

地   址：_____   地   址：_____

法定代表人（签字）：_____   法定代表人（签字）：_____

委托代理人（签字）：_____   委托代理人（签字）：_____

电   话：_____   电   话：_____

传   真：_____   传   真：_____

开 户 银 行：_____   开 户 银 行：_____

账   号：_____   账   号：_____

邮 政 编 码：_____   邮 政 编 码：_____

附件 4：

主要建设工程文件目录

文件名称	套数	费用（元）	质量	移交时间	责任人

附件 5：

承包人用于本工程施工的机械设备表

序号	机械或设备名称	规格型号	数量	产地	制造年份	额定功率（kW）	生产能力	备注

附件 6：

承包人主要施工管理人员表

名称	姓名	职务	职称	主要资历、经验及承担过的项目
一、总部人员				
项目主管				
其他人员				
二、现场人员				
项目经理				
项目副经理				
技术负责人				
造价管理				
质量管理				
材料管理				
计划管理				
安全管理				
其他人员				

附件 7：

分包人主要施工管理人员表

名称	姓名	职务	职称	主要资历、经验及承担过的项目
一、总部人员				
项目主管				
其他人员				
二、现场人员				
项目经理				
项目副经理				
技术负责人				
造价管理				
质量管理				
材料管理				
计划管理				
安全管理				
其他人员				

附件 8：

履约担保

_____（发包人名称）：

鉴于_____（发包人名称，以下简称"发包人"）与_____（承包人名称）（以下称"承包人"）于___年__月__日就_____（工程名称）施工及有关事项协商一致共同签订《建设工程施工合同》。我方愿意无条件地、不可撤销地就承包人履行与你方签订的合同，向你方提供连带责任担保。

1. 担保金额人民币（大写）_____元（￥_____）。

2. 担保有效期自你方与承包人签订的合同生效之日起至你方签发或应签发工程接收证书之日止。

3. 在本担保有效期内，因承包人违反合同约定的义务给你方造成经济损失时，我方在收到你方以书面形式提出的在担保金额内的赔偿要求后，在 6 天内无条件支付。

4. 你方和承包人按合同约定变更合同时，我方承担本担保规定的义务不变。

5. 因本保函发生的纠纷，可由双方协商解决，协商不成的，任何一方均可提请_____仲裁委员会仲裁。

6. 本保函自我方法定代表人（或其授权代理人）签字并加盖公章之日起生效。

担保人：_____（盖单位章）

法定代表人或其委托代理人：＿＿＿（签字）

地　　址：＿＿＿＿＿＿＿＿＿＿＿＿＿＿

邮政编码：＿＿＿＿＿＿＿＿＿＿＿＿＿＿

电　　话：＿＿＿＿＿＿＿＿＿＿＿＿＿＿

传　　真：＿＿＿＿＿＿＿＿＿＿＿＿＿＿

＿＿＿年＿＿月＿＿日

附件 9：

预付款担保

＿＿＿＿＿（发包人名称）：

根据＿＿＿＿＿＿＿＿（承包人名称）（以下称"承包人"）与＿＿＿（发包人名称）（以下简称"发包人"）于＿＿＿年＿＿月＿＿日签订的＿＿＿＿＿（工程名称）《建设工程施工合同》，承包人按约定的金额向你方提交一份预付款担保，即有权得到你方支付相等金额的预付款。我方愿意就你方提供给承包人的预付款为承包人提供连带责任担保。

1. 担保金额人民币（大写）＿＿＿＿＿＿元（¥＿＿＿＿＿）。

2. 担保有效期自预付款支付给承包人起生效，至你方签发的进度款支付证书说明已完全扣清止。

3. 在本保函有效期内，因承包人违反合同约定的义务而要求收回预付款时，我方在收到你方的书面通知后，在 7 天内无条件支付。但本保函的担保金额，在任何时候不应超过预付款金额减去你方按合同约定在向承包人签发的进度款支付证书中扣除的金额。

4. 你方和承包人按合同约定变更合同时，我方承担本保函规定的义务不变。

5. 因本保函发生的纠纷，可由双方协商解决，协商不成的，任何一方均可提请＿＿＿＿＿仲裁委员会仲裁。

6. 本保函自我方法定代表人（或其授权代理人）签字并加盖公章之日起生效。

担保人：＿＿＿＿＿＿（盖单位章）

法定代表人或其委托代理人：＿＿＿（签字）

地　　址：＿＿＿＿＿＿＿＿＿＿＿＿＿＿

邮政编码：＿＿＿＿＿＿＿＿＿＿＿＿＿＿

电　　话：＿＿＿＿＿＿＿＿＿＿＿＿＿＿

传　　真：＿＿＿＿＿＿＿＿＿＿＿＿＿＿

＿＿＿年＿＿月＿＿日

附件 10：

支付担保

＿＿＿＿＿（承包人）：

鉴于你方作为承包人已经与＿＿＿＿＿（发包人名称）（以下称"发包人"）于＿＿＿＿＿年＿＿月＿＿日签订了＿＿＿＿＿（工程名称）《建设工程施工合同》（以下称"主合同"），应发包人的申请，我方愿就发包人履行主合同约定的工程款支付义务以保证的方式向

你方提供如下担保:

一、保证的范围及保证金额

1. 我方的保证范围是主合同约定的工程款。

2. 本保函所称主合同约定的工程款是指主合同约定的除工程质量保证金以外的合同价款。

3. 我方保证的金额是主合同约定的工程款的_____%,数额最高不超过人民币元(大写:_____)。

二、保证的方式及保证期间

1. 我方保证的方式为:连带责任保证。

2. 我方保证的期间为:自本合同生效之日起至主合同约定的工程款支付完毕之日后____日内。

3. 你方与发包人协议变更工程款支付日期的,经我方书面同意后,保证期间按照变更后的支付日期做相应调整。

三、承担保证责任的形式

我方承担保证责任的形式是代为支付。发包人未按主合同约定向你方支付工程款的,由我方在保证金额内代为支付。

四、代偿的安排

1. 你方要求我方承担保证责任的,应向我方发出书面索赔通知及发包人未支付主合同约定工程款的证明材料。索赔通知应写明要求索赔的金额,支付款项应到达的账号。

2. 在出现你方与发包人因工程质量发生争议,发包人拒绝向你方支付工程款的情形时,你方要求我方履行保证责任代为支付的,需提供符合相应条件要求的工程质量检测机构出具的质量说明材料。

3. 我方收到你方的书面索赔通知及相应的证明材料后 7 天内无条件支付。

五、保证责任的解除

1. 在本保函承诺的保证期间内,你方未书面向我方主张保证责任的,自保证期间届满次日起,我方保证责任解除。

2. 发包人按主合同约定履行了工程款的全部支付义务的,自本保函承诺的保证期间届满次日起,我方保证责任解除。

3. 我方按照本保函向你方履行保证责任所支付金额达到本保函保证金额时,自我方向你方支付(支付款项从我方账户划出)之日起,保证责任即解除。

4. 按照法律法规的规定或出现应解除我方保证责任的其他情形的,我方在本保函项下的保证责任亦解除。

5. 我方解除保证责任后,你方应自我方保证责任解除之日起____个工作日内,将本保函原件返还我方。

六、免责条款

1. 因你方违约致使发包人不能履行义务的,我方不承担保证责任。

2. 依照法律法规的规定或你方与发包人的另行约定，免除发包人部分或全部义务的，我方亦免除其相应的保证责任。

3. 你方与发包人协议变更主合同的，如加重发包人责任致使我方保证责任加重的，需征得我方书面同意，否则我方不再承担因此而加重部分的保证责任，但主合同第 10 条〔变更〕约定的变更不受本款限制。

4. 因不可抗力造成发包人不能履行义务的，我方不承担保证责任。

七、争议解决

因本保函或本保函相关事项发生的纠纷，可由双方协商解决，协商不成的，按以下方式解决：

(1) 向_____仲裁委员会申请仲裁；

(2) 向_____人民法院起诉。

八、保函的生效

本保函自我方法定代表人（或其授权代理人）签字并加盖公章之日起生效。

担保人：_____（盖单）

法定代表人或其委托代理人：____（签字）

地　　址：_____

邮政编码：_____

传　　真：_____

_____年___月___日

附件 11：

11-1：材料暂估价表

序号	名称	单位	数量	单价（元）	合价（元）	备注

附件 11：

11-2：工程设备暂估价表

序号	名称	单位	数量	单价（元）	合价（元）	备注

附件 11：

11-3：专业工程暂估价表

序号	名称	单位	数量	单价（元）	合价（元）	备注

6.2.5　任务实施

1. 布置编制施工合同的任务，完成重要知识点的学习。

2. 学生分析××学院新校区建设项目××实训楼项目的特点，按照《建设工程施工合同（示范文本）》（GF-2017-0201）格式草拟一份施工合同。

6.2.6　任务小结

本任务学习了建设工程施工合同的概念、特点，施工合同示范文本的组成、掌握协议书的概念；通用条款、专业条款、合同附件的内容。

任务 6.3　建设工程合同担保

6.3.1　学习目标

1. 知识目标

掌握建设工程合同担保的概念、原则；掌握建筑工程合同担保的形式、特点。

2. 能力目标

具备根据工程实际情况选择担保形式的能力。

3. 素质目标

培养学生树立风险管理的意识，具备良好的沟通与协调能力，并保持续学习的态度及开拓创新的职业精神。

6.3.2　任务描述

【案例背景】

前一任务中已经分析了××学院新校区建设项目××实训楼项目的特点，按照《建设工程施工合同（示范文本）》（GF-2017-0201）格式拟制了一份施工合同。

【任务要求】

根据草拟的施工合同，完善合同的 11 个附件。

6.3.3　任务分析

在工程建设中，权利人（债权人）为了避免因义务人（债务人）原因而造成的损失，往往要求由第三方为义务人提供保证，即通过保证人向权利人进行担保，倘若被保证人不能履行其对权利人的承诺和义务，以致权利人遭受损失，则由保证人代为履约或负责赔偿。工程保证担保制度对规范建筑市场、防范建筑风险特别是违约风险、降低建筑业的社会成本、保障工程建设的顺利进行等方面都有十分重要和不可替代的作用。

6.3.4　知识链接

1. 合同担保的概念和作用

（1）合同担保的概念

担保是指当事人根据法律规定或者双方约定，为促使债务人履行债务实现债权人权利的法律制度。

（2）合同担保的作用

工程合同担保是合同当事人为了保证工程合同的切实履行，由保证人作为第三方对建设工程中一系列合同的履行进行监管并承担相应的责任，是一种采用市场经济手段和法律手段进行风险管理的机制。

2. 合同担保的原则

遵循平等、自愿、公平、诚实信用的原则。

3. 合同担保的方式

《民法典》规定，担保方式有保证、抵押、质押、留置和定金。

（1）保证

保证是指保证人和债权人约定，当债务人不履行债务时，保证人按照约定履行债务或者承担责任的行为。

在建设工程活动中，保证是最为常用的一种担保方式。所谓保证，是指保证人和债权人约定，当债务人不履行债务时，保证人按照约定履行债务或者承担责任的行为。具有代为清偿债务能力的法人、其他组织或者公民，可以作保证人。但在建设工程活动中，由于担保的标的额较大，保证人往往是银行，也有信用较高的其他担保人，如担保公司。银行出具的保证通常称为保函，其他保证人出具的书面保证一般称为保证书。

《民法典》第六百八十三条规定，机关法人不得为保证人，但是经国务院批准为使用外国政府或者国际经济组织贷款进行转贷的除外。

以公益为目的的非营利法人、非法人组织不得为保证人。

（2）抵押

1）抵押是指债务人或者第三人向债权人以不转移占有的方式提供一定的财产作为抵押物，用以担保债务履行的担保方式。

2）债务人不履行债务时，债权人有权依照法律规定以抵押物折价或者从变卖抵押物的价款中优先受偿。

3）债务人或者第三人称为抵押人，债权人称为抵押权人，提供担保的财产为抵押物。

4）不得抵押的财产有：

① 土地所有权；

② 宅基地、自留地、自留山等集体所有土地的使用权，但是法律规定可以抵押的除外；

③ 学校、幼儿园、医疗机构等为公益目的成立的非营利法人的教育设施、医疗卫生设施和其他公益设施；

④ 所有权、使用权不明或者有争议的财产；

⑤ 依法被查封、扣押、监管的财产；

⑥ 法律、行政法规规定不得抵押的其他财产。

5）当事人以土地使用权、城市房地产、林木、航空器、船舶、车辆等财产抵押的，应当办理抵押物登记，抵押合同自登记之日起生效；当事人以其他财产抵押的，可以自愿办理抵押物登记，抵押合同自签订之日起生效。

（3）质押

1）质押是指债务人或者第三人将其动产或权利移交债权人占有，用以担保债权履行的担保。质押后，当债务人不能履行债务时，债权人依法有权就该动产或权利优先得到清偿。

2）债务人或者第三人为出质人，债权人为质权人，移交的动产或权利为质物。

质押可分为动产质押和权利质押。

1）动产质押是指债务人或者第三人将其动产移交债权人占有，将该动产作为债权的担保、能够用作质押的动产没有限制。

动产质押合同的订立及其生效：出质人和质权人应当以书面形式订立质押合同。质押合同自质物移交于质权人占有时生效。

2）权利质押一般是将权利凭证交付质权人的担保。

《民法典》第四百四十条规定，债务人或者第三人有权处分的下列权利可以出质：

① 汇票、本票、支票；

② 债券、存款单；

③ 仓单、提单；

④ 可以转让的基金份额、股权；

⑤ 可以转让的注册商标专用权、专利权、著作权等知识产权中的财产权；

⑥ 现有的以及将有的应收账款；

⑦ 法律、行政法规规定可以出质的其他财产权利。

（4）留置

1）留置是指债权人按照合同约定占有对方（债务人）的动产，当债务人不能按照合同约定期限履行债务时，债权人有权依照法律规定留置该动产并享有处置该动产得到优先受偿的权利。

2）留置的适用范围：因保管合同、运输合同、加工承揽合同发生的债权，债务人不履行债务的，债权人有留置权。

（5）定金

1）定金，是指当事人双方为了保证债务的履行，约定由当事人一方先行支付给对方一定数额的货币作为担保。

2）定金的数额由当事人约定，但不得超过主合同标的额的20%。

3）定金合同采用书面形式，并在合同中约定交付定金的期限，定金合同从实际交付定金之日起生效。债务人履行债务后，定金应当抵作价款或者收回。

4）给付定金的一方不履行约定的债务的，无权要求返还定金；收受定金的一方不履行约定的债务的，应当双倍返还定金。

4. 常用的担保种类

建设工程中经常采用的担保种类有：投标担保、履约担保、预付款担保、支付担保、质量保证金等。

（1）投标担保

1）投标担保的概念和作用

投标担保，或投标保证金，是指投标人向招标人提供的担保，保证投标人一旦中标即按中标通知书、投标文件和招标文件等有关规定与业主签订承包合同。否则，招标人将对投标保证金予以没收。投标人不按招标文件要求提交投标保证金的，该投标文件可视为不响应招标而予以拒绝或作为废标处理。

投标担保的作用有以下两点：

① 确保投标人在投标有效期内不中途撤回标书，是保护招标人不因中标人不签约而蒙受经济损失。

② 保证投标人在中标后与业主签订合同，并提供招标文件所要求的履约担保、预付款担保等。

2）投标担保的形式

投标担保的形式有很多，可以采用保证担保、抵押担保等方式，具体方式由招标人在招标文件中规定。通常有如下几种：

① 现金；

② 银行保函；

③ 保兑支票；

④ 银行汇票；

⑤ 现金支票；

⑥ 不可撤销信用证。

3）投标担保的额度

根据《工程建设项目施工招标投标办法》规定，施工投标保证金的数额一般不得超过投标总价的 2%，但最高不得超过 80 万元人民币。

根据《招标投标法实施条例》，投标保证金不得超过招标项目估算价的 2%。国际上常见的投标担保的保证金数额为 2%～5%。

4）投标担保的有效期

投标保证金的有效期应与投标有效期一致。合同签订后 5 日内向中标的和未中标的投标人退还投标保证金及银行同期存款利息。

（2）履约担保

1）履约担保的概念和作用

扫码阅读6.4

履约担保是指招标人在招标文件中规定的要求中标的投标人提交的保证履行合同义务和责任的担保。

履约担保的作用使承包商履行合同约定，完成工程建设任务，从而有利于保护业主的合法权益。一旦承包人违约，担保人要代为履约或者赔偿经济损失。

2）履约担保的形式

履约担保的形式一般有两种：

① 履约银行保函

履约银行保函是由商业银行开具的担保证明，通常为合同金额的 10% 左右。银行保函分为有条件的银行保函和无条件的银行保函。

② 履约担保书

履约担保书的担保方式是指当承包人在履行合同中违约时，开出担保书的担保公司或者保险公司用该项担保金去完成施工任务或者向发包人支付该项保证金，有利于工程建设的顺利进行。

3）履约担保的有关规定

履约保证金的金额、担保形式、格式由招标文件规定。联合体中标的，其履约担保由牵头人递交。

根据《招标投标法实施条例》第五十八条，招标文件要求中标人提交履约保证金的，中标人应当按照招标文件的要求提交。拒绝提交的，视为放弃中标项目。此时，招标人可以选择其他中标候选人作为中标人。履约保证金不予退还，给招标人造成的损失超过履约保证金数额的，还应当对超过部分予以赔偿。没有提交履约保证金的，应当对招标人的损失承担赔偿责任。

招标人不履行与中标人订立的合同的，应返还中标人的履约保证金，并承担相应的赔偿责任。没有提交履约保证金的，应当对中标人的损失承担赔偿责任。

4）履约担保的有效期

履约担保的有效期始于工程开工之日，终止日期则可以约定为工程竣工交付之日或者保修期满之日。由于合同履行期限应该包括保修期，履约担保的时间范围也应该覆盖保修期，如果确定履约担保的终止日期为工程竣工交付之日，则需要另外提供工程保修担保。

（3）预付款担保

1）预付款担保的概念和作用

预付款担保是指承包人与发包人签订合同后，承包人正确、合理使用发包人支付的预付款的担保。建设工程合同签订以后，发包人给承包人一定比例的预付款，一般为合同金额的 10%，但需由承包人的开户银行向发包人出具预付款担保。

预付款担保的主要作用在于保证承包人能够按合同规定进行施工，偿还发包人已支付的全部预付金额。如果承包人中途毁约，中止工程，使发包人不能在规定期限内从应付工程款中扣除全部预付款，则发包人作为保函的受益人有权凭预付款担保向银行索赔该保函的担保金额作为补偿。

2）担保方式

① 银行保函

预付款担保的主要形式即银行保函。预付款担保的担保金额通常与发包人的预付款是等值的。预付款一般逐月从工程预付款中扣除，预付款担保的担保金额也相应逐月减少。承包人在施工期间应当定期从发包人处取得同意此保函减值的文件，并送交银行确认。承包人还清全部预付款后，发包人应退还预付款担保，承包人将其退回银行注销，解除担保责任。

② 发包人与承包人约定的其他形式

预付款担保也可由保证担保公司担保，或采取抵押等担保形式。

3）担保额度

预付款担保额度与预付款数额相同，发包人在工程款中逐期扣回预付款后，预付款担保额度应相应减少，但剩余的预付款担保金额不得低于未被扣回的预付款金额。预付款不计利息。

4）预付款担保有效期

《示范文本》中提出，发包人要求承包人提供预付款担保的，承包人应在发包人支付预付款 7 天前提供预付款担保，专用合同条款另有约定除外。发包人将按合同专用条款中规定的金额和日期向承包人支付预付款。预付款保函应在预付款全部扣回之前保持有效。

（4）支付担保

1）支付担保的概念和作用

支付担保是中标人要求招标人提供的保证履行合同中约定的工程款支付义务的担保。

支付担保的主要作用是通过对发包人资信状况进行严格审查并落实各项反担保措施，确保工程费用及时支付到位；一旦发包人违约，付款担保人将代为履约。

2）支付担保的形式

支付担保有如下形式：

① 银行保函；

② 履约保证金；

③ 担保公司担保；

④ 抵押或者质押。

发包人支付担保应是金额担保。实行履约金分段滚动担保。担保额度为工程总额的 20％～25％。本段清算后进入下段。已完成担保额度，发包人未能按时支付，承包人可依据担保合同暂停施工，并要求担保人承担支付责任和相应的经济损失。

3）支付担保有关规定

《示范文本》第 2.5 条规定，除专用合同条款另有约定外，发包人要求承包人提供履约担保的，发包人应当向承包人提供支付担保。支付担保可以采用银行保函或担保公司担保等形式，具体由合同当事人在专用合同条款中约定。

（5）质量保证金

1）质量保证金的概念和作用

住房城乡建设部、财政部印发的《建设工程质量保证金管理办法》（建质〔2017〕138号）规定，建设工程质量保证金是指发包人和承包人在建设工程承包合同中约定，从应付的工程款中预留，用以保证承包人在缺陷责任期内对建设工程出现的缺陷进行维修的资金。

发包人应当在招标文件中明确保证金预留、返还等内容，并与承包人在合同条款中对涉及保证金的下列事项进行约定：

① 保证金预留、返还方式；

② 保证金预留比例、期限；

③ 保证金是否计付利息，如计付利息，利息的计算方式；

④ 缺陷责任期的期限及计算方式；

⑤ 保证金预留、返还及工程维修质量、费用等争议的处理程序；

⑥ 缺陷责任期内出现缺陷的索赔方式；

⑦ 逾期返还保证金的违约金支付办法及违约责任。

该办法还规定，经合同当事人协商一致扣留质量保证金的，应在专用合同条款中予以明确。在工程项目竣工前，承包人已经提供履约担保的，发包人不得同时预留工程质量保证金。

2）承包人提供质量保证金的方式

承包人提供质量保证金有以下三种方式：

① 质量保证金保函；

② 相应比例的工程款；

③ 双方约定的其他方式。

除专用合同条款另有约定外，质量保证金原则上采用上述第①种方式。

3）质量保证金有关规定

① 质量保证金的扣留

质量保证金的扣留有以下三种方式：

第一，在支付工程进度款时逐次扣留，在此情形下，质量保证金的计算基数不包括预付款的支付、扣回以及价格调整的金额；

第二，工程竣工结算时一次性扣留质量保证金；

第三，双方约定的其他扣留方式。

除专用合同条款另有约定外，质量保证金的扣留原则上采用上述第一种方式。

根据《示范文本》中的规定，发包人累计扣留的质量保证金不得超过工程价款结算总额的 3%。如承包人在发包人签发竣工付款证书后 28 天内提交质量保证金保函，发包人应同时退还扣留的作为质量保证金的工程价款；保函金额不得超过工程价款结算总额的 3%。发包人在退还质量保证金的同时按照中国人民银行发布的同期同类贷款基准利率支付利息。

② 质量保证金的退还

缺陷责任期内，承包人认真履行合同约定的责任，到期后，承包人可向发包人申请返还保证金。发包人在接到承包人返还保证金申请后，应于 14 天内会同承包人按照合同约定的内容进行核实。如无异议，发包人应当按照约定将保证金返还给承包人。对返还期限没有约定或者约定不明确的，发包人应当在核实后 14 天内将保证金返还承包人，逾期未返还的，依法承担违约责任。发包人在接到承包人返还保证金申请后 14 天内不予答复，经催告后 14 天内仍不予答复，视同认可承包人的返还保证金申请。

发包人和承包人对保证金预留、返还以及工程维修质量、费用有争议的，按承包合同约定的争议和纠纷解决程序处理。

6.3.5　任务实施

1. 布置编制施工合同的任务，完成重要知识点的学习。

2. 学生分析具体案例背景，根据所学知识，完善合同的 11 个附件。

6.3.6　任务小结

本任务学习了建设工程合同担保的概念、原则，重点是掌握投标担保、履约担保、预付款担保、支付担保、质量保证金的概念和特点。

扫码阅读6.5

任务 6.4　建设工程合同谈判与签订

6.4.1　学习目标

1. 知识目标

掌握建设工程合同谈判的内容；掌握合同签订的原则、程序、注意事项；了解合同谈判的程序、技巧及注意问题。

2. 能力目标

具备合同谈判、签订的能力。

3. 素质目标

培养学生在谈判前秉承"知己知彼，百战不殆"的传统文化思想，认真做好谈判前的准备，谈判时能够尊重对方，践行诚信、友善的价值观。

6.4.2　任务描述

【案例背景】

某工程施工合同的节选。

---

1. 协议书

（1）工程概况

该工程位于某市的×路段，建筑面积 3000m^2，框架结构（其他概况略）。

（2）承包范围

承包范围为该工程施工图所包括的土建工程。

（3）合同工期

合同工期为 2008 年 2 月 21 日～2008 年 9 月 20 日。

（4）合同价款

本工程采用总价合同形式，合同总价为贰佰叁拾肆万元整人民币。

（5）质量标准

本工程质量标准要求达到承包商最优的工程质量。

（6）质量保修

施工单位在该项目的设计规定的使用年限内承担全部保修责任。

（7）工程款支付

在工程基本竣工时，支付全部合同价款，为确保工程如期竣工，乙方不得因甲方资金的暂时不到位而停工和拖延工期。

2. 其他补充协议

（1）乙方在施工前不允许将工程分包，只可以转包。

（2）甲方不负责提供施工场地的工程地质和地下主要管网线路资料。

（3）乙方应按项目经理批准的施工组织设计组织施工。

（4）涉及质量标准的变更由乙方自行解决。

（5）合同变更时，按有关程序确定变更工程价款。

【任务要求】

根据案例背景回答以下问题：从节选的项目来看，该项工程施工合同协议书中有哪些不妥之处？合同审查和谈判的主要工作内容包括哪些？完成表 6-2。

合同谈判纪要　　　　　　　　　　　　　　　　　　　　表 6-2

<table>
<tr><td colspan="5" align="center">**合同谈判纪要**</td></tr>
<tr><td colspan="5">**时间：**
会议地点：
参加人员：
谈判内容：双方就×××公司×××项目的工作范围及技术要求、合同条款及报价等进行了协商谈判，具体内容见下表：</td></tr>
<tr><td>序号</td><td>内容</td><td>谈判（甲方）</td><td>谈判（乙方）</td><td>备注</td></tr>
<tr><td>1</td><td>工作范围</td><td></td><td></td><td></td></tr>
<tr><td>2</td><td>技术要求</td><td></td><td></td><td></td></tr>
<tr><td>3</td><td>报价</td><td></td><td></td><td></td></tr>
<tr><td></td><td>……</td><td></td><td></td><td></td></tr>
<tr><td></td><td></td><td></td><td></td><td></td></tr>
<tr><td></td><td></td><td></td><td></td><td></td></tr>
<tr><td></td><td>其他</td><td></td><td></td><td></td></tr>
</table>

6.4.3　任务分析

合同谈判是工程施工合同签订双方对是否签订合同以及合同具体内容达成一致的协商过程。为了切实维护自己的合法利益，在合同谈判之前，无论是发包人还是承包人都必须仔细认真地研究招标文件及双方在招标投标过程中达成的协议，审查每一个合同条款，分析该条款的履行后果，从中寻找合同漏洞以及对己不利的条款，力争通过合同谈判使自己处于较为有利的位置，以改善合同条件中一些主要条款的内容，从而能够从合同条款上全力维护自己的合法权益。

6.4.4　知识链接

1. 合同审查

（1）合同审查分析的目的

建设方和施工方签订合同之前进行施工合同的审查，可以发现施工合同中潜在问题，尽可能地减少和避免在履行施工合同的过程中产生不必要的分歧和争议。在实践中，合同审查分析的目的有以下几点：

1）剖析合同文本，使谈判双方对合同有一个全面、完整的认识和理解；

2）检查合同结构和内容的完整性，及时发现缺少和遗漏的必需条款；

3）分析评价每一合同条款执行的法律后果，其中包含哪些风险，为投标报价制定提供资料，为合同谈判和签订提供决策依据。

（2）合同审查分析的内容

合同审查分析是一项技术性很强的综合性工作，它要求合同管理者必须熟悉与合同相关的法律法规，精通合同条款，对工程环境有全面的了解，有合同管理的实际工作经验并有足够的细心和耐心。

合同审查分析主要包括以下几方面内容：

1）合同主体资格审查

合同主体是否具备签订及履行合同的资格，是合同审查中首先要注重的问题，这涉及交易是否合法、合同是否有效的问题。

① 合同主体的合法性和真实性的审查

合同主体的合法性和真实性是合同审查的重要项目之一，是关系合同目的能否实现的前提之一。注意审核或确认负责签订合同的单位或个人是否已取得相应的合法授权，以防止无权代理或超越代理权限订立合同的情形存在。

② 合同主体是否具备相关的资质或许可

根据我国法律规定，无论是发包人还是承包人必须具有发包和承包工程、签订合同的资格。违反这些规定，将因项目不合法而导致所签订的建设工程施工合同无效。因此，在订立合同时，应先审查建设单位是否依法领取企业法人营业执照，取得相应的经营资格和等级证书，审查建设单位签约代表人的资格。对承包人来讲，要承包工程不仅必须具备相应的营业执照、许可证，而且还必须具备相应的资质等级证书。

③ 合同主体资信能力、业绩、人员等审查

合同主体资信能力是影响其履约能力的重要因素，一个规模较大、信誉良好、业绩精彩的组织同样有可能因为资金周转的问题而影响其详细项目的操作，从而可能造成缔约方的损失，轻则延误履行期限，重则违约不能履行。业绩和人员素质也是缔约目的实现的保障之一，对业绩和人员的资料审查应该列入合同要害审查项目之一。还要审查施工当事人的设备、技术水平、经营范围、履约能力、信誉等情况，加以调查核实。

2）合同客体资格审查

① 是否具备工程项目建设所需要的各种批准文件；

② 工程项目是否已经列入年度建设计划；

③ 建设资金和主要建筑材料和设备来源是否已经落实。

3）合同内容的审查

由于建设工程的工程活动多，涉及面广，合同履行中不确定性因素多，从而给合同履行带来很大风险。如果合同不够完备，就可能会给当事人造成重大损失。因此，必须对施

扫码阅读6.6

工合同，包括工程范围、建设工期、中间交工工程的开工和竣工时间、工程质量、工程造价、技术资料交付时间、材料和设备供应责任、拨款和结算、竣工验收、质量保修范围和质量保证期、相互协作等条款内容进行审查。

（3）合同审查表

1）合同审查表的作用

合同审查后，对上述分析研究结果可以用合同审查表进行归纳整理。用合同审查表可以系统地针对合同文本中存在的问题提出相应的对策。

通过合同审查表可以发现：

① 合同条款之间的矛盾；

② 不公平条款，如过于苛刻、责权利不平衡、单方面约束性条款；

③ 隐含着较大风险的条款；

④ 内容含糊，概念不清，或未能完全理解的条款。

2）合同审查表

合同审查表的格式见表 6-3。

合同审查表　　　　　　　　　　　　　　　表 6-3

审查项目编号	审查项目	条款号	条款内容	条款说明	建议或对策
S06021	责任和义务	6.1	承包商严格遵守工程师对本工程的各项指令并使工程师满意	工程师对承包商产生约束	工程师指令及满意仅限技术规范及合同条件范围内并增加反约束条款
S06056	工程质量	16.2	承包商在施工中应加强质量管理工作，确保交工时工程达到设计生产能力，否则应对业主损失给予赔偿	达不到设计生产能力的原因很多，责权不平衡	1. 赔偿责任仅限因承包商原因造成的 2. 对因业主原因达不到设计生产能力的，承包商有权获得补偿
……	……	……	……	……	……

① 审查项目编号

这是为了计算机数据处理的需要而设计的，以方便调用、对比、查询和储存。编码应能反映所审查项目的类别、项目、子项目等项目特征，对复杂的合同还可以细分。为便于操作，合同结构编码系统要统一。

② 审查项目

审查项目的建立和合同结构标准化是审查的关键。在实际工程中，某一类合同，其条款内容、性质和说明的对象往往基本相同，此时，即可将这类合同的合同结构固定下来，作为该类合同的标准结构。合同审查可以以合同标准结构中的项目和子项目作为具体的审查项目。

③ 条款号及条款内容

审查表中的条款号必须与被审查合同条款号相对应。被审查合同相应条款的内容是合同分析研究的对象，可从被审查合同中直接摘录该被审查合同条款到合同审查表中来。

④ 条款说明

这是对该合同条款存在的问题和风险进行分析研究。主要是具体客观地评价该条款执行的法律后果及将给合同当事人带来的风险。这是合同审查中最核心的问题，分析的结果是否正确、完备将直接影响到以后的合同谈判、签订乃至合同的履行时合同当事人的地位和利益。因此，合同当事人对此必须给予高度重视。

⑤ 建议或对策

针对审查分析得出的合同中存在的问题和风险，提出相应的对策或建议，并将合同审查表交给合同当事人和合同谈判者。合同谈判者在与对方进行合同谈判时可以针对审查出来的问题和风险，落实审查表中的对策或建议，做到有的放矢，以维护合同当事人的合法权益。

2. 合同谈判

（1）合同谈判意愿分析

1）发包人愿意进一步通过合同谈判签订合同的原因

① 完善合同条款。

招标文件中往往存在缺陷和漏洞，如工程范围含糊不清；合同条款较抽象，可操作性不强；合同中出现错误、矛盾和二义性等，从而给今后合同履行带来很大困难。为保证工程顺利实施，必须通过合同谈判完善合同条款。

② 降低合同价格。

在评标时，发包人虽然从总体上可以接受承包人的报价，但仍认为投标报价有部分不太合理。因此，希望通过合同谈判，进一步降低合同价格。

③ 分析投标报价过程中承包人是否存在欺诈等违背诚实信用原则的现象。

评标时发现其他投标人的投标文件中某些建议非常可行，而中标人并未提出，发包人非常希望中标人能够采纳这些建议。因此需要与承包人商讨这些建议，并确定由于采纳建议导致的价格变更。

④ 讨论某些局部变更，包括设计变更、技术条件或合同条件变更对合同价格的影响。

2）承包人愿意进一步通过合同谈判签订合同的原因

作为承包方，承包人只能处于被动应付的地位。因此，业主所提供的合同条款往往很难达到公平公正的程度。因此，承包人应逐条审查合同条款是否公平公正，对明显缺乏公平公正的条款，在合同谈判时，通过寻找合同漏洞，或向发包人解释自己合理化建议，以及利用发包人澄清合同条款及进行变更的机会等方式，力争发包人对合同条款作出有利于自己的修改。谋求公正和合理的权益，使承包人的权利与义务达到平衡。进行谈判主要有以下几个目的：

① 澄清标书中某些含糊不清的条款，充分解释自己在投标文件中的某些建议或保留意见。

② 争取合理的价格，既要对付发包方的压价，当发包方拟修改设计、增加项目或提供标准时又要适当增加报价。

③ 争取改善合同条款，主要是争取修改过于苛刻的不合理条款，增加保护自身利益的条款。

（2）合同谈判的准备工作

合同谈判是业主与承包商面对面的直接较量，谈判的结果直接关系到合同条款的订立是否于己有利，因此，在合同正式谈判开始前，无论是业主还是承包商，必须深入细致地做好充分的组织准备、资料准备等，谈判工作的成功与否，通常取决于准备工作的充分程度、谈判策略与技巧的运用程度。

谈判的准备工作具体包括以下几部分：

1）合同谈判的组织准备

如何组织一个精明强干、经验丰富的谈判班子进行谈判工作至关重要。谈判组成员的专业知识结构、综合业务能力和基本素质对谈判结果有着重要的影响。谈判小组一般由3~5人组成，包括有谈判经验的技术人员、财务人员和法律人员。谈判组长应该选择思维敏捷、精力充沛、具备高度组织能力与应变能力、熟悉业务并有着丰富经验的谈判专家担任。

2）合同谈判的资料准备

合同谈判必须有理有据，因此谈判前必须收集和整理各种材料。这些资料包括：

① 原招标文件中的合同条件、技术规范及投标文件、中标函等文件，以及前期接触过程中已经达成的意向书、会议纪要、备忘录等。

② 谈判时对方可能索取的资料、针对对方可能提出的各种问题准备好的资料论据以及向对方提出的建议等资料。

③ 能够证明自己能力和资信程度的资料，使对方能够确信自己具备履约能力。包括项目的资金来源、土地获得情况、项目目前进展情况等。

3）具体分析

对发包人而言，应该了解建设项目准备情况，包括技术准备、征地拆迁、现场准备和资金准备情况，及自己在质量、工期、造价等方面的要求，以确定自己的谈判方案。对承包人而言，应该分析项目的合法性与有效性、项目的自然条件和施工条件，以及自己在承包该项目时的优势和劣势，以确定自己的谈判地位。

对对方的分析包括：

① 对对方谈判意图的分析。只有在充分了解对方谈判意图和谈判动机后，才能在谈判中把握主动权，达到谈判的目标。

② 对对方资格、实力的分析。主要是指对方是否具备主体资格，以及对对方资信、技术、物力、财力等状况的分析。无论发包方还是承包方都要对对方的实力进行考察，否则就很难保证项目的正常进行。

③ 对对方谈判人员的分析。主要了解对方的谈判人员由谁组成，了解他们的身份、资历、专业水平、谈判风格等，注意与对方建立良好的关系，发展谈判双方的友谊，为谈判创造良好的氛围。

4）谈判方案的准备

要根据谈判目标，及对背景资料的分析，准备几个不同的谈判方案，还要研究和考虑其中哪个方案较好以及对方可能倾向于哪个方案。这样，当对方不易接受某一方案时，就可以改换另一种方案，通过协商就可以选择一个双方都能够接受的最佳方案。

5）会议具体事务的安排准备

会议具体事务的安排准备，包括三方面内容：选择谈判的时机、谈判的地点以及谈判议程的安排。尽可能选择有利于己方的时间和地点，同时要兼顾对方能否接受。应根据具体情况安排议程，议程安排应松紧适度。

（3）谈判程序

1）一般讨论

谈判开始阶段通常都是先广泛交换意见，各方提出自己的设想方案，探讨各种可能性，经过商讨逐步将双方意见综合并统一起来，形成共同的问题和目标，为下一步详细谈判做好准备。不要一开始就使会谈进入实质性问题的争论，或逐条讨论合同条款。要先搞清基本概念和双方的基本观点，在双方相互了解基本观点之后，再逐条逐项仔细地讨论。

2）技术谈判

在一般讨论之后，就要进入技术谈判阶段。主要对原合同中技术方面的条款进行讨论，包括工程范围、技术规范、标准、施工条件、施工方案、施工进度、质量检查、竣工验收等。

3）商务谈判

主要对原合同中商务方面的条款进行讨论，包括工程合同价款、支付条件、支付方式、预付款、履约保证、保留金、货币风险的防范、合同价格的调整等。需注意的是，技术条款与商务条款往往是密不可分的，因此，在进行技术谈判和商务谈判时，不能将两者分割开来。

4）合同拟定

谈判进行到一定阶段后，在双方对原则问题双方意见基本一致的情况下，相互之间就可以交换书面意见或合同稿。然后以书面意见或合同稿为基础，逐条逐项审查讨论合同条款。先审查一致性问题，后审查讨论不一致的问题，对双方不能确定、达不成一致意见的问题，再请示上级审定，下次谈判继续讨论，直至双方对合同条款一致同意并形成合同草案为止。

（4）谈判的策略和技巧

合同谈判是一门科学也是一门艺术，它直接关系到谈判桌上各方最终利益的得失，因此，根据项目特征和谈判对象不同，注重谈判的策略和技巧。

以下介绍几种常见的谈判的策略和技巧：

1）合理把握谈判议程

施工合同谈判涉及众多事项，而谈判各方对同一事项的关注程度也不相同。这就要求合同谈判人员善于把握谈判的进程，引导对方商讨自己所关注的主要议题，从而抓住有利时机，促成有利于己方的协议。同时，谈判者应合理分配谈判时间，把大部分时间和精力放在主要议题上，不要过于拘泥于细节性问题。

2）注意谈判氛围

合同谈判中，施工企业与业主的地位是平等的，施工企业要有大度的气势和平等谈判的态势。双方通过谈判主要是维护各方的利益，求同存异。谈判双方希望在轻松舒缓的气氛中完成谈判，但是难免出现争执，使谈判气氛比较紧张。有经验的谈判者会采取润滑措施，舒缓压力。在我国最常见的方式是饭桌式谈判。通过餐宴，联络谈判各方的感情，进而使得谈判进程得以继续。

3）确立谈判的基本立场和原则

明确己方谈判的基本立场和原则，在整个谈判过程中，要始终注意抓住主要的实质性问题如工作范围、合同价格、工期、支付条件、验收及违约责任等来谈，要本着抓大放小的原则，哪些问题是必须坚持的，哪些问题可以作出一定的合理让步以及让步的程度等。同时，还应具体分析在谈判中可能遇到的各种复杂情况及其对谈判目标实现的影响，遇到实质性问题争执不下如何解决等。

4）扬长避短，对等让步

谈判各方都有自己的优势和弱点。谈判者应在充分分析形势的情况下，作出正确判断，利用正确判断，抓住对方弱点，猛烈攻击，迫其就范，作出妥协。而对己方的弱点，则要尽量注意回避。

当己方准备对某些条件作出让步时，可以要求对方在其他方面也应作出相应的让步。要争取把对方的让步作为自己让步的前提和条件。同时应分析对方让步与己方作出的让步是否均衡，在未分析研究对方可能作出的让步之前轻易表态让步是不可取的。

5）分配谈判角色，发挥专家的作用

谈判双方的谈判组都由众多人士组成。谈判中应充分利用个人不同的性格特征，各自扮演不同的角色，有积极进攻的角色，也有和颜悦色的角色，这样有软有硬，软硬兼施，这样可以事半功倍。同时注意谈判中充分发挥各领域专家作用，既可以在专业问题上获得技术支持，又可以利用专家的权威性给对方以心理压力，从而取得谈判的成功。

（5）施工合同谈判的主要内容

1）关于工程内容和范围的确认

工程范围包括施工、设备采购、安装和调试等。在签订合同时要做到范围清楚、责任明确。在谈判中双方达成一致的内容，包括在谈判讨论中经双方确认的工程内容和范围方面的修改或调整，应以文字方式确定下来，并以"合同补遗"或"会议纪要"方式作为合同附件，并明确它是构成合同的一部分。

2）关于技术要求、技术规范和施工技术方案

双方可以对技术要求、技术规范和施工技术方案等进行进一步讨论和确认，必要的情况下甚至可以变更技术要求和施工方案。

3）关于合同价格条款

依据计价方式的不同，建设工程施工合同可以分为总价合同、单价合同和其他形式合同。一般在招标文件中就会明确规定合同将采用什么计价方式，在合同谈判阶段往往没有讨论的余地。但在可能的情况下，中标人在谈判过程中仍然可以提出降低风险的改进方案。

4）关于价格调整条款

对于工期较长的建设工程，容易遭受货币贬值或通货膨胀等因素的影响，可能给承包人造成较大损失。价格调整条款可以比较公正地解决这一承包人无法控制的风险损失。无论是单价合同还是总价合同，都可以确定价格调整条款，即是否调整以及如何调整等。可以说，合同计价方式以及价格调整方式共同确定了工程承包合同的实际价格，直接影响着承包人的经济利益。在建设工程实践中，由于各种原因导致费用增加的概率远远大于费用减少的概率，有时最终的合同价格调整金额会很大，远远超过原定的合同总价，因此承包人在投标过程中，尤其是在合同谈判阶段务必对合同的价格调整条款予以充分的重视。

5）关于合同款支付方式的条款

建设工程施工合同的付款分四个阶段进行，即预付款、工程进度款、最终付款和退还保留金。关于支付时间、支付方式、支付条件和支付审批程序等有很多种可能的选择，并且可能对承包人的成本、进度等产生比较大的影响，因此，合同支付方式的有关条款是谈判的重要方面。

6）关于工期和维修期

明确开工日期、竣工日期等。双方可根据各自的项目准备情况、季节和施工环境因素

等条件洽商适当的开工时间。

双方应通过谈判明确，因变更设计造成工程量增加或修改原设计方案，或恶劣的气候影响，或其他由于发包方的原因以及"作为一个有经验的承包人无法预料的工程施工条件的变化"等原因对工期产生不利影响时的解决办法，通常在上述情况下应该给予承包人要求合理延长工期的权利。

合同文本中应当对维修工程的范围、维修责任及维修期的开始和结束时间有明确的规定，承包人应该只承担由于材料和施工方法及操作工艺等不符合合同规定而产生的缺陷。承包人应力争以维修保函来代替工程价款的保证金业主扣留的保留金。维修保函对承包人有利，因为维修保函具有保函有效期的规定，可以保障承包方在维修期满时自行撤销其维修责任。维修期满后，承包人应及时从业主处撤回保函。

7）不可预见的自然条件和人为障碍问题

对于这个问题，必须在合同中明确界定。若招标文件中提供的气象、地质、水文资料与实际情况有出入，则应争取列出"遇非正常气象和水文情况时，由发包方提供额外补偿费用"的条款。

8）关于工程的变更

对于工程变更，应有一个合适的限额，超过限额，承包方有权修改单价。对于单项工程的大幅度变更，应在工程施工初期提出，并争取规定限期：超过限期且大幅度增加的单项工程，由发包方承担材料、工资价格上涨而引起的额外费用；大幅度减少的单项工程，发包方应承担因材料业已订货而造成的损失。

（6）谈判时应注意的问题

1）谈判态度

谈判时必须注意礼貌，态度要友好，行为举止讲究文明。当对方提出相反意见或不愿接受自己的意见时，认真倾听，并复述对方的建议或记笔记，表示尊重。然后用详实的数据、资料，去说服对方。说话要有理有据，不卑不亢，尽量避免发生僵局。另外适当地运用语言艺术也可以缓解谈判的紧张气氛。

2）内部意见要统一

当谈判小组成员对某些事项或决定出现意见分歧时，不要在对手面前暴露出来，应在内部讨论解决，由谈判小组组长集中多数成员的意见决定有关事项。而组长对对方提出的各种要求，不应急于表态，特别是不要轻易承诺承担违约责任，而是在和大家讨论后，再作出决定。

3）注重实际

在双方初步接触，交换基本意见后，就应当对谈判目标和意图尽可能多商讨具体的办法和意见，可进行多轮技术谈判和商务谈判，具体数量由谈判小组根据具体情况确定。同时要掌握谈判的技巧和分寸，谈判的进程及节奏。

3. 合同签订

经过合同谈判，双方对新形成的合同条款一致同意并形成合同草案后，即进入合同签订阶段。这是确立承发包双方权利义务关系的最后一步工作，一个符合法律规定的合同一经签订，即对合同当事人双方产生法律约束力。

订立工程合同前，要细心研究招标文件和合同条款，要结合项目特点和当事人自身情况，设想在履行中可能出现的问题，事先提出解决的应对和防范措施。合同条款用词要准确，发包人和承包人的义务、责任、权利要写清楚，切不要因准备不足或疏忽而使合同条款留下漏洞，给合同履行带来困难，使双方尤其是施工单位合法权益蒙受损失。因此，无论发包人还是承包人，应当抓住这最后的机会，再认真审查分析合同草案，检查其合法性、完备性和公正性，争取改变合同草案中的某些内容，以最大限度地维护自己的合法权益。

（1）合同订立的概念

合同订立，是合同当事人依法就合同内容经过协商达成一致意见的法律行为。

当事人可以参照各类合同的示范文本订立合同。

（2）合同的订立形式

《民法典》第四百六十九条规定，当事人订立合同，可以采用书面形式、口头形式或者其他形式。书面形式是合同书、信件、电报、电传、传真等可以有形地表现所载内容的形式。以电子数据交换、电子邮件等方式能够有形地表现所载内容，并可以随时调取查用的数据电文，视为书面形式。

1）口头形式

即当事人以口头语言的方式达成协议，订立合同的形式，包括当面对话、电话联系等形式。其优点是简便易行，缺点是发生合同纠纷时取证困难。因此，口头形式一般只用于即时清结的情况，如零售买卖等。

2）书面形式

书面形式是合同书、信件、电报、电传、传真等可以有形地表现所载内容的形式。

以电子数据交换、电子邮件等方式能够有形地表现所载内容，并可以随时调取查用的数据电文，视为书面形式。其优点是发生合同纠纷时有据可查，同时由于当事人在将其意思通过文字表现出来时，往往会更加审慎，因此书面形式可以使合同内容更加详细、周密。

3）其他形式

包括默示形式和视听形式等。

（3）工程合同的订立程序

《民法典》第四百七十一条规定，当事人订立合同，可以采取要约、承诺方式或者其他方式。

1）要约邀请

《民法典》第四百七十三条规定，要约邀请是希望他人向自己发出要约的表示。拍卖公告、招标公告、招股说明书、债券募集办法、基金招募说明书、商业广告和宣传、寄送的价目表等为要约邀请。商业广告和宣传的内容符合要约条件的，构成要约。

在合同订立的过程中，要约邀请即发包人采取招标通知或公告的方式，向不特定人发出的，以吸引或邀请相对人发出要约为目的的意思表示。招标人通过媒体发布招标公告，或向符合条件的投标人发出招标文件。

2）要约

要约是指一方当事人以缔结合同为目的，向对方当事人所作的意思表示。发出要约的人为要约人，接受要约的人为受要约人。要约是订立合同所必须经过的程序。《民法典》

第四百七十二条规定，要约是希望和他人订立合同的意思表示。

在合同订立的过程中，要约即投标，指投标人按照招标人提出的要求，在规定的期间内向招标人发出的，以订立合同为目的的，包括合同的主要条款的意思表示。投标人应当按照招标文件的要求编制投标文件，对招标文件提出的实质性要求和条件作出响应。

3）承诺

承诺是受要约人同意要约的意思表示。

承诺的方式可以有通知和行为两种。《民法典》第四百八十条规定，承诺应当以通知的方式作出；但是，根据交易习惯或者要约表明可以通过行为作出承诺的除外。这里的行为通常是履行行为，如预付价款、工地上开始工作等。

《民法典》第四百八十三条规定，承诺生效时合同成立，但是法律另有规定或者当事人另有约定的除外。以通知方式作出的承诺，生效的时间适用《民法典》第一百三十七条的规定。承诺不需要通知的，根据交易习惯或者要约的要求作出承诺的行为时生效。

《民法典》第四百八十八条规定，承诺的内容应当与要约的内容一致。受要约人对要约的内容作出实质性变更的，为新要约。有关合同标的、数量、质量、价款或者报酬、履行期限、履行地点和方式、违约责任和解决争议方法等的变更，是对要约内容的实质性变更。

在合同订立的过程中，承诺即中标通知书。指由招标人通过评标后，在规定期间发出的，表示愿意按照投标人所提出的条件与投标人订立合同的意思表示。

（4）签约

根据《招标投标法》第四十六条规定，招标人和中标人应当自中标通知书发出之日起三十日内，按照招标文件和中标人的投标文件订立书面合同。招标人和中标人不得再行订立背离合同实质性内容的其他协议。

第五十九条规定，招标人与中标人不按照招标文件和中标人的投标文件订立合同的，或者招标人、中标人订立背离合同实质性内容的协议的，责令改正；可以处中标项目金额千分之五以上千分之十以下的罚款。

在承诺生效后，即中标通知产生法律效力后，工程合同就已经成立。但是，由于工程建设的特殊性，招标人和中标人在此后还需要按照中标通知书、招标文件和中标人的投标文件等内容经过合同谈判，订立书面合同后，工程合同成立并生效。需注意的是，根据《招标投标法》及《房屋建筑和市政基础设施工程施工招标投标管理办法》的规定，书面合同的内容必须与中标通知书、招标文件和中标人的投标文件等内容基本一致，招标人和中标人不得再订立背离合同实质性内容的其他协议。

招标人和中标人按照中标通知书、招标文件和中标人的投标文件等订立书面合同时，合同成立并生效。

（5）建设工程合同签订步骤

招标人与中标人应当自发出中标通知书之日起 30 日内，依据中标通知书、招标、投标文件中的合同构成文件签订合同协议书。一般经过以下步骤：

1）中标人按招标文件要求向招标人提交履约保证金；

2）双方签订合同协议书，并按照法律、法规规定向有关行政监督部门备案、核准或登记；

3）招标人退还投标保证金，投标人退还招标文件约定的设计图纸等资料。

建设工程施工合同的订立往往要经历一个较长的过程。在明确中标人并发出中标通知书后，双方即可就建设工程施工合同的具体内容和有关条款展开谈判，直到最终签订合同。

扫码阅读6.8

6.4.5   任务实施

1. 布置拟定并签订施工合同的任务，进行合同管理专业知识的学习。

2. 同学分组进行角色扮演，模拟合同签订过程中的谈判，找到问题，经过协商，最后达成一致并签订合同。

扫码阅读6.9

6.4.6   任务小结

本任务学习了建设工程合同谈判的程序、技巧及注意问题，重点是掌握建设工程施工合同谈判的内容。

工作任务 7　建设工程施工合同的履约管理

微课

引文：

　　合同签订之后，合同双方应该按照合同约定履行各自的义务。合同也是后续索赔工作的重要依据。加强合同履约管理有利于维护合同合法性、保障合同双方的权益、促进合同经济利益的最大化。本任务针对施工合同履约管理的提出基本要求，对施工合同的履约管理即合同分析、合同交底、合同控制环节作了详细阐述。对施工合同变更的范围、内容、程序等作了说明，最后针对建筑工程合同中经常出现的争议，提出了解决的方法。

【思维导图】

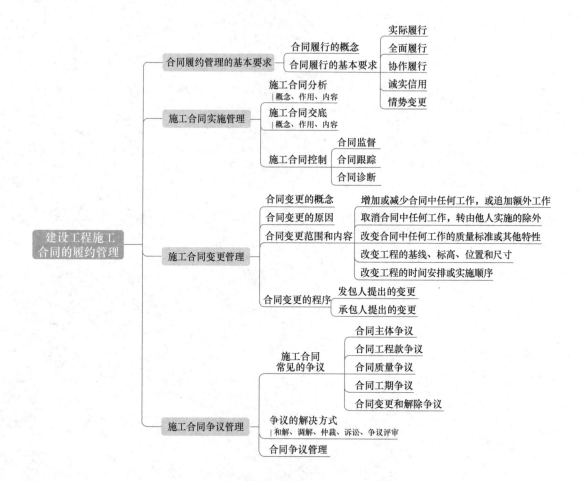

任务 7.1　施工合同履行

7.1.1　学习目标

1. 知识目标

掌握施工合同交底的内容；熟悉施工合同履行的要求；熟悉施工合同分析的内容；了解施工合同实施控制的方法。

2. 能力目标

具备对施工合同进行分析、交底、控制的能力。

3. 素质目标

培养学生遵守合同的契约精神，在合同履行的过程中，秉承诚实信用原则，严格执行双方约定，履行各自义务。

7.1.2　任务描述

【案例背景】

某开发商拟建项目，某建筑公司中标后，双方依据《建设工程施工合同（示范文本）》（GF-2017-0201）签订了工程施工总承包合同。工程施工过程中，双方发生了以下纠纷：

1. 建筑公司认为开发商一再变更设计方案，导致工程延误，要求额外支付延误费用；而房地产开发公司则认为建筑公司施工进度太慢，推迟了整个项目的交付时间，要求建筑公司承担相应责任。

2. 开发公司在验收工程时发现存在质量问题，如墙面开裂、管道漏水等，要求建筑公司进行整改；而建筑公司则认为这些问题是由于设计方案不合理或施工图纸不清晰引起的，要求进行合理赔偿。

3. 双方在施工过程中发现建筑公司使用了劣质材料，要求重新更换；而建筑公司则认为采购材料是由于房地产开发公司提供的资金不足导致，因此要求额外支付费用。

【任务要求】

根据签署的施工合同，进行合同交底，并且正确处理合同履行过程中的相关问题。

7.1.3　任务分析

合同签订后，进入项目的施工阶段。在开工前，需要合同管理人员在合同分析的基础上，逐级进行合同交底。通过合同交底，将合同目标和责任具体落实到各级人员的工程活动中，并指导管理及技术人员以合同作为行为准则，使每一个项目参加者都能够清楚地掌握自身的合同责任。但是在合同履行过程中，违约现象屡有发生。比如，不认真履行合同、违背合同约定等，从而产生合同纠纷。因此，合同履行过程需要加强监督控制，实现合同全面按期履行。

7.1.4　知识链接

1. 施工合同履行的概念和要求

(1)《民法典》第五百零九条规定，当事人应当按照约定全面履行自己的义务。当事人应当遵循诚信原则，根据合同的性质、目的和交易习惯履行通知、协助、保密等义务。当事人在履行合同过程中，应当避免浪费资源、污染环境和破坏生态。

合同生效后，当事人不得因姓名、名称的变更或者法定代表人、负责人、承办人的变动而不履行合同义务。

施工合同的履行是指建设项目的发包方和承包方根据合同规定的时间、地点、方式、内容及标准等要求，各自完成合同义务的行为。合同的履行是合同当事人双方都应尽的义务。任何一方违反合同，不履行合同义务，或者未完全履行合同义务，给对方造成损失时，都应当承担赔偿责任。

对于发包方来说，履行合同最主要的义务是按约定支付合同价款，而对于承包方而言，最主要的是一系列义务的总和。

（2）施工合同履行的基本要求

1）实际履行原则

实际履行原则的含义是指当事人一定按合同约定履行义务，不能用违约金或赔偿金来代替合同的标的；任何一方违约时，也不能以支付违约金或赔偿损失的方式来代替合同的履行，守约一方要求继续履行的，应当继续履行。

2）全面履行原则

全面履行原则，又称适当履行原则或正确履行原则。它要求当事人按合同约定的标的及其质量、数量，合同约定的履行期限、履行地点、适当的履行方式全面完成合同义务的履行。

3）协作履行原则

即合同当事人各方在履行合同过程中，应当互谅、互助，尽可能为对方履行合同义务提供相应的便利条件。

扫码阅读7.1

4）诚实信用原则

对施工合同来说，业主应当按合同规定向承包方提供施工场地，及时支付工程款，聘请工程师进行公正的现场协调和监理；承包方应当认真计划、组织好施工，努力按质按量在规定时间内完成施工任务，并履行合同所规定的其他义务等。

扫码阅读7.2

5）情势变更原则

情势变更原则是指在合同订立后，如果发生了订立合同时当事人不能预见并且不能克服的情况，改变了订立合同时的基础，使合同的履行失去意义或者履行合同将使当事人之间的利益发生重大失衡，应当允许受不利影响的当事人变更合同或者解除合同。情势变更原则实质上是按诚实信用原则履行合同的延伸，其目的在于消除合同因情势变更所产生的不公平后果。

2. 施工合同分析

（1）施工合同分析的概念

合同分析是从合同执行的角度去分析、补充和解释合同的具体内容和要求，将合同目标和合同规定落实到合同实施的具体问题和具体时间上，用以指导具体工作，使合同能符合日常工程管理的需要，使工程按合同要求实施，为合同执行和控制确定依据。

合同履行阶段的合同分析不同于合同谈判阶段的合同审查与分析。合同谈判时的合同分析主要是对尚未生效的合同草案的合法性、完备性和公正性进行审查，其目的是针对审查发现的问题，争取通过合同谈判改变合同草案中于己不利的条款，以维护己方的合法权益。而合同履行阶段的合同分析主要是对已经生效的合同进行分析，其目的主要是明确合同目标，并进行合同结构分解，将合同落实到合同实施的具体问题上和具体事件上，用以指导具体工作，保证合同能够得到顺利履行。

（2）施工合同分析的作用

1）分析合同漏洞、解释争议内容

在合同起草和谈判过程中，双方都会力争完善，但是工程施工的实际情况千变万化，一份再标准的合同也不可能将所有问题都考虑在内，难免会有漏洞。在这种情况下，通过分析合同漏洞，并将分析的结果作为合同的履行依据。

在合同执行过程中，合同双方有时也会发生争议，往往是由于对合同条款的理解不一致，或者施工中出现了合同未作出明确约定的情况造成的。要解决争执，双方必须就合同条文的理解达成一致。特别是在索赔中，合同分析为索赔提供了理由和根据。

2）分析合同风险，制定风险对策

不同的工程合同，其风险的来源和风险量的大小都不同，要根据合同进行分析，因此，在合同实施前有必要作进一步的全面分析，以落实风险责任。对己方应承担的风险也有必要通过风险分析和评价，制定和落实风险回应措施。

3）分解合同工作并落实合同责任

在实际工程中，要将合同中的任务进行分解，将合同中与各部分任务相对应的具体要求明确，然后落实到具体的工程小组或部门、人员身上，以便于实施与检查。这就需要通过合同分析分解合同工作，落实合同责任。

（3）施工合同分析的要求

1）准确客观

合同分析的结果应准确、全面地反映合同内容。如果不能准确客观地分析合同，就不可能有效、全面地执行合同，从而导致合同实施产生更大失误。事实证明许多工程失误和合同争议都起源于不能准确地理解合同。

尤其对合同的风险分析，划分双方合同责任和权益，都必须实事求是，而不能以当事人的主观愿望解释合同，否则必然导致合同争执。

2）简明清晰

合同分析的结果必然采用使不同层次的管理人员、工作人员都能够接受的表达方式，使用简单易懂的工程语言，如图、表等形式，对不同层次的管理人员提供不同要求、不同内容的合同分析资料。

3）协调一致

合同分析实质上是双方对合同的详细解释。由于在合同分析时要落实各方面的责任，这容易引起争执。因此，双方在合同分析时应尽可能协调一致，分析的结果应能为对方认可，以减少合同争执。

4）全面完整

合同分析应全面，对全部的合同文件进行解释。对合同中的每一条款、每句话，甚至每个词都应认真推敲，细心琢磨，全面落实。

合同分析应完整，从整体上分析合同，特别当不同文件、不同合同条款之间规定不一致或有矛盾时，更应当全面整体地理解合同。

（4）施工合同分析的内容

1）合同总体分析

合同总体分析的主要对象是合同协议书和合同条件。通过合同的总体分析，将合同条款和合同规定落实到一些带全局性的具体问题上。合同总体分析的结果是工程施工总的指导性文件，应该用简单的形式表达出来，以便于进行合同交底。

合同总体分析的内容包括：

扫码阅读7.3

① 合同的法律基础；

② 承包人的主要任务；

③ 发包人的责任；

④ 合同价格；

⑤ 违约责任；

⑥ 验收、移交和保修；

⑦ 索赔程序和争执的解决。

2）合同详细分析

为了使工程有计划、有秩序、按合同实施，必须将承包合同目标、要求和合同双方的责权利关系分解落实到具体的工程活动上。这就是合同详细分析。

合同详细分析涉及承包商签约后的所有活动，其结果实质上是承包商的合同执行计划，它包括：

① 工程项目的结构分解，即工程活动的分解和工程活动逻辑关系的安排；

② 技术会审工作；

③ 工程实施方案、总体计划和施工组织计划，在投标书中已包括这些内容，但在施工前，应进一步细化，作详细的安排；

④ 工程详细的成本计划；

⑤ 合同工作分析，不仅针对承包合同，而且包括与承包合同同级的各个合同的协调，包括各个分合同的工作安排和各分合同之间的协调。

3）合同事件表

合同详细分析的结果是合同事件表。承包合同的实施由许多具体的工程活动和合同双方的其他经济活动构成。这些活动也都是为了实现合同目的，履行合同责任，也必须受合同的制约和控制。这些工程活动所确定的状态常常又被称为合同事件。

合同事件表（表 7-1）是工程施工中最重要的文件之一，它从各个方面定义了该合同事件。它实质上是承包商详细的合同执行计划，有利于项目目标分解，落实各分包商、项目管理人员及各工程小组的合同责任，进行合同监督、跟踪、分析和处理索赔事项。

合同事件表 表 7-1

子项目		事件编码		日期变更次数	
事件名称和简要说明					
事件内容说明					
前提条件					
本事件的主要活动					
负责人（单位）					
费用： 计划： 实际：		其他参加者		工期： 计划： 实际：	

3. 施工合同交底

(1) 合同交底的概念

合同交底指合同管理人员在对合同的主要内容作出解释和说明的基础上，通过组织项目管理人员和各工程小组负责人学习合同条文和合同总体分析结果，使大家熟悉合同中的主要内容、各种规定、管理程序，了解承包商的合同责任和工程范围、各种行为的法律后果等，使大家都树立全局观念，避免在执行中的违约行为，同时使大家的工作协调一致。

(2) 合同交底的作用

合同交底的作用是将合同目标和合同责任具体落实到全体项目实施者，指导实施者以合同作为工作的行为准则，因此合同交底是十分重要的。

合同交底需要合同管理人员在合同分析的基础上，在工程项目开工前，逐级进行合同交底。合同交底的目的是将合同目标和责任具体落实到各级人员的工程活动中，并指导管理及技术人员以合同作为行为准则。在交底的同时，应将各种合同目标和事件责任分解落实到各分包商或工程小组直至每一个项目参加者，使每一个项目参加者都能够清楚地掌握自身的合同责任，如果发现合同问题，提出合理建议，确保合同目标能够得到实现。

(3) 合同交底的内容

前面提到，合同交底的作用就是落实业主（含监理）和承包商的各项合同责任，因此合同交底涉及合同的所有内容，特别是关系到合同能否得到顺利实施的核心条款。合同交底一般包括以下内容：

1) 工程概况及合同工作范围；

2) 合同关系及合同涉及各方之间的权利、义务；

3) 合同工期、质量、成本、控制总目标及阶段控制目标；

4) 合同风险及防范措施，特别是承担风险的范围（或幅度）及超出风险范围（或幅度）的调整方法；

5) 合同双方责任界限的划分及违约责任；

6) 合同双方争议问题的处理方式、程序和要求。

(4) 合同交底的实施

合同交底通常可以分层次、分重点，按一定程序进行。具体包括：

1) 企业合同管理人员向项目负责人及项目合同管理人员进行合同交底。交底的内容包括合同背景、合同工作范围、合同目标、合同执行要点及特殊情况处理，并解答项目负责人及项目合同管理人员提出的问题，最后形成书面合同交底记录，如表 7-2 所示。

2）项目负责人或由其委派的合同管理人员向项目职能部门负责人进行合同交底。交底的内容包括合同基本情况、合同执行计划、各职能部门的执行要点、合同风险、防范措施等，并解答各职能部门提出的问题，最后形成书面合同交底记录。

3）各职能部门负责人向其所属执行人员进行合同交底。交底的内容包括合同基本情况、本部门（岗位）的合同责任及执行要点、合同风险防范措施等，并解答所属人员提出的问题，最后形成书面合同交底记录。

4）各部门（岗位）将交底情况反馈给项目合同管理人员，由其对合同执行计划、合同管理程序、合同管理措施及风险防范措施进行进一步修改完善，最后形成合同管理文件，下发各执行人员，以指导其工程管理活动。

合同交底记录　　　　　　　　　　　　　表 7-2

工程名称		合同编号	
发包人		合同金额	
承包人		交底人	
交底部门		交底负责人	
交底方式		交底时间/地点	
其他参加交底的部门			
合同交底内容			
参加交底人员签字： 　　　　　　　　　　　　　　　　　　　日　期：			

　　备注：1. 此表格在交底完成后由组织部门填写，参与交底人员签字确认后，组织交底部门存档备案。

　　　　2. 附件 1：建设工程施工合同（副本或复印件）（略）。

　　　　3. 附件 2：建设工程施工合同责任分解表（略）。

4. 施工合同控制

（1）合同控制的概念

合同控制指承包商的合同管理组织为保证合同所约定的各项义务的全面完成及各项权利的实现，以合同分析的成果为基准，对整个合同实施过程进行全面监督、检查、对比和纠正的管理活动。合同控制包括合同监督、合同跟踪、合同诊断。

工程施工合同定义了承包商项目管理的三大目标，即进度目标、质量目标、成本目标。承包商最根本的合同责任是实现这三大目标。由于在工程施工中各种干扰的作用，常常使工程实施过程偏离总目标。为了顺利地实现既定的目标，整个项目需要实施控制，而合同控制是成本控制、质量控制、进度控制的保障。通过合同控制可以使质量控制、进度控制和成本控制协调一致，形成一个有序的项目管理过程。

（2）合同控制的内容

从表 7-3 可以看出，合同控制的目的是按合同的规定，全面完成承包商的义务，防止违约。合同控制的目标就是合同规定的各项义务。承包商在施工过程中必须按合同规定的成本、质量、进度等要求完成既定目标，履行合同规定的各项义务和享有合同规定的各项权利。这一切都必须通过合同控制来实施和保障。

合同控制的内容　　　　　　　　　　　　表 7-3

序号	控制内容	控制目标	处理依据
1	工作范围	合同约定的范围	合同约定的范围及相关定义
2	成本控制	计划成本	各分项工程、分部工程，总工程计划成本、资金计划、计划成本曲线等
3	质量控制	合同约定的质量标准	各种技术标准、规范、工程说明、图纸、工程项目定义、任务书、批准文件
4	进度控制	合同约定的工期	总工期计划、已批准的详细施工进度计划、网络图、横道图等
5	风险控制	合同约定的风险分担责任	风险分析和风险应对计划
6	安全、健康、环境控制等	符合相关法律、规范以及合同约定	相关法律、规范及合同文件

此外，合同控制的范围不仅包括与业主之间的工程承包合同、分包合同、供应合同、担保合同等，而且包括总合同与各分合同、各分合同之间的协调控制。可见，合同控制的内容较成本控制、质量控制、进度控制广得多。而且合同实施受到外界干扰，常常偏离目标，合同实施就必须随变化了的情况和目标不断调整。因此合同控制又是动态的。

（3）合同监督

合同监督是工程管理的日常事务性工作，表现在对工程活动的监督上，即保证按照预先确定的各种计划、设计、施工方案实施工程。工程实际状况反映在原始的工程资料（数据）上，如质量检查报告、分项工程进度报告、记工单、用料单、成本核算凭证等。合同监督的主要工作包括：

1）落实合同计划

合同管理人员与项目的其他职能人员一起落实合同实施计划，为各工程小组、分包商的工作提供必要的保证，并对各工程小组和分包商进行工作指导，作经常性的合同解释，使各工程小组又有全局观念，对工程中发现的问题提出意见和建议。

2）协调各方关系

在合同范围内协调业主、工程师、项目管理各职能人员、所属的各工程小组和分包商之间的工作关系，他们之间常常互相推卸一些合同中或合同事件表中未明确划定的工程活动的责任。这会引起争执，对此合同管理人员必须做调解工作，解决争执。

3）进行工程变更管理

合同管理工作一经进入施工现场后，合同的任何变更，都应由合同管理人员负责提出。具体内容在后面章节中详细叙述，这里不再赘述。

4）负责工程索赔管理

5）负责工程文档管理

对向分包商发出的任何指令，向业主发出的任何文字答复、请示，业主方发出的任何指令，都必须经合同管理人员审查，记录在案。还有工程实施中的许多文件，例如业主和工程师的指令、会谈纪要、备忘录、修正案、附加协议等也是合同的一部分，所以它们也应接受合同审查。

6）争议处理

承包商与业主、监理人、项目管理各职能人员、各工程小组及总包商之间的任何争议的协商和解决都必须有合同管理人员的参与，由他们对解决结果进行合同和法律方面的任审查、分析和评价。

（4）合同跟踪

在工程实施过程中，由于实际情况千变万化，导致合同实施与预定目标（计划和设计）的偏离，如果不采取措施，这种偏差常常由小到大，日积月累。这就需要对合同实施情况进行跟踪，以便及时发现偏差，不断调整合同实施，使之与总目标一致。

合同签订以后，合同中各项任务的执行要落实到具体的项目经理部或具体的项目参与人员身上，承包单位作为履行合同义务的主体，必须对合同执行者（项目经理部或项目参与人）的履行情况进行跟踪、监督和控制，确保合同义务的完全履行。

1）施工合同跟踪的概念

施工合同跟踪有两个方面的含义。一是承包单位的合同管理职能部门对合同执行者（项目经理部或项目参与人）的履行情况进行的跟踪、监督和检查，二是合同执行者（项目经理部或项目参与人）本身对合同计划的执行情况进行的跟踪、检查与对比。在合同实施过程中二者缺一不可。

2）合同跟踪的依据

① 合同以及依据合同而编制的各种计划文件：各种计划、方案、合同变更文件等合同文件、合同分析的资料等；

② 各种实际工程文件如原始记录、工程报表、验收报告等；

③ 管理人员对现场情况的直观了解，如现场巡视、交谈、会议、质量检查等。

3）合同跟踪的对象

合同实施情况追踪的对象主要有如下几个方面：

① 承包的任务

A. 工程施工的质量，包括材料、构件、制品和设备等的质量，以及施工或安装质量，是否符合合同要求，等等；

B. 工程进度，是否在预定期限内施工，工期有无延长，延长的原因是什么，等等；

C. 工程数量，是否按合同要求完成全部施工任务，有无合同规定以外的施工任务，等等；

D. 成本的增加和减少。

② 工程小组或分包人的工程和工作

可以将工程施工任务分解交由不同的工程小组或发包给专业分包完成，在实际工程中常常因为某一工程小组或分包商的工作质量不高或进度拖延而影响整个工程施工。合同管理人员必须对这些工程小组或分包人及其所负责的工程进行跟踪检查，协调关系，提出意见、建议或警告，保证工程总体质量和进度。

对专业分包人的工作和负责的工程，总承包商负有协调和管理的责任，并承担由此造成的损失，所以总承包商要严格控制分包商的工作，监督他们按分包合同完成工程，并随时注意将专业分包人的工作和负责的工程纳入总承包工程的计划和控制中，防止因分包人工程管理失误而影响全局。

③ 业主和其委托的工程师的工作

业主和工程师是承包商的主要工作伙伴，对他们的工作进行监督和跟踪是十分重要。

业主和工程师必须正确、及时地履行合同责任，及时提供各种工程实施条件，如及时发布图纸、提供场地，及时下达指令、作出答复，及时支付工程款等。

通过合同实施情况追踪、收集、整理，能反映工程实施状况的各种工程资料和实际数据，并将这些信息与工程目标等进行对比分析，可以发现两者的差异。根据差异的大小确定工程实施偏离目标的程度。如果没有差异，或差异较小，则可以按原计划继续实施工程。

（5）合同诊断

1）合同实施情况偏差分析含义

合同实施情况偏差分析是指通过合同跟踪，可能会发现合同实施中存在着偏差，评价合同实施情况及其偏差，预测偏差的影响及发展的趋势，并分析偏差产生的原因，以便对该偏差采取调整措施，避免损失。

2）合同实施情况偏差分析的内容包括：

① 合同执行差异的原因分析

通过对合同执行实际情况与实施计划的对比分析，不仅可以发现合同实施的偏差，而且可以探索引起差异的原因。原因分析可以采用鱼刺图、因果关系分析图（表）、成本量差、价差、效率差分析等方法定性或定量地进行。

② 合同差异责任分析

即这些原因由谁引起？该由谁承担责任？这常常是索赔的理由。一般只要原因分析详细有根有据，则责任分析自然清楚。责任分析必须以合同为依据，按合同规定落实双方的责任。

③ 合同实施趋向预测

分别考虑不采取调控措施和采取调控措施，以及采取不同的调控措施情况下合同的最终执行结果：

A. 最终的工程状况，包括总工期的延误、总成本的超支、质量标准、所能达到的生产能力（或功能要求）等；

B. 承包商将承担什么样的后果，如被罚款、被清算，甚至被起诉，对承包商资信、企业形象、经营战略的影响等；`

C. 最终工程经济效益（利润）水平。

④ 合同实施偏差处理

根据合同实施偏差分析的结果，承包商应该采取相应的调整措施，调整措施可以分为：

    A. 组织措施，如增加人员投入，调整人员安排，调整工作流程和工作计划等；

    B. 技术措施，如变更技术方案，采用新的高效率的施工方案等；

    C. 经济措施，如增加投入，采取经济激励措施等；

    D. 合同措施，如进行合同变更，签订附加协议，采取索赔手段等。

其中，合同措施是承包商的首选措施，该措施主要由承包商的合同管理机构来实施。

7.1.5　任务实施

1. 布置施工合同交底的任务，完成重要知识点的学习。

学生分组，一方担任合同管理人员（或者负责人），一方担任项目职能部门人员（包括合同部门、成本部门、质量部门、进度部门）。

2. 由合同管理人员（或者负责人）向项目职能部门人员进行合同交底，形成书面的合同交底记录。

3. 由合同管理人员（或者负责人）检查合同履行情况，对完成情况进行评估和总结，处理履行过程中出现的纠纷问题，形成书面记录。

扫码阅读7.4

7.1.6　任务小结

本任务学习了施工合同分析、交底、控制的内容，重点是能够根据工程实际情况进行施工合同交底。

任务 7.2　建设工程施工合同的变更管理

7.2.1　学习目标

1. 知识目标

掌握施工合同变更范围和内容、程序；熟悉施工合同变更责任分析。

2. 能力目标

具备施工合同变更管理能力。

3. 素质目标

培养学生树立责任意识和风险意识，在合同变更管理的过程中，明确变更与终止的条件，遵守程序，确保合同变更与终止的合法、合规。

7.2.2　任务描述

【案例背景】

某厂房建设场地原为农田。按设计要求，厂房在建造时，厂房地坪范围内的耕植土应清除，基础必须埋在老土层下 2.00m 处。为此，业主在"三通一平"阶段就委托土方施工公司清除了耕植土并用好土回填压实至一定设计标高，故在施工招标文件中指出，施工单位无需再考虑清除耕植土问题。某施工单位通过招标投标方式获得了该项施工任务，并与建设单位签订了固定价格合同。然而，施工单位在开挖基坑时发现，相当一部分基础开挖深度虽已达到设计标高，但仍未见老土，且在基坑和场地范围内仍有一部分深层的耕植土和池塘淤泥等必须清除。

【任务要求】

情景1：在工程中遇到地基条件与原设计所依据的地质资料不符时，承包商应怎样处理？

情景2：对于工程施工中出现变更工程价款和工期的事件后，甲、乙双方需要注意哪些时效性问题？

情景3：根据修改的设计图纸，基坑开挖要加深加大，造成土方工程量增加，施工工效降低。

情景4：在施工中又发现了较有价值的文物，造成承包商部分施工人员和机械窝工，同时承包商为保护文物付出了一定的措施费。请问承包商应如何处理此事？

请根据上述情景中描述的变更问题，填写合同变更单，如表 7-4 所示。

合同变更单 表 7-4

合同名称		合同编号	
委托单位			
合同变更内容和原因 记录人 年 月 日			
项目主管意见 签字 年 月 日			
工程技术部意见 签字 年 月 日			
项目经理意见 签字 年 月 日			
备注 			

7.2.3 任务分析

在合同履行的过程中，由于环境和条件的变化，不可避免会涉及合同变更，这些变更可能会对工程范围、成本、进度、质量等产生影响。面对工程中出现的各种变更，合同双方需要分析变更的原因、按照规定的程序积极主动处理变更事件，推进建设工程项目的顺利实施，以便减少因工程合同变更所带来的损失。

7.2.4 知识链接

1. 合同变更的概念

合同变更是指在工程建设项目合同履行过程中,由于施工条件和发包人要求变化以及承包人的合理化建议、暂列金额、计日工、暂估价等原因,导致合同约定的工程材料性质和品种、结构形式、施工工艺和方法以及施工工期等的变动引起的合同调整。

2. 合同变更的原因

合同内容频繁变更是工程合同的特点之一。一个工程,合同变更的次数、范围和影响的大小与该工程的招标文件(特别是合同条件)的完备性、技术设计的正确性,以及实施方案和实施计划的科学性直接相关。合同变更一般主要有以下几方面的原因:

(1)业主新的变更指令,对建筑的新要求。如业主有新的意图,业主修改项目总计划,削减预算等。

(2)由于设计人员、工程师、承包商事先没能很好地理解业主的意图,或设计的错误,导致的图纸修改。

(3)工程环境的变化,预定的工程条件不准确,要求实施方案或实施计划变更。

(4)由于产生新的技术和知识,有必要改变原设计、实施方案或实施计划,或由于业主指令及业主责任的原因造成承包商施工方案的改变。

(5)政府部门对工程新的要求,如国家计划变化、环境保护要求、城市规划变动等。

(6)由于合同实施出现问题,必须调整合同目标,或修改合同条款。

3. 合同变更范围和内容

合同变更的范围很广,一般在合同签订后所有工程范围、进度、工程质量要求、合同条款内容、合同双方责权利关系的变化等都可以被看作合同变更。最常见的变更有两种:

(1)涉及合同条款的变更,合同条件和合同协议书所定义的双方责权利关系或一些重大问题的变更。这是狭义的合同变更,以前人们定义合同变更即为这一类。

(2)工程变更,即工程的质量、数量、性质、功能、施工次序和实施方案的变化。

根据《建设工程施工合同(示范文本)》(GF-2017-0201),除专用合同条款另有约定外,合同履行过程中发生以下情形的,应按照以下约定进行变更:

1)增加或减少合同中任何工作,或追加额外的工作;

2)取消合同中任何工作,但转由他人实施的工作除外;

3)改变合同中任何工作的质量标准或其他特性;

4)改变工程的基线、标高、位置和尺寸;

5)改变工程的时间安排或实施顺序。

4. 合同变更的程序

根据《建设工程施工合同(示范文本)》(GF-2017-0201)的规定,发包人和监理人均可以提出变更。变更指示均通过监理人发出,监理人发出变更指示前应征得发包人同意。承包人收到经发包人签认的变更指示后,方可实施变更。未经许可,承包人不得擅自对工程的任何部分进行变更。涉及设计变更的,应由设计人提供变更后的图纸和说明。如变更超过原设计标准或批准的建设规模时,发包人应及时办理规划、设计变更等审批手续。

（1）变更程序

1）发包人提出变更

发包人提出变更的，应通过监理人向承包人发出变更指示，变更指示应说明计划变更的工程范围和变更的内容。

2）监理人提出变更建议

监理人提出变更建议的，需要向发包人以书面形式提出变更计划，说明计划变更工程范围和变更的内容、理由，以及实施该变更对合同价格和工期的影响。发包人同意变更的，由监理人向承包人发出变更指示。发包人不同意变更的，监理人无权擅自发出变更指示。

3）变更执行

承包人收到监理人下达的变更指示后，认为不能执行，应立即提出不能执行该变更指示的理由。承包人认为可以执行变更的，应当书面说明实施该变更指示对合同价格和工期的影响，且合同当事人应当按照变更估价的相关约定确定变更估价。

（2）变更估价原则

除专用合同条款另有约定外，变更估价按照本款约定处理：

1）已标价工程量清单或预算书有相同项目的，按照相同项目单价认定；

2）已标价工程量清单或预算书中无相同项目，但有类似项目的，参照类似项目的单价认定；

3）变更导致实际完成的变更工程量与已标价工程量清单或预算书中列明的该项目工程量的变化幅度超过 15% 的，或已标价工程量清单或预算书中无相同项目及类似项目单价的，按照合理的成本与利润构成的原则，由合同当事人按照商定或确定条款中确定的变更工作的单价。

（3）变更估价程序

承包人应在收到变更指示后 14 天内，向监理人提交变更估价申请。监理人应在收到承包人提交的变更估价申请后 7 天内审查完毕并报送发包人，监理人对变更估价申请有异议，通知承包人修改后重新提交。发包人应在承包人提交变更估价申请后 14 天内审批完毕。发包人逾期未完成审批或未提出异议的，视为认可承包人提交的变更估价申请。因变更引起的价格调整应计入最近一期的进度款中支付。

（4）承包人的合理化建议

承包人提出合理化建议的，应向监理人提交合理化建议说明，说明建议的内容和理由，以及实施该建议对合同价格和工期的影响。

除专用合同条款另有约定外，监理人应在收到承包人提交的合理化建议后 7 天内审查完毕并报送发包人，发现其中存在技术上的缺陷，应通知承包人修改。发包人应在收到监理人报送的合理化建议后 7 天内审批完毕。合理化建议经发包人批准的，监理人应及时发出变更指示，由此引起的合同价格调整按照第 10.4 款〔变更估价〕约定执行。发包人不同意变更的，监理人应书面通知承包人。

合理化建议降低了合同价格或者提高了工程经济效益的，发包人可对承包人给予奖励，奖励的方法和金额在专用合同条款中约定。

（5）变更引起的工期调整

因变更引起工期变化的，合同当事人均可要求调整合同工期，由合同当事人按照商定或确定相应条款并参考工程所在地的工期定额标准确定增减工期天数。

（6）暂估价

暂估价专业分包工程、服务、材料和工程设备的明细由合同当事人在专用合同条款中约定。

（7）暂列金额

暂列金额应按照发包人的要求使用，发包人的要求应通过监理人发出。合同当事人可以在专用合同条款中协商确定有关事项。

（8）计日工

需要采用计日工方式的，经发包人同意后，由监理人通知承包人以计日工计价方式实施相应的工作，其价款按列入已标价工程量清单或预算书中的计日工计价项目及其单价进行计算；已标价工程量清单或预算书中无相应的计日工单价的，按照合理的成本与利润构成的原则，由合同当事人按照商定或确定的相应确定计日工的单价。

计日工由承包人汇总后，列入最近一期进度付款申请单，由监理人审查并经发包人批准后列入进度付款。

（9）价格调整

由市场价格波动引起、法律变化引起的价格调整在示范文本里也有详细的说明，此处不再赘述。

7.2.5　任务实施

1. 布置处理施工合同变更事件的任务，完成重要知识点的学习。

学生分组，一方担任合同管理人员（或者负责人），另一方担任项目职能部门人员（包括合同部、成本部、质量部、进度部门）。

2. 合同管理人员（或者负责人）检查合同履行情况，针对在履行过程中出现的变更问题，完成工程变更单，形成书面记录。

7.2.6　任务小结

本任务学习了施工合同变更范围、内容和程序，重点是在发生施工合同变更时，分析变更责任，遵守变更流程，合理处理变更事项。

任务 7.3　建设工程施工合同的争议管理

7.3.1　学习目标

1. 知识目标

掌握施工合同常见的争议类型；掌握合同争议的解决方式；熟悉不同争议解决方式的特点和应用范围。

2. 能力目标

具备施工合同争议管理能力。

3. 素质目标

培养学生的法治意识，在处理合同争议时，能够坚持公平、公正的原则，通过友善的沟通协调，和谐解决问题。

7.3.2　任务描述

【案例背景】

情景 1：2012 年 3 月 18 日，被告建筑公司与某房地产开发公司签订工程承包协议一份，约定：房产公司将其所开发的某新村的一幢工程发包给建筑公司承建。同年 5 月 10 日，建筑公司又与挂靠在公司名下从事建筑业的徐某协商，约定：建筑公司将其所承包的上述工程转包给徐某组织人员施工，工程的一切债权债务均由徐某负责等。同年 10 月，徐某又将上述工程的瓦工施工工程分包给原告顾某组织人员施工。2013 年 3 月，顾某完成了施工任务。2014 年 3 月 25 日，徐某与顾某结账，应支付顾某人工工资 8460.05 元。此后，顾某多次向徐某追要欠款未果，引起诉讼。

情景 2：某房地产开发公司 A 在某一旧式花园洋房的东南方新建高层，将工程发包给施工企业 B。与此同时，该洋房的正东面已有房地产开发公司 C 新建成一多层住宅。在 C 建设中，该洋房的墙壁出现开裂、地基不均匀下沉。B 施工以后，墙壁开裂加剧，洋房明显倾斜。该洋房的业主以 B、C 为共同被告诉至法院，请求判令被告修复房屋并予赔偿；诉讼过程中又将 A 追加为被告。

审理过程中，法院主持进行了技术鉴定，查明该洋房裂缝产生的原因是地基不均匀沉降，C 已建房屋地基不均匀沉降带动相邻的地基，已产生不利影响；而在其地基尚未稳定的情形下，A 新建房屋由 B 承包后开始开挖地基，此行为又雪上加霜，使该花园洋房损坏加剧出现险象。故最后判决由三企业分别承担部分赔偿责任。

情景 3：某工程采用固定总价合同。在工程中承包商与业主就设计变更影响产生争执。最终实际批准的混凝土工作量为 66000m³。对此双方没有争执，但承包商坚持原合同工程量为 40000m³，则增加了 65%，共 26000m³；而业主认为原合同工程量为 56000m³，则增加了 17.9%，共 10000m³。

双方对合同工程量差异产生的原因在于：承包商报价时业主仅给了初步设计文件，没有详细的截面尺寸。同时由于做标期较短，承包商没有时间细算。承包商就按经验，估算为 40000m³。合同签订后详细施工图出来，再细算一下，混凝土量为 56000m³。

情景 4：该工程原告为发包方，被告为承包商。2013 年 12 月原告为建设某综合楼工程，邀请包括被告在内的数家施工单位参与投标。在投标期限内，被告递交了投标书。随后，为了项目报建、报监用途，双方签订了一份施工合同（以下简称"备案合同"）并开始施工。同时被告以承诺书的形式说明"备案合同仅限于被告报建、报监的正常施工之用，不作为任何意义上的他用，具体实施仍按正式合同执行"。2014 年 4 月合同办理了备案手续。

2014 年 6 月双方根据中标结果和招标文件、投标文件的内容又签订一份施工合同（以下简称"中标合同"）。2015 年 6 月工程通过竣工验收。2015 年 9 月被告以原告拖欠工程款为由向仲裁委员会提起仲裁，依据是"备案合同"中的仲裁条款。原告随即依据"中标合同"诉至法院请求被告承担违约责任。后双方分别向仲裁委员会和法院提出管辖权异议申请。法院一审裁定认定本案法院无管辖权。原告提起上诉，二审法院终审裁定撤销了一审裁定，确认本案由法院管辖。

【任务要求】

根据提供的案例背景，分析 4 种情景下争议产生的原因、解决方式，以及相关的依据，完成表 7-5。

争议分析表 表 7-5

情景	争议产生原因	争议解决方式	争议解决依据
1			
2			
3			
4			

7.3.3　任务分析

在合同履行的过程中，不可避免会涉及合同纠纷和争议，这就需要发承包双方根据争议发生的原因，并且按照规定的程序积极主动处理争议事件。这关系到业主和承包商之间的和睦相处、相互信任，对于推进建设工程项目的顺利实施，减少因工程合同争议所带来的损失具有重大意义。

7.3.4　知识链接

1. 施工合同常见的争议

工程合同争议，是指工程合同订立至完全履行前，合同当事人因对合同的条款理解产生歧义或因当事人违反合同的约定，没有履行义务或虽履行了义务但没有达到约定的标准等原因而产生的纠纷。产生工程合同纠纷的原因十分复杂，因此了解建设工程施工合同的主要纠纷类型，有助于建筑企业防范风险、减少纠纷数量，提高企业利润。

（1）施工合同主体争议

建设工程施工合同主体包括发包人和承包商。发包人应具有工程发包主体资质和支付工程价款能力；承包商应具有工程承包主体资格并被发包人接受。

造成施工合同主体纠纷原因有以下几个：

1）承包商资质不够导致纠纷

承包商应具备一定的资质条件，资质不够的承包商签订的建设工程施工合同是无效合同。发包方应加强对承包商资质的审查，避免与不具备相应资质的承包商订立合同。

2）因无权代理与表见代理引发纠纷

施工合同各方应当加强对授权委托书的管理，避免无权代理和表见代理的产生，避免与无权代理人签订合同。

3）因联合体承包导致纠纷

联合体各方应当具备一定的条件，联合体以一个投标人的身份参加投标，中标后各方就中标项目向发包人承担连带责任。

4）因挂靠问题产生纠纷

挂靠方式签订的合同违反法律强制性规定，属无效合同。挂靠企业要承担法律责任。

（2）施工合同工程款争议

1）合同本身存在缺陷

主要表现在：承发包双方之间没有订立书面的施工合同，仅有口头合同；或者订立了书面，但内容过于简单；或合同的各个条款之间、不同的协议之间、图纸与施工技术规范之间出现矛盾；合同总价与分项工程单价之和不符，合同缺项等。

2）工程进度款支付、竣工结算及审价争议

施工合同中虽然已列出了工程量，约定了合同价款，但实际施工中由于设计变更、工程师签发的变更指令、现场条件变化，以及计量方法等会引起工程量变化，从而导致进度款支付价款发生变更。承包人通常会在工程进度款报表中列出实际已完的工作而未获得付款的金额，希望得到额外付款，而发包人在按进度支付工程款时往往会扣除那些他们未予确认的工程量或存在质量问题的已完工程的应付款项。这样承包人由于未得到足够的应付工程款而放慢工程进度，发包人则会认为在工程进度拖延的情况下更不能多支付给承包人任何款项，这种争议比较多。

另有，发包人利用其优势地位，要求承包人垫资施工、不支付预付款、尽量拖延支付进度款、拖延工程结算及工程审价进程，致使承包人的权益得不到保障，最终引起争议。

3）工程价款纠纷

由于建设资金或其他问题，建设项目无法继续施工，从而造成建设项目的停建、缓建，建筑企业的工程款长期被拖欠，对企业本身造成损失，引起争议。

还有一种情况就是工程的发包人并非工程真正的建设单位，发包人通常不具备工程价款的支付能力。这时承包人应该向真正的工程权利人主张权利，以保证合法权益不受侵害。

（3）施工合同质量争议

1）承包人原因造成的质量问题

① 未按设计图纸、施工技术规范、经发包方审定的施工组织方案施工；

② 使用未经检验的或检验不合格的材料、构配件、设备，不符合设计要求、技术标准和合同约定；

③ 施工单位对于在质量保修期内出现的质量缺陷不履行质量保修责任，特别是发包人要求承包人修复工程缺陷而承包人拖延修复，或发包人未经通知承包人就自行委托第三人对工程缺陷进行修复；

④ 由分包人的原因造成的质量问题。

由于承包人原因造成工程质量不符合约定的，承包人首先应当承担修复义务，具体体现为修理、返工或者改建，以达到约定的质量要求和标准。

2）发包人原因造成的质量问题

① 提供的设计有缺陷，或在设计或施工中提出违反法律、行政法规和建筑工程质量、安全标准的要求；

② 建设单位提供的建筑材料、建筑构配件和设备不符合标准，或给施工单位指定厂家，明示、暗示使用不合格的材料、构配件和设备；

③ 直接指定分包人分包专业工程或将工程发包给没有资质的单位或者将工程任意肢解进行发包。

3）其他原因造成的工程质量问题

主要为不可抗力等原因造成的质量问题。承发包双方均不承担民事责任，而是按照风险分担原则来承担损失。

（4）施工合同工期争议

工期延误往往是由于错综复杂的原因造成的，要分清各方的责任十分困难。通常的情况是：发包人要求承包人承担工程竣工逾期的违约责任，而承包人则提出因诸多发包人的原因及不可抗力等工期应相应顺延，有时承包人还就工期的延长要求发包人承担停工窝工的费用。

扫码阅读7.6

工期纠纷通常涉及违约金的计算、工程款计算等问题，而工期纠纷的核心问题是如何确定实际工期？实际工期是指实际开工日期至实际竣工日期的日历天数。因此，确定了实际开工日期、实际竣工日期就可以计算出实际工期，进而解决因工期纠纷而引起的各个问题。

（5）施工合同变更和解除争议

1）合同的变更引起的争议

① 合同的变更，除了法定情形外，应通过当事人的合意来实现。通常情况下，工程量的增减，均有建设单位或施工方的工程变更单，经双方确认后施工。

② 单方发出变更单或者变更指令的，必须由有相应权限的人签发。

③ 没有发包人的变更令，承包人不能自行增减工程量或变更工程。承包人完成的工作，如既无合同约定，又无发包人的指令，承包人应自行承担其中的风险和费用。

2）合同的解除引起的争议

合同解除一般都会给某一方或者双方造成严重的损害。如何合理处置合同终止后双方的权利和义务，往往是这类争议的焦点。合同终止可能有以下几种情况：

① 承包人责任引起的终止合同。例如，发包人认为并证明承包人不履约，承包人严重拖延工程并证明已无能力改变局面，承包人破产或严重负债而无力偿还致使工程停滞等。

② 发包人责任引起的终止合同。例如，发包人不履约、严重拖延应付工程款并被证明已无力支付欠款，发包人破产或无力清偿债务，发包人严重干扰或阻碍承包人的工作，等等。

③ 由于不可抗力导致合同终止。合同中如果没有明确规定这类终止合同的后果处理办法，双方应通过协商处理，若达不成一致则按争议处理方式申请仲裁或诉讼。

④ 任何一方由于自身需要而终止合同。例如，在发包人因自身原因要求终止合同时，可能会承诺给承包人补偿的范围只限于其实际损失，而承包人可能要求还应补偿其失去承包其他工程机会而遭受的损失和预期利润。这就在补偿范围和金额方面发生争议。

2. 合同争议的解决方式

在我国，合同争议解决的方式主要有和解、调解、仲裁、诉讼和争议评审五种。

（1）和解

1）和解的概念和原则

和解是指在合同发生争议后，合同当事人在自愿互谅基础上，依照法律、法规的规定和合同的约定，自行协商解决合同争议。自行和解达成协议的经双方签字并盖章后作为合同补充文件，双方均应遵照执行。

和解是解决合同争议最常见的一种简便、有效的方法。和解应遵循合法、自愿、互谅原则。

2）和解的优点

① 简便易行，能经济、及时地解决纠纷；

② 有利于维护合同双方的友好合作关系，使合同能更好地得到履行；

③ 和解可以在民事纠纷的任何阶段进行，无论是否已经进入诉讼或仲裁程序。

需要注意的是，当事人自行达成的和解协议不具有强制执行力，在性质上仍属于当事人之间的约定。如果一方当事人不按照和解协议执行，另一方当事人不可以请求法院强制执行，但可要求对方就不执行该和解协议承担违约责任。

（2）调解

1）调解的概念和原则

调解，是指合同当事人对合同所约定的权利、义务发生争议，不能达成和解协议的，合同当事人可以就争议请求建设行政主管部门、行业协会或其他第三方进行调解，调解达成协议的，经双方签字并盖章后作为合同补充文件，双方均应遵照执行。

调解一般应遵循自愿、合法、公平的原则。

2）调解的优点

合同纠纷的调解往往是当事人经过和解仍不能解决纠纷后采取的方式，因此与和解相比，它面临的纠纷要大一些。

与诉讼、仲裁相比，仍具有与和解相似的优点：它能够较经济、较及时地解决纠纷；有利于消除合同当事人的对立情绪，维护双方的长期合作关系。

（3）仲裁

1）仲裁的概念和原则

仲裁是指由合同双方当事人自愿达成仲裁协议、选定仲裁机构对合同争议依法作出有法律效力的裁决的解决合同争议的方法。如果当事人之间有仲裁协议，争议发生后又无法通过和解和调解解决，则应及时将争议提交仲裁机构仲裁。纠纷各方都有义务执行该裁决。

仲裁应该遵循独立、自愿、先行调解、一裁终局的原则。

2）仲裁的特点

① 自愿性

当事人自愿性是仲裁最突出特点。仲裁以当事人自愿为前提，即是否将纠纷提交仲裁，向哪个仲裁委员会申请仲裁，仲裁庭如何组成，仲裁员如何选择，以及采用何种仲裁审理方式、开庭形式等，在不违反法律强制性规定和仲裁规则允许的情况下，均在当事人自愿基础上，由当事人协商确定。

② 专业性

仲裁机构的仲裁员是来自各行业具有一定专业水平的专家，精通专业知识，熟悉行业规则，对公正高效处理纠纷，确保仲裁结果专业性和公正性。

③ 独立性

《仲裁法》第十四条规定，仲裁委员会独立于行政机关，与行政机关没有隶属关系。仲裁委员会之间也没有隶属关系。在仲裁过程中，仲裁庭独立进行仲裁，不受任何行政机关、社会团体和个人干涉，也不受其他仲裁机构干涉，具有独立性。

④ 保密性

仲裁以不公开审理为原则。双方当事人和仲裁员及仲裁机构都负有保密的责任。仲裁可以有效保护当事人商业秘密和商业信誉。

⑤ 快捷性

仲裁实行一裁终局制度，仲裁裁决一经作出即产生法律效力。而且仲裁协议不能上诉，这使得当事人之间的纠纷能够迅速得以解决。

（4）诉讼

1）诉讼的概念

诉讼是指合同当事人按照民事诉讼程序向法院对一定的人提出权益主张并要求法院予以解决和保护的请求。合同双方当事人如果向约定的仲裁委员会申请仲裁，就可以通过向有管辖权的人民法院起诉来解决争议。

2）诉讼的特点

① 任何一方当事人都有权起诉，而无须征得对方当事人的同意。

② 当事人向法院提起诉讼，适用民事诉讼程序解决；诉讼应当遵循地域管辖、级别管辖和专属管辖的原则。在不违反级别管辖和专属管辖的原则的前提下，可以依法选择管辖法院。

③ 法院审理合同争议案件，实行二审终审制度。当事人对法院作出的一审判决、裁定不服的，有权上诉。对生效判决、裁定不服的，尚可向人民法院申请再审。

（5）争议评审

合同当事人在专用合同条款中约定采取争议评审方式解决争议以及评审规则，并按下列约定执行：

1）争议评审小组的确定

合同当事人可以共同选择一名或三名争议评审员，组成争议评审小组。除专用合同条款另有约定外，合同当事人应当自合同签订后 28 天内，或者争议发生后 14 天内，选定争议评审员。

选择一名争议评审员的，由合同当事人共同确定；选择三名争议评审员的，各自选定一名，第三名成员为首席争议评审员，由合同当事人共同确定或由合同当事人委托已选定的争议评审员共同确定，或由专用合同条款约定的评审机构指定第三名首席争议评审员。

除专用合同条款另有约定外，评审员报酬由发包人和承包人各承担一半。

2）争议评审小组的决定

合同当事人可在任何时间将与合同有关的任何争议共同提请争议评审小组进行评审。争议评审小组应秉持客观、公正原则，充分听取合同当事人的意见，依据相关法律、规范、标准、案例经验及商业惯例等，自收到争议评审申请报告后 14 天内作出书面决定，并说明理由。合同当事人可以在专用合同条款中对本项事项另行约定。

3）争议评审小组决定的效力

争议评审小组作出的书面决定经合同当事人签字确认后，对双方具有约束力，双方应遵照执行。

任何一方当事人不接受争议评审小组决定或不履行争议评审小组决定的，双方可选择采用其他争议解决方式。

3. 工程合同的争议管理

对工程合同进行争议管理主要可以采取以下措施：

（1）争取和解或调解

由于工程合同争议情况复杂，专业问题多，而且许多争议法律没有明确规定，施工企业又必须设法解决。因此，处理争议时要深入研究案情和对策，要有理有利有节，能采取和解、调解的，尽量不要采取诉讼或仲裁方式。因为通常情况下，工程合同争议案件经法院几个月的审理，最终还是采取调解方式结案。

（2）重视诉讼、仲裁时效

诉讼（仲裁）时效，是指权利人请求法院或者仲裁机构保护其合法权益的有效期限。合同当事人在法定提起诉讼或仲裁申请的期限内依法提起诉讼或申请仲裁的，则法院或者仲裁机构对权利人的请求予以保护。

通过仲裁、诉讼的方式解决工程合同争议的，应当特别注意有关仲裁时效与诉讼时效的法律规定，在法定时效内主张权利。在时效期限满后，权利人的请求权就得不到保护，债务人可依法免于履行债务。换言之，若权利人在时效期间届满后才主张权利的，即丧失了胜诉权，其权利不受保护。

《仲裁法》第七十四条规定，法律对仲裁时效有规定的，适用该规定。法律对仲裁时效没有规定的，适用诉讼时效的规定。《民法通则》第一百三十五条规定，向人民法院请求保护民事权利的诉讼时效期间为二年，法律另有规定的除外。

（3）收集全面、充分的证据

证据是指能够证明案件真实情况的事实。《民事诉讼法》第六十六条将证据分为当事人的陈述、书证、物证、视听资料、电子数据、证人证言、鉴定意见、勘验笔录八种。

合同当事人的主张能否成立，取决于其举证的质量。可见，收集证据是一项十分重要的准备工作，收集证据应当注意：

1）收集证据的程序和方式必须符合法律规定。

2）收集证据必须客观、全面、深入、及时。

收集证据必须尊重客观事实，不能弄虚作假；全面收集证据就是要收集能够收集到的、能够证明案件真实情况的全部证据；只有深入、细致地收集证据，才能把握案件的真实情况，对于某些可能由于外部环境或条件的变化而灭失的证据，要及时予以收集，否则就有可能功亏一篑，后悔莫及。

（4）做好财产保全

为了有效防止债务人转移、隐匿财产，顺利实现债权，应当在起诉或申请仲裁成立之前向人民法院申请财产保全。对合同的当事人而言，提起诉讼的目的，大多数情况下是为了实现金钱债权，因此，必须在申请仲裁或者提起诉讼前调查债务人的财产状况，为申请财产保全做好充分准备。当全面了解保全财产的情况后，即可申请仲裁或提起诉讼。

（5）聘请专业律师

合同当事人遇到案情复杂、难以准确判断的争议时，应当尽早聘请专业律师和专业律师事务所。专业律师熟悉、擅长工程合同争议解决，而很多事实证明，工程合同争议的解决不仅取决于行业情况的熟悉，很大程度上取决于诉讼技巧和正确的策略，而这些都是专业律师的专长。

7.3.5   任务实施

1. 布置处理施工合同争议事件的任务，完成重要知识点的学习。

2. 学生分组进行角色扮演，模拟合同双方，针对在履行过程中出现的争议事件，分析争议产生原因，提出解决方式，最后达成一致。形成书面记录。

7.3.6   任务小结

本任务学习了施工合同常见的争议类型和解决方式。重点是能够根据工程实际情况妥善处理争议事件，提高施工项目管理的满意度。

工作任务 8　建设工程合同索赔

引文：

索赔是施工合同管理的重要组成部分，也是国际工程建设中非常普遍的做法。工程建设索赔直接关系到建设单位和施工单位的双方利益，索赔和处理索赔的过程实质上是双方管理水平的综合体现。

本任务对建设工程合同索赔的概念、分类作了简要说明；对索赔文件编制的内容、方法、格式作了详细阐述，并对索赔费用计算提出了要求。

微课

【思维导图】

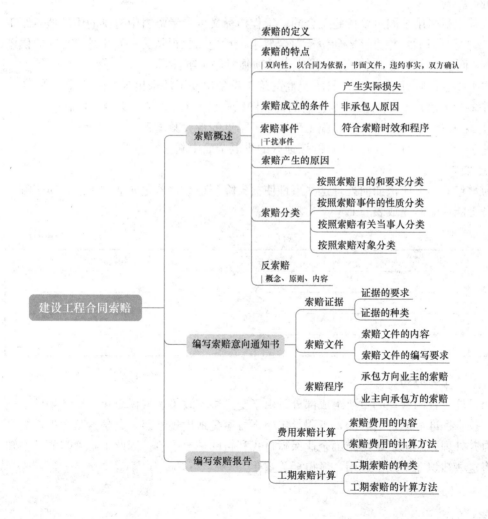

任务 8.1 认知建设工程合同索赔

8.1.1 学习目标

1. 知识目标

掌握索赔的概念、特点；掌握建设工程合同索赔的类型。

2. 能力目标

具备应用相关知识正确处理索赔事件的能力。

3. 素质目标

培养学生的索赔意识和企业责任意识，积极维护企业合法权益，并不断提升企业的管理水平。

8.1.2 任务描述

【案例背景】

某工程项目采用了固定单价施工合同。工程招标文件参考资料中提供的用砂地点距工地 4km。但是开工后，检查该砂质量不符合要求，承包商只得从另一距工地 20km 的供砂地点采购。而在一个关键工作面上又发生了 4 项临时停工事件：

事件 1：5 月 20 日至 5 月 26 日承包商的施工设备出现了从未出现过的故障；

事件 2：应于 5 月 24 日交给承包商的后续图纸直到 6 月 10 日才交给承包商；

事件 3：6 月 7 日至 6 月 12 日施工现场下了罕见的特大暴雨；

事件 4：6 月 11 日至 6 月 14 日的该地区的供电全面中断。

【任务要求】

作为承包商，你应该如何处理这些事件使损失降到最小？若是向业主索赔，属于哪种类型？是否能成立？完成表 8-1。

索赔事件分析 表 8-1

事件	索赔类型	索赔产生原因	索赔是否成立
1			
2			
3			
4			

8.1.3 任务分析

索赔是施工合同管理的重要组成部分。由于受到国家政策、气候变化、现场条件、施工规范、技术标准等因素的影响，工程承包中不可避免地出现索赔。具备索赔意识，提升索赔能力并处理好施工索赔是施工企业保障自我利益的重要手段。因此了解索赔的基本知识，并将这些知识在实践中运用，显得至关重要。

8.1.4 知识链接

1. 索赔的定义

建设工程索赔通常是指在工程合同履行过程中，合同当事人一方因对方不履行或未能正确履行合同或者由于其他非自身因素而受到经济损失或权利损害，通过合同规定的程序向对方提出经济或时间补偿要求的行为。

2. 索赔的特点

（1）索赔是双向的。在合同的实施过程中，不仅承包商可以向业主索赔，业主也同样可以向承包商索赔。通常将承包商向业主的索赔称为"索赔"，业主向承包商的索赔称为"反索赔"。

（2）索赔是一种正当的权利要求，它是业主方、监理工程师和承包方之间一项正常的、大量发生而且普遍存在的合同管理业务，是一种以法律和合同为依据的、合情合理的行为。只有一方有违约或违法事实，受损方才能向违约方提出索赔。

（3）索赔必须建立在损失已客观存在的基础上，不论是经济损失或权利损害。经济损失是指因对方因素造成合同外的额外支出，如人工费、机械费、材料费、管理费等额外开支；权利损害是指虽然没有经济上的损失，但造成了一方权利上的损害，如由于恶劣气候条件对工程进度的不利影响，承包商有权要求工期延长等。

（4）索赔应该有书面文件，索赔的内容和要求应该明确而肯定。

（5）当合同一方向另一方提出索赔时，要有正当索赔理由，且有索赔事件发生时的有效证据。

3. 索赔成立的条件

索赔的成立，应该同时具备以下三个条件，缺一不可。

（1）与合同对照，事件已造成了承包人工程项目成本的额外支出，或直接工期损失。

（2）造成费用增加或工期损失的原因，按合同约定不属于承包人的行为责任或风险责任。

（3）承包人按合同规定的程序和时间提交索赔意向通知和索赔报告。

4. 索赔事件

索赔事件又称为干扰事件，是指那些使实际情况与合同规定不符合，最终引起工期和费用变化的各类事件。在工程实施过程中，要不断地跟踪、监督索赔事件，就可以不断地发现索赔机会。

5. 施工索赔产生的原因

索赔的原因非常多而且复杂，主要有：

（1）工程项目的特殊性。现代工程规模大、技术性强、投资额大、工期长、材料设备价格变化快。工程项目的差异性大、综合性强、风险大，使得工程项目在实施过程中存在许多不确定变化因素，而合同则必须在工程开始前签订，它不可能对工程项目所有的问题做合理的预见和规定，而且发包人在实施过程中还会有许多新的决策，这一切使得合同变更极为频繁，而合同变更必然会导致项目工期和成本的变化。

（2）工程项目内外部环境的复杂性和多样性。工程项目的技术环境、经济环境、社会环境、法律环境的变化，如地质条件变化、材料价格上涨、货币贬值、国家政策、法规的变化等，会在工程实施过程中经常发生，使得工程计划实施过程与实际情况不一致，这些因素同样会导致工程工期和费用的变化。

（3）参与工程建设主体的多元性。由于工程参与单位多，一个工程项目往往会有发包人、总包人、工程师、分包人、指定分包人、材料设备供应商等众多参加单位。各方面的技术、经济关系错综复杂，既相互联系，又相互影响，只要一方失误，不仅会造成自己的损失，而且会影响其他合作者，造成他人损失，索赔不可避免。

（4）工程合同的复杂性及容易出错性。建设工程合同文件多，而且复杂，经常会出现措辞不当、条理有缺陷、图纸错误等情况，因而，索赔在所难免。

6. 索赔的分类

从不同的角度，按不同的标准，索赔有几种不同的分类方法，见表8-2。

索赔的分类   表8-2

分类标准	索赔类别	说明
按照索赔目的和要求分类	工期索赔	一般指承包人向业主或者分包人向承包人要求延长工期
	费用索赔	即要求补偿经济损失，调整合同价格
按照索赔事件的性质分类	工期延误索赔	因为发包人未按合同要求提供施工条件，或者发包人指令工程暂停或不可抗力事件等原因造成工期拖延的，承包人向发包人提出索赔；如果由于承包人原因导致工期拖延，发包人可以向承包人提出索赔；由于非分包人的原因导致工期拖延，分包人可以向承包人提出索赔
	工程变更索赔	由于发包人或工程师指令增加或减少工程量或增加附加工程、修改设计、变更施工顺序等，造成工期延长和费用增加，承包人对此向发包人提出索赔，分包人也可以对此向承包人提出索赔
	工程加速索赔	由于发包人或工程师指令承包人加快施工进度，缩短工期，引起承包人的人力、物力、财力的额外开支，承包人提出索赔；承包人指令分包人加快进度，分包人也可以向承包人提出索赔
	工程终止索赔	由于发包人违约或发生了不可抗力事件等造成工程非正常终止，承包人和分包人因蒙受经济损失而提出索赔；如果由于承包人或者分包人的原因导致工程非正常终止，或者合同无法继续履行，发包人可以对此提出索赔
	不可预见的外部障碍或条件索赔	施工期间在现场遇到一个有经验的承包商通常不能预见的外界障碍或条件，例如地质条件与预计的（业主提供的资料）不同，出现未预见的岩石、淤泥或地下水等，导致承包人损失，这类风险通常应该由发包人承担，即承包人可以据此提出索赔
	不可抗力事件引起的索赔	在新版FIDIC施工合同条件中，不可抗力通常是满足以下条件的特殊事件或情况：一方无法控制的、该方在签订合同前不能对之进行合理防备的、发生后该方不能合理避免或克服的、不主要归因于他方的。不可抗力事件发生导致承包人损失，通常应该由发包人承担，即承包人可以据此提出索赔
	其他索赔	如货币贬值、汇率变化、物价变化、政策法令变化等原因引起的索赔
按照索赔有关当事人分类	承包人与发包人之间的索赔	基于承包人与发包人签订的施工合同，一般是围绕工程量、工期、工程质量、工程价款、工程变更而产生的索赔，也有一些是与工程中断、合同终止等合同违约行为有关的索赔
	承包人与分包人之间的索赔	基于总包合同而发生的总承包人与分包人之间的索赔。一般包括分包人向总承包人索取工程款或利润、赔偿，或者总承包人要求分包人支付工期延误违约金、工程质量赔偿金的情况

续表

分类标准	索赔类别	说明
按照索赔有关当事人分类	承包人或发包人与供货人之间的索赔	基于与建设工程有关的材料、设备等买卖合同的争议而产生。若建设工程中由承包人或发包人负责进行材料、设备的采购和供应，但所供材料、设备因质量不符合技术或封样的要求、供应不足、交付迟延、运输中发生损害等给承包人带来了损失，则工程材料、设备提供人可以向供应商索赔。同样，若承包人或发包人不按时支付货款，供应商也可向其主张索赔
	承包人或发包人与保险人之间的索赔	基于承包人与保险公司签订的保险合同，而非建设工程合同，多系承包人受到自然灾害、不可抗力或其他保险合同中约定的损害或损失，按保险单向其投保的保险公司索赔。通过保险方式实现索赔，是运营风险转移机制补偿自身经济损失的有效途径
按照索赔对象分类	索赔	承包商向业主提出的索赔（具体见扫码阅读8.1）
	反索赔	业主向承包商提出的赔偿、补偿要求，以及一方对另一方所提出的索赔要求进行反驳、反击（具体见扫码阅读8.2）

7. 反索赔

（1）反索赔的概念

反索赔就是反驳、反击或者防止对方提出的索赔，不让对方索赔成功或者全部成功。通常可以把反索赔理解为由于承包商不履行或不完全履行合同约定的任务，或是由于承包商的行为使业主受到损失，业主为了维护自己的利益，对承包商提出的索赔。

（2）反索赔的原则

反索赔的原则是：以事实为根据，以合同为准绳，实事求是地认可合理的索赔要求，反驳、拒绝不合理的索赔要求，按合同法原则公平合理地解决索赔问题。

（3）反索赔的内容

反索赔的工作内容可包括两个方面：

1）防止对方提出索赔

首先是自己严格履行合同中规定的各项义务，防止自己违约，并通过加强合同管理，使对方找不到索赔的理由和根据，使自己处于不被索赔的地位。

其次如果在工程实施过程中发生了干扰事件，则应立即着手研究和分析合同依据，收集证据，为提出索赔或反击对手的索赔做好两手准备。

2）反击或反驳对方的索赔要求

如果对方先提出了索赔要求或索赔报告，则自己一方应采取各种措施来反击或反驳对方的索赔要求。常用的措施有：

第一是抓住对方的失误，直接向对方提出索赔，以对抗或平衡对方的索赔要求，达到最终解决索赔时互作让步或互不支付的目的。如业主常常通过找出工程中的质量问题、工程延期等问题，对承包人处以罚款，以对抗承包人的索赔要求，达到少支付或不支付的目的。

第二是针对对方的索赔报告，进行仔细、认真的研究和分析，找出理由和证据，证明对方索赔要求或索赔报告不符合实际情况和合同规定、没有合同依据或事实证据、索赔值计算不合理或不准确等问题，反击对方不合理的索赔要求或索赔要求中的不合理部分，推卸或减轻自己的赔偿责任，使自己不受或少受损失。

8.1.5　任务实施

1. 根据相关的案例背景，学习相关知识。

2. 学生分为两个组，分别作为业主和承包商，识别索赔类型、分析索赔原因、判断索赔是否成立，并处理索赔事件。

8.1.6　任务小结

本任务主要学习建设工程合同索赔的定义、特点及类型。重点要提高索赔意识，分析判断索赔事件是否成立，并加深对建设工程索赔知识的理解和运用。

任务 8.2　编写索赔意向通知书

8.2.1　学习目标

1. 知识目标

掌握索赔文件的组成；掌握索赔的程序；熟悉索赔证据的种类。

2. 能力目标

具备编写索赔意向通知书的能力。

3. 素质目标

培养学生的风险防范意识，在索赔工作过程中要注重索赔证据的收集和积累。同时培养学生认真踏实，厚积薄发的职业精神。

8.2.2　任务描述

【案例背景】

某汽车制造厂建设施工土方工程中，承包商在合同标明有松软石的地方没有遇到松软石，因此工期提前 1 个月。但在合同中另一未标明有坚硬岩石的地方遇到更多的坚硬岩石，开挖工作变得更加困难，由此造成了实际生产率比原计划低得多，经测算影响工期 3 个月。由于施工速度减慢，使得部分施工任务拖到雨季进行，按一般公认标准推算，又影响工期 2 个月。为此承包商准备提出索赔。

【任务要求】

1）该项施工索赔能否成立？为什么？

2）在该索赔事件中，应提出的索赔内容包括哪两方面？

3）在工程施工中，通常可以提供的索赔证据有哪些？

4）承包商应提供的索赔文件有哪些？请协助承包商拟定一份索赔意向通知书。

8.2.3　任务分析

为了顺利地进行索赔工作，承包商应在索赔事件发生后的 28 天内，向雇主和工程师提交索赔意向通知书，目的是要求雇主及时采取措施消除或减轻索赔起因，以减少损失，并促使合同双方重视收集索赔事件的情况和证据，以利于索赔的处理。因此施工企业必须重视索赔意向书的书写，收集索赔事件资料，提供充分的索赔证据。不能提供及时、准确、有力的证据，就会给索赔带来很多困难。

8.2.4 知识链接

1. 索赔证据

索赔证据是当事人用来支持其索赔成立或和索赔有关的证明文件和资料，是索赔文件的组成部分。任何索赔事件的确立，其前提条件是必须有正当的索赔理由。对正当索赔理由的说明必须具有证据，没有证据或证据不足，索赔是难以成功的。因此索赔证据在很大程度上关系到索赔的成功与否。

（1）对索赔证据的要求

1）真实性。索赔证据必须是在实施合同过程中确定存在和发生的，必须完全反映实际情况，能经得住推敲。

2）全面性。所提供的证据应能说明事件的全过程。索赔报告中涉及的索赔理由、事件过程、影响、索赔值等都应有相应证据，不能零乱和支离破碎。

3）关联性。索赔的证据应当能够互相说明，相互具有关联性，不能互相矛盾。

4）及时性。索赔证据的取得及提出应当及时。

5）有效性。一般要求证据必须是书面文件，有关记录、协议、纪要必须是双方签署的；工程中重大事件、特殊情况的记录、统计必须由工程师签证认可。

（2）证据的种类

在工程项目的实施过程中，会产生大量的工程信息和资料，这些信息和资料是开展索赔的重要依据。如果项目资料不完整，索赔就难以顺利进行。因此在施工过程中应始终做好资料积累工作，建立完善的资料记录和科学管理制度，认真系统地积累和管理施工合同文件、质量、进度及财务收支等方面的资料。对于可能会发生索赔的工程项目，从开始施工时就要有目的地收集证据资料，系统地拍摄施工现场，妥善保管开支收据，有意识地为索赔文件积累所必要的证据材料。

在工程项目实施过程中，常见的索赔证据主要有：

1）各种合同文件，包括施工合同协议书及其附件、中标通知书、投标书、标准和技术规范、图纸、工程量清单、工程报价单或者预算书、有关技术资料和要求、施工过程中的补充协议等。

2）工程各种往来函件、通知、答复等。

3）各种会谈纪要。

4）经过发包人或者工程师批准的承包人的施工进度计划、施工方案、施工组织设计和现场实施情况记录。

5）工程各项会议纪要。

6）气象报告和资料，如有关温度、风力、雨雪的资料。

7）施工现场记录，包括有关设计交底、设计变更、施工变更指令，工程材料和机械设备的采购、验收与使用等方面的凭证及材料供应清单、合格证书、工程现场水、电、道路等开通、封闭的记录，停水、停电等各种干扰事件的时间和影响记录等。

8）工程有关照片和录像等。

9）施工日记、备忘录等。

10）发包人或者工程师签认的签证。

11）发包人或者工程师发布的各种书面指令和确认书，以及承包人的要求、请求、通知书等。

12）工程中的各种检查验收报告和各种技术鉴定报告。

13）工地的交接记录（应注明交接日期，场地平整情况，水、电、路情况等），图纸和各种资料交接记录。

14）建筑材料和设备的采购、订货、运输、进场、使用方面的记录、凭证和报表等。

15）市场行情资料，包括市场价格、官方的物价指数、工资指数、中央银行的外汇比率等公布材料。

16）投标前发包人提供的参考资料和现场资料。

17）工程结算资料、财务报告、财务凭证等。

18）各种会计核算资料。

19）国家法律、法令、政策文件。

2. 索赔文件

（1）索赔文件的内容

索赔文件也称索赔报告，它是合同一方向另一方提出索赔的正式书面文件。它全面反映了一方当事人对一个或若干个索赔事件的所有要求和主张。

索赔文件通常包括三个部分：

1）索赔信

索赔信，也叫索赔意向通知书，是一封承包商致业主或其代表的简短的信函。内容应包括说明索赔事件、列举索赔理由、提出索赔金额与工期、附件说明，如表 8-3 所示。

索赔意向通知书　　　　　　　　　　　　　　　　　　表 8-3

工程名称：　　　　　　　　　　　　　　归档编号：

承包单位		监理单位	
致：＿＿＿＿＿＿＿＿（项目监理机构） 根据施工合同＿＿＿＿＿＿＿（条款）约定，由于发生了＿＿＿＿＿＿事件，且该事件的发生非我方原因所致。为此，我方现对以上事项提出索赔。 附件：索赔事件资料 索赔单位代表人（签字）：　　　　　　年　　月　　日			
项目监理机构签收人（签字）：　　　　　年　　月　　日			

注：1. 本表由索赔单位填报，一式四份，经项目监理机构审批后，索赔与被索赔单位各一份，项目监理机构收存二份。

　　2. 索赔人和被索赔人及项目监理机构应按施工合同约定的程序及时限处理索赔事件。

2）索赔报告

索赔报告是索赔材料的正文，一般包含三个部分：报告的标题、事实与理由、损失计算与要求赔偿金额及工期。

① 标题。索赔报告的标题应该能够简要准确地概括索赔的中心内容。

② 事实。详细描述事件过程，主要包括：事件发生的工程部位、发生的时间、原因和经过、影响的范围以及承包人当时采取的防止事件扩大的措施、事件持续时间、承包人已经向业主或工程师报告的次数及日期、最终结束影响的时间、事件处置过程中的有关主要人员办理的有关事项等。

③ 理由。是指索赔的依据，主要是法律依据和合同条款的规定。合理引用法律和合同的有关规定，建立事实与损失之间的因果关系，说明索赔的合理合法性。

④ 结论。指出事件造成的损失或损害及其大小，主要包括要求补偿的金额及工期，这部分只须列举各项明细数字及汇总数据即可。

⑤ 详细计算书（包括损失估价和延期计算两部分）。为了证实索赔金额和工期的真实性，必须指明计算依据及计算资料的合理性，包括损失费用、工期延长的计算基础、计算方法、计算公式及详细的计算过程及计算结果。

3）附件

附件包括索赔报告中所列举事实、理由、影响等的证明文件和证据。

（2）索赔文件的编写要求

索赔文件是双方进行索赔谈判或调解、仲裁、诉讼的依据，因此索赔文件的表达与内容对索赔的解决有重大影响，索赔方必须认真编写索赔文件。

编写索赔文件的基本要求有：

1）符合实际

索赔事件要真实、证据确凿。索赔的根据和款额应符合实际情况，不能虚构和扩大，更不能无中生有，这是索赔的基本要求。

2）说服力强

① 索赔文件中责任分析应清楚、准确。在索赔报告中要善于引用法律和合同中的有关条款，详细、准确地分析，并明确指出索赔事件的发生应由对方负全部责任，并附上有关证据材料，不可在责任分析上模棱两可、含糊不清。

② 强调事件的不可预见性和突发性。说明即使一个有经验的承包人对它不可能有预见或有准备，也无法制止，并且承包人为了避免和减轻该事件的影响和损失已尽了最大的努力，采取了能够采取的措施，从而使索赔理由更加充分，更易于对方接受。

③ 论述要有逻辑。明确阐述由于索赔事件的发生和影响，使承包人的工程施工受到严重干扰，并为此增加了支出，拖延了工期。应强调索赔事件、对方责任、工程受到的影响和索赔之间有直接的因果关系。

3）计算准确

索赔文件中应完整列入索赔值的详细计算资料，指明计算依据、计算原则、计算方法、计算过程及计算结果的合理性，必要的地方应作详细说明。

4）简明扼要

索赔文件在内容上应组织合理、条理清楚，各种定义、论述、结论正确，逻辑性强，既能完整地反映索赔要求，又要简明扼要，使对方很快地理解索赔的本质。

3. 索赔程序

由于索赔工作涉及双方的众多经济利益，因而是一项烦琐、细致、耗费精力和时间的过程。因此，合同双方必须严格按照合同规定办事，按合同规定的索赔程序工作，才能获得成功的索赔。

索赔程序是指从索赔事件产生到最终处理全过程所包括的工作内容和工作步骤。

我国建设工程施工合同（示范文本）对索赔的程序和时间要求有明确而严格的限定。

（1）承包人的索赔程序

1）承包人的索赔

业主未能按合同约定履行自己的各项义务或发生错误以及应由业主承担责任的其他情况，根据合同约定，承包人认为有权得到追加付款和（或）延长工期的，应按以下程序向发包人提出索赔：

① 承包人应在知道或应当知道索赔事件发生后 28 天内，向监理人递交索赔意向通知书，并说明发生索赔事件的事由。承包人未在前述 28 天内发出索赔意向通知书的，丧失要求追加付款和（或）延长工期的权利。

② 承包人应在发出索赔意向通知书后 28 天内，向监理人正式递交索赔通知书。索赔通知书应详细说明索赔理由以及要求追加的付款金额和（或）延长的工期，并附必要的记录和证明材料。

③ 索赔事件具有连续影响的，承包人应按合理时间间隔继续递交延续索赔通知，说明连续影响的实际情况和记录，列出累计的追加付款金额和（或）工期延长天数。

④ 在索赔事件影响结束后的 28 天内，承包人应向监理人递交最终索赔通知书，说明最终要求索赔的追加付款金额和延长的工期，并附必要的记录和证明材料。

2）对承包人索赔的处理

① 监理人应在收到索赔报告后 14 天内完成审查并报送发包人。监理人对索赔报告存在异议的，有权要求承包人提交全部原始记录副本。

② 发包人应在监理人收到索赔报告或有关索赔的进一步证明材料后的 28 天内，由监理人向承包人出具经发包人签认的索赔处理结果。发包人逾期答复的，则视为认可承包人的索赔要求。

③ 承包人接受索赔处理结果的，索赔款项在当期进度款中进行支付；承包人不接受索赔处理结果的，按照对争议解决的约定处理。

3）承包人提出索赔的期限

① 承包人按合同约定接受了竣工付款证书后，应被认为已无权再提出在合同工程接收证书颁发前所发生的任何索赔。

② 承包人按合同约定提交的最终结清申请单中，只限于提出工程接收证书颁发后发生的索赔。提出索赔的期限自接受最终结清证书时终止。

（2）发包人的索赔程序

1）发包人的索赔

根据合同约定，发包人认为有权得到赔付金额和（或）延长缺陷责任期的，监理人应向承包人发出通知并附有详细的证明。

发包人应在知道或应当知道索赔事件发生后 28 天内通过监理人向承包人提出索赔意向通知书，发包人未在前述 28 天内发出索赔意向通知书的，丧失要求赔付金额和（或）延长缺陷责任期的权利。发包人应在发出索赔意向通知书后 28 天内，通过监理人向承包人正式递交索赔报告。

2）对发包人索赔的处理

① 承包人收到发包人提交的索赔报告后，应及时审查索赔报告的内容、查验发包人证明材料。

② 承包人应在收到索赔报告或有关索赔的进一步证明材料后 28 天内，将索赔处理结果答复发包人。如果承包人未在上述期限内作出答复的，则视为对发包人索赔要求的认可。

③ 承包人接受索赔处理结果的，发包人可从应支付给承包人的合同价款中扣除赔付的金额或延长缺陷责任期；发包人不接受索赔处理结果的，按照对争议解决的约定处理。

（3）索赔工作程序实例

具体工程的索赔工作程序，应根据双方签订的施工合同产生。图 8-1 给出了国内某工程项目承包人的索赔工作程序，可供参考。

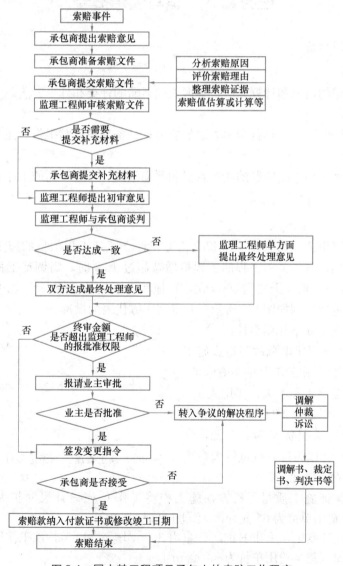

图 8-1 国内某工程项目承包人的索赔工作程序

8.2.5　任务实施

1. 根据案例背景，学习相关知识。

2. 学生分为两个组，分别作为业主和承包商，完成索赔机会分析、索赔理由分析、干扰事件的影响分析以及索赔证据列举。

3. 索赔另一方（业主）在讨论中就索赔方（承包商）的上述任务提出反驳。

4. 完成该项目的索赔意向通知书。

8.2.6　任务小结

本任务主要学习了索赔证据和索赔程序，重点养成及时收集索赔证据的习惯，学会编写索赔意向通知书。

任务 8.3　编写索赔报告

8.3.1　学习目标

1. 知识目标

掌握费用索赔的内容和计算方法；掌握工期索赔的种类和计算方法。

2. 能力目标

具备工期索赔的能力；具备费用索赔的能力；具备编写索赔报告的能力。

3. 素质目标

培养学生处理工程索赔问题的法律意识和严谨细致、一丝不苟的工作态度。

8.3.2　任务描述

【案例背景】

某建设单位（甲方）与某施工单位（乙方）订立了某工程项目的施工合同。合同规定：采用单价合同，每一分项工程的工程量增减超过 10％时，需调整工程单价。合同工期为 25 天，工期每提前 1 天奖励 3000 元，每拖后 1 天罚款 5000 元。乙方在开工前及时提交了施工网络进度计划如图 8-2 所示，并得到甲方代表的批准。

工程施工中发生如下几项事件：

事件 1：因甲方提供电源故障造成施工现场停电，使工作 A 和工作 B 的工效降低，作业时间分别拖延 2 天和 1 天；多用人工 8 个和 10 个工日，现场 30 工日窝工；工作 A 租赁的施工机械每天租赁费为 560 元，台班费 1000 元，工作 B 的自有机械每天台班费 600 元，折旧费 280 元。

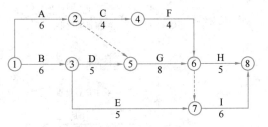

图 8-2　某工程施工网络进度计划（单位：天）

事件 2：为保证施工质量，乙方在施工中将工作 C 原设计尺寸扩大，增加工程量 16m³，该工作全费用单价为 87 元/m³，作业时间增加 2 天。

事件 3：因设计变更，工作 E 的工程量由 300m³ 增至 360m³，该工作原全费用单价为 65 元/m³，经协商调整全费用单价为 58 元/m³。

事件 4：鉴于该工程工期较紧，经甲方代表同意乙方在工作 G 和工作 I 作业过程中采取了加快施工的技术组织措施，使这两项工作作业时间均缩短了 2 天，该两项加快施工的技术组织措施费分别为 2000 元、2500 元。

其余各项工作实际作业时间和费用均与原计划相符。

【任务要求】

1. 上述哪些事件乙方可以提出工期和费用补偿要求？哪些事件不能提出工期和费用补偿要求？简述其理由。

2. 每项事件的工期补偿是多少天？总工期补偿多少天？

3. 该工程实际工期为多少天？工期奖罚款为多少元？

4. 人工单价为 25 元/工日，窝工单价为 15 元/工日，管理费率 10%，利润率 5%，规费 6.25%，税率 3.48%。计算甲方应给乙方的追加工程款为多少？

5. 参考索赔申请报告格式（表 8-4），撰写索赔报告。

索赔申请报告　　　　　　　　　　　　　　　　　　表 8-4

合同名称：　　　　　　　　　　　合同编号：

致：_____（监理机构） 　　根据有关规定和施工合同约定，我方对_____事件申请赔偿金额为（大写）_____ _____（小写_____），请审核。 　　附件：索赔报告。主要内容包括： 　　　　索赔事件简述 　　　　索赔引用合同条款及其他依据 　　　　索赔值详细计算 　　　　索赔支持文件   　　　　　　　　　　　　　　　　　　　　　　　　　　施工单位：（全称及盖章） 　　　　　　　　　　　　　　　　　　　　　　　　　　单位负责人：（签名） 　　　　　　　　　　　　　　　　　　　　　　　　　　日期：　年　月　日
监理机构将另行签发审核意见。   　　　　　　　　　　　　　　　　　　　　　　　　　　监理机构：（全称及盖章） 　　　　　　　　　　　　　　　　　　　　　　　　　　签收人：（签名） 　　　　　　　　　　　　　　　　　　　　　　　　　　日期：　年　月　日
建设单位审批意见。   　　　　　　　　　　　　　　　　　　　　　　　　　　计划合同部：（签名） 　　　　　　　　　　　　　　　　　　　　　　　　　　分管领导：（签名） 　　　　　　　　　　　　　　　　　　　　　　　　　　总经理：（签名） 　　　　　　　　　　　　　　　　　　　　　　　　　　建设单位：（全称及盖章） 　　　　　　　　　　　　　　　　　　　　　　　　　　日期：　年　月　日

说明：本表一式 6 份，由施工单位填写，监理机构审核后，随同审核意见施工单位、监理机构、建设单位各 2 份。

8.3.3　任务分析

承包商递交索赔意向书后，就需要准备索赔报告。编写完善的索赔报告对于索赔是否成功非常重要。针对实际情况，索赔报告的基本内容包括报告的标题、事实与理由、损失计算与要求赔偿金额及工期。深入探讨了索赔报告编写的基本要求，以提高索赔报告的质量，及时有效地处理索赔。

8.3.4　知识链接

1. 索赔原则

（1）赔（补）偿实际损失原则

实际损失包括两个方面：

1）直接损失，即承包商财产的直接减少。在实际工程中，常常表现为成本的增加和实际费用的超支。

2）间接损失，即可能获得的利益的减少。例如由于业主拖欠工程款，使承包商失去这笔款的存款利息收入。

（2）合同原则

费用索赔计算方法符合合同的规定。扣除承包商自己责任造成的损失，扣除承包商应承担的风险。

（3）合理性原则

符合工程惯例，即采用能为业主、调解人、仲裁人认可的，在工程中常用的计算方法。

2. 费用索赔计算

（1）索赔费用的内容

可索赔的费用内容一般可以包括以下几个方面：

1）人工费。包括增加工作内容的人工费、停工损失费和工作效率降低的损失费等累计，但不能简单地用计日工费计算。

2）设备费。可采用机械台班费、机械折旧费、设备租赁费等几种形式。

3）材料费。

4）保函手续费。工程延期时，保函手续费相应增加，反之，取消部分工程且发包人与承包人达成提前竣工协议时，承包人的保函金额相应折减，则计入合同价内的保函手续费也应扣减。

5）贷款利息。

6）保险费。

7）利润。

8）管理费。此项又可分为现场管理费和公司管理费两部分，由于二者的计算方法不一样，所以在审核过程中应区别对待。

（2）索赔费用的计算方法

索赔费用的计算方法有：实际费用法、总费用法和修正的总费用法。

1）实际费用法

实际费用法是计算工程索赔时最常用的一种方法。这种方法的计算原则是以承包商为某项索赔工作所支付的实际开支为根据,向业主要求费用补偿。

用实际费用法计算时,在直接费的额外费用部分的基础上,再加上应得的间接费和利润,即是承包商应得的索赔金额。由于实际费用法所依据的是实际发生的成本记录或单据,所以,在施工过程中,系统而准确地积累记录资料是非常重要的。

2)总费用法

总费用法又叫总成本法。当发生多次索赔事件以后,重新计算该工程的实际总费用,实际总费用减去投标报价时的估算总费用,即为索赔金额,即:

$$索赔金额=实际总费用-投标报价估算总费用$$

3)修正的总费用法

修正的总费用法是对总费用法的改进,即在总费用计算的原则上,去掉一些不合理的因素,使其更合理。

修正的内容如下:

①将计算索赔款的时段局限于受到外界影响的时间,而不是整个施工期;

②只计算受影响时段内的某项工作所受影响的损失,而不是计算该时段内所有施工工作所受的损失;

③与该项工作无关的费用不列入总费用中,对投标报价费用重新进行核算;

④按受影响时段内该项工作的实际单价进行核算,乘以实际完成的该项工作的工程量,得出调整后的报价费用。

按修正后的总费用计算索赔金额的公式如下:

索赔金额=某项工作调整后的实际总费用-该项工作的报价费用

修正的总费用法与总费用法相比,有了实质性的改进,它的准确程度已接近于实际费用法。

3. 工期索赔计算

(1)工期延误的概念

工期延误也称为工程延误或进度延误,是指工程实施过程中任何一项或多项工作的实际完成日期迟于计划规定的完成日期,从而可能导致整个合同工期的延长。工期延误对合同双方一般都会造成损失。工期延误的后果是形式上的时间损失,实质上造成经济上的损失。

(2)工期索赔的依据和条件

工期索赔一般是指承包商依据合同对于非自身的原因而导致的工期延误向业主提出的工期顺延要求。

1)因业主和工程师原因导致的延误:

① 业主未能及时交付合格的施工现场;

② 业主未能及时交付设计图纸;

③ 业主或工程师未能及时审批图纸、施工方案、施工计划等;

④ 业主未能及时支付预付款和工程款;

⑤ 业主或工程师设计变更导致工程延误或工程量增加;

⑥ 业主或工程师提供的数据错误导致的延误;

⑦ 业主或工程师拖延关键线路上工序的验收时间导致下道工序延误;

⑧ 其他（包括不可抗力原因导致的延误）。

2）因承包商原因引起的延误。这种情况下的索赔属于工期反索赔，是业主根据合同对于非自身的原因而导致的工期延误向承包商提出的工期赔偿要求。因承包商原因引起的延误一般是由于其管理不善所引起的，主要包括：

① 计划不周密；

② 施工组织不当，出现窝工或停工待料的情况；

③ 质量不符合合同要求而返工；

④ 资源配置不足；

⑤ 开工延误；

⑥ 劳动生产率低；

⑦ 分包商或供货商延误等。

（3）工期索赔的分析和计算方法

1）网络分析法

网络分析法是通过分析干扰事件发生前后的网络计划，对比两种工期的计算结果，从而计算出索赔工期。

网络分析法是利用进度计划的网络图，分析其关键线路。如果延误的工作为关键工作，则总延误的时间为批准顺延的工期；如果延误的工作为非关键工作，当该工作由于延误超过时差限制而成为关键工作时，可以批准延误时间与时差的差值；若该工作延误后仍为非关键工作，则不存在工期索赔问题。

2）比例法

在工程实施中，因业主原因影响的工期，通常可直接作为工期的延长天数。但是，当提供的条件能满足部分施工时，应按比例法来计算工期索赔值。

已知部分工程的延期时间：

$$工程索赔值 = \frac{受干扰部分工程的合同价}{原合同总价} \times 该受干扰部分工期拖延时间$$

已知额外增加工程量的价格：

$$工程索赔值 = \frac{额外增加的工程量}{原合同总价} \times 原合同工期$$

比例计算法简单方便，但有时不尽符合实际情况，比例计算法不适用于变更施工顺序、加速施工、删减工程量等事件的索赔。

8.3.5　任务实施

根据项目情况，按相关规定完成索赔报告。

1. 在索赔有效期提交索赔意向书；

2. 收集索赔证据与依据，编写索赔报告；

3. 按照索赔流程，处理索赔事务参与索赔谈判；

4. 按照正确的方法，进行索赔资料归档，总结索赔事件处理技巧；

5. 通过完成该任务，提出后续工作建议，完成自我评价，并提出改进意见；

6. 讨论：如何通过完善合同条件以及如何在工程实施过程中采取措施，避免（承包商或业主）损失或保护自身的正当权益。

【案例分析】

1. 事件1：可以提出工期和费用补偿要求，因为提供电源是甲方责任。

事件2：不可以提出工期和费用补偿要求，因为保证工程质量是乙方的责任，其措施费由乙方自行承担。

事件3：可以提出工期和费用补偿要求，因为设计变更是甲方的责任，且工作E的工程量增加了 $60m^3$，工程量增加量超过了 10% 的约定。

事件4：不可以提出工期和费用补偿要求，因为加快施工的技术组织措施费应由乙方承担，因加快施工而工期提前应按工期奖励处理。

2. 事件1：工期补偿1天，因为工作B在关键线路上，其作业时间拖延的1天影响了工期。但工作A不在关键线路上，其作业时间拖延的2天，没有超过其总时差，不影响工期。

事件2：工期补偿为0天。

事件3：工期补偿为0天，因工作E不是关键工作，增加工程量后作业时间增加 $\frac{360-300}{300}\times5=1$ 天，不影响工期。

事件4：工期补偿0天。

总计工期补偿：1天+0天+0天+0天=1天。

3. 将每项事件引起的各项工作持续时间的延长值均调整到相应工作的持续时间上，计算得：实际工期为23天

工期提前奖励款为：（25+1-23）天×3000元/天=9000元

4. 事件1：

人工费补偿：

(8+10)工日×25元/工日×(1+10%)×(1+5%)×(1+6.25%)×(1+3.48%)+30×15×(1+6.25%)×(1+3.48%)=571.45+494.76 =1066.21元

机械费补偿：

(2台班×560元/台班+1台班×280元/台班)×(1+6.25%)×(1+3.48%)=1539.27元

事件2：

按原单价结算的工程量：$300m^3×(1+10\%)=330m^3$

按新单价结算的工程量：$360m^3-330m^3=30m^3$

结算价：$30m^3×65元/m^3+30×58元/m^3=3690元$

合计追加工程款总额为：1066.21元+ 1539.27元+ 3690元+ 9000元=15295.48元

8.3.6 任务小结

本任务主要学习费用索赔计算、工期索赔计算。重点要学会编写索赔报告。

参 考 文 献

[1] 李启明. 建筑工程合同管理[M]. 3版. 北京：中国建筑工业出版社，2018.

[2] 成虎，张尚，成于思. 建设工程合同管理与索赔[M]. 5版. 南京：东南大学出版社，2020.

[3] 危道军，胡永骁. 工程项目承揽与合同管理[M]. 2版. 北京：高等教育出版社，2018.

[4] 杨陈慧，杨甲奇. 工程招投标与合同管理实务[M]. 重庆：重庆大学出版社，2016.

[5] 杨锐，王兆. 建设工程招投标与合同管理[M]. 北京：人民邮电出版社，2018.

[6] 刘晓勤，董平. 建设工程招投标与合同管理实务[M]. 杭州：浙江大学出版社，2017.

[7] 杨志中. 建设工程招投标与合同管理实务[M]. 北京：机械工业出版社，2013.

[8] 李洪军，杨志刚，源军，张斌. 工程项目招投标与合同管理[M]. 3版. 北京：北京大学出版社，2018.

[9] 余群舟，高洁，周诚. 建设工程合同管理[M]. 北京：北京大学出版社，2016.

[10] 一级注册建造师执业资格考试用书编委会. 一级注册建造师执业资格考试用书[M]. 北京：中国建筑工业出版社，2023.

[11] 全国造价工程师执业资格考试培训教材编审委员会. 工程造价案例分析[M]. 北京：中国城市出版社，2018.

[12] 张海燕. 合同审查思维体系与实务技能[M]. 北京：中国法制出版社，2020.

[13] 袁华之. 建设工程索赔与反索赔[M]. 北京：法律出版社，2016.

[14] 刘钟莹，茅剑，卜宏马，等. 建筑工程工程量清音计价[M]. 3版. 南京：东南大学出版社，2015.

工程项目承揽与合同管理
（第四版）

任务评价与能力训练

班级：＿＿＿＿＿＿＿＿

学号：＿＿＿＿＿＿＿＿

姓名：＿＿＿＿＿＿＿＿

工作任务 1 完成情况评价

学生模拟招标助理角色，结合工程案例背景，编制切实可行的工程项目招标工作进度计划、招标方案；学生分组互评；教师模拟招标人角色，对招标计划、招标方案策划的任务完成情况进行评价。

招标方案任务评价表

考核项目		考核内容	考核标准（分值）	考核得分（满分 100 分）		
				小组评分 50%	教师评分 50%	评分合计
岗位能力	编制工程项目施工招标工作进度计划安排表	招标公告阶段、资格预审阶段、开评定标阶段的安排符合相关时间限制性规定	时间节点确定准确，符合招标投标相关法律法规的要求（30）			
	编制招标采购方案	招标方案的内容	招标方案内容全面准确（10）			
	编制招标基本情况表	会分析确定招标范围、组织形式、招标方式	招标范围、组织形式、招标方式符合招标投标法律规定（20）			
	划分招标批次	会分析确定招标批次	招标批次划分科学（10）			
	工程的标段	会分析确定工程的标段	工程的标段划分科学合理（10）			
职业素养	自主学习	学习态度、学习方法	学习态度积极，勇于承担工作任务，并根据实际情况采用正确学习方法（5）			
	团队协作	服务意识、协调沟通	服从组内的任务分工，正确组织协调任务（5）			
	创新精神	创新拓展思维	利用所学知识和技能进行拓展思考，并分析问题，解决问题（5）			
	行为习惯	遵纪守法	遵守国家法律法规、政策和行业自律规定，诚信守法，客观公正（5）			
工作任务 1 得分小计						

工作任务 1 能力训练

1. 基础训练

(1) 名词解释

工程建设项目　　工程　　与工程建设有关的货物　　与工程建设有关的服务

工程建设项目招标　　　工程建设项目招标　　　招标投标争议

工程建设项目总承包招标　　　工程建设项目的设计招标

工程建设项目的施工招标　　　施工招标工程建设项目的监理招标

工程建设项目的材料设备招标　　公开招标　　　邀请招标

自行招标　　　　　　　　　委托招标　　招标准备

(2) 单选题

1) 遵循（　　）原则，可以使每个投标人及时获得有关信息，保证招标活动的广泛性、竞争性。

A. 公平　　　　　B. 公开　　　　　C. 公正　　　　　D. 诚实信用

2) 依法必须进行招标的项目而不招标的，将必须进行招标的项目化整为零或者以其他任何方式规避招标的，有关行政监督部门责令（　　）限期改正，可以处项目合同金额5‰以上10‰以下的罚款；对全部或者部分使用国有资金的项目，项目审批部门可以暂停项目执行或者暂停资金拨付；对单位直接负责的主管人员和其他直接负责人员依法给予处分。

A. 投标人　　　　　　　　　B. 招标代理机构

C. 招标人　　　　　　　　　D. 项目经理

3) 根据我国招标投标法的规定，两个以上法人或其他组织签订共同投标协议，以一个投标人的身份共同投标是（　　）。

A. 联合体投标　　　　　　　B. 共同投标

C. 合作投标　　　　　　　　D. 协作投标

4) 某电力大厦装饰装修工程项目进行公开招标，需要进行工作内容有：①答疑和现场踏勘；②发出中标通知书；③开标会议；④发布资格预审公告；⑤评标专家确定中标人；⑥出售招标文件；⑦资格预审。正确的顺序是（　　）。

A. ④→①→⑥→⑦→③→⑤→②　　　B. ④→⑦→⑥→①→③→⑤→②

C. ④→⑥→①→③→⑦→⑤→②　　　D. ④→⑥→⑦→①→③→⑤→②

(3) 多选题

1)《招标投标法》第五条明确规定：招标投标活动应当遵循（　　）的原则。

A. 公开　　　　　　　　　　B. 公平

C. 公正　　　　　　　　　　D. 自由

E. 诚实信用

2)《工程建设项目施工招标投标办法》第四十六条规定，下列行为均属于投标人串通投标报价（　　）。

A. 投标人之间相互约定抬高或降低投标报价

B. 投标人之间相互约定，在招标项目中分别以高、中、低价位报价

C. 投标人以向招标人或者评标委员会成员行贿的手段谋取中标

D. 投标人之间先进行内部竞价，内定中标人，然后再参加投标

E. 投标人之间其他串通投标报价行为

3）招标投标争议按照发生争议的当事主体性质不同可以分为（　　）。

A. 民事争议　　　　　　　　　　B. 异议

C. 行政争议　　　　　　　　　　D. 投诉

E. 提起仲裁

4）招标投标的行政监督的对象是（　　）。

A. 招标人　　　　　　　　　　　B. 投标人

C. 招标代理机构及有关责任人员　　D. 住房和城乡建设部

E. 评标委员会成员

（4）简答题

1）工程建设项目招标投标的作用有哪些？试举例说明。

2）简述必须招标的项目范围和规模标准。

3）应当采用公开招标的工程范围包括哪些？

4）可以采用邀请招标的工程范围包括哪些？

5）可以不进行招标的项目有哪些？

6）请学生按照本地具体情况，编制本地区招标投标法律体系一览表（由有关法律、法规、规章及规范性文件构成）。

7）工程建设项目招标的类型有哪些？

8）简述工程建设项目招标方式及其主要区别。

9）工程建设项目招标投标的组织形式有哪些？

10）联合体投标各方的责任有哪些？

11）工程建设项目施工招标条件有哪些？

12）简述工程建设项目施工公开招标投标的程序。

13）招标准备阶段的主要工作包括哪些方面？

14）工程建设项目施工招标方案通常包括哪些内容？

15）收集一份实际工程的工程建设项目施工招标方案。

2. 实务训练

（1）案例一

【案例背景】

1）项目概况

××保障性住房项目是省重点建设项目，由××市公共租赁住房开发建设管理有限公司开发建设，位于××市西北片区，西三环以东、轨道4号线××站以南，××路以北，××区范围内，净用地约216亩，总建筑面积约68万㎡。由6栋公租房、1座幼儿园、1座学校、3栋公租房、8栋廉租房组成，房屋最高34

层，总高 99.4m，且以 34 层为主。项目总估算 29 亿元，建设资金来自财政资金及企业自筹，资金已到位。建设起止年限：计划 2021 年 9 月 28 日开工，2024 年 3 月 31 日完工。

2）本项目无提前招标情况。

3）项目招标内容

建设项目的勘察、设计、施工、监理以及重要设备、材料等采购活动全部招标；拟采用的招标组织形式为委托招标，招标代理机构业绩、机构人员等情况符合相关要求；拟采用招标的方式为公开招标。

该工程所在地《建设项目招标方案》报审标准格式如下：

编号：〔　　　〕号

××省建设项目招标方案

项目名称：

建设单位：

（盖章）

年　月　日

××省发展和改革委员会监制

P1

编 制 说 明

1. 该方案由项目建设单位负责编写，编写内容要齐全、完整。

2. 纸张采用 A4 纸，打印后单独装订成册。

3. 编号由审核部门统一填写。

4. 方案一式 4 份，省发展改革委、省直有关部门或市发展改革委、项目建设单位、招标代理机构各 1 份。

P2

建设项目招标方案

一、项目概况

1. 建设规模：

2. 主要建设内容：

3. 主要设备（应说明主要设备型号、台套，设备是国产还是进口）：

4. 建设地点：

5. 建设性质：

6. 省重点建设项目：是　否

7. 建设起止年限：

8. 项目总估算、资金来源及落实情况：

二、项目提前招标情况

1. 项目可行性研究报告批复前招标：有　无

2. 提前招标范围：

3. 提前招标理由：

4. 项目审批部门批准情况：

三、项目招标内容

建设项目招标方案的内容包括：

1. 建设项目的勘察、设计、施工、监理以及重要设备、材料等采购活动的具体招标范围（全部或部分招标）。

2. 建设项目的勘察、设计、施工、监理以及重要设备、材料等采购活动拟采用的招标组织形式（委托招标或者自行招标）；拟采用委托招标的，要附招标代理机构营业执照、业绩、机构人员等情况；拟采用自行招标的，要附项目法人资格证书，说明招标机构、专业技术力量、从事同类项目招标等情况。

3. 建设项目的勘察、设计、施工、监理以及重要设备、材料等采购活动拟采用招标的方式（公开招标或者邀请招标）；国家或省重点建设项目，拟采用邀请招标的，应对采用邀请招标的理由做出说明。

4. 不招标的说明。

5. 其他有关内容。

6. 对投标单位的资质要求。

项目法人及法定代表人：

联系人：　　　　　　　电话：

传　真：　　　　　　　邮编：

单位地址：

P3

5

招标基本情况表

建设项目名称：

单项名称	招标范围		招标组织形式		招标方式		不用招标方式	招标估算金额（万元）	备注
	全部招标	部分招标	自行招标	委托招标	公开招标	邀请招标			
勘察									
设计									
建筑工程									
安装工程									
监理									
主要设备									
重要材料									
其他									
情况说明									

建设单位盖章

年　月　日

注：情况说明在表内填写不下，可附另页。

审批部门核准意见表

单项名称	招标范围		招标组织形式		招标方式		不采用招标方式
	全部招标	部分招标	自行招标	委托招标	公开招标	邀请招标	
勘察							
设计							
建筑工程							
安装工程							
监理							
主要设备							
重要材料							
其他							
审批部门核准意见说明：							

审批部门盖章

年　月　日

注：审批部门在空格注册"核准"或者"不予核准"。

【问题】

根据提供的某工程案例背景资料以及该工程所在地《建设项目招标方案》报审标准格式，要求学习者扮演建设单位的角色填报招标方案，教学者扮演审批部门的角色填写核准意见表。

(2) 案例二

以下工程计划 2021 年 5 月 10 日开工建设，请依据所学知识，完善下列招标方案。

××省××科技园区 6 号楼

招 标 方 案

项目法人：×××建设投资有限公司

二〇　　年

招标方案

1. 项目基本情况

××省××科技园区项目批准文号：＿＿＿＿＿＿＿＿＿＿＿＿＿，项目总投资为5000 万元。资金来源为　自筹　，项目建设地点：××市××路与××街交叉口　，项目招标类别：　工程　。

2. 招标范围

委托招标范围勘察、设计、施工、监理以及与工程建设有关的重要设备、材料等的采购。如下表：

项目招标内容基本情况表

基本条目	招标范围		招标方式		组织形式		投资估算	备注
	全部招标	部分招标	公开招标	邀请招标	自行招标	委托招标		
勘察	√			√	√			
设计	√			√	√			
建筑工程	√		√			√		
安装工程	√		√			√		
施工监理	√		√			√		
主要设备	√		√			√		
部分设备	√			√	√			
重要材料	√		√			√		
部分材料	√			√	√			
其他	√			√	√			

3. 监督

整个招标投标活动接受×××区管委会等有关行政监督部门的监督。

4. 评标专家库及评标委员会情况

本工程评标委员会由5人组成，由项目业主代表__名，技术、经济等方面的评标专家 __人组成，评标专家从 ＸＸ市建委交易中心 专家库中随机抽取产生。

5. 招标方式

本项目招标方式拟采用公开招标 方式。按规定招标公告在ＸＸ市建设信息网媒体上发布。

6. 针对本项目对投标单位的资质要求

设计单位资质要求建筑工程甲级设计资质；勘察单位资质要求工程勘察综合甲级资质；监理单位资质要求房屋建筑工程甲级监理资质；建筑安装施工单位应具备建筑工程施工总承包一级及以上资质；设备制造安装单位需具备相关专业制造及安装许可证。

7. 招标组织形式

公司_____部负责招标有关的具体事务，项目经理_____，技术负责人_____，报建员_____，唱标员_____，组成项目部负责进行该项目的招标活动。

8. 招标总体安排

为满足时间及合同要求，按照国家有关对招标的有关规定，根据工程项目进展情况，安排如下：

施工、监理招标工作的进度计划安排

序号	工作内容	时间
备案及公告阶段		
1	管委会招标备案	__年__月__日
2	编制并确定招标方案和计划	__年__月__日—__年__月__日
3	完成招标公告、资格预审文件、招标文件初稿	__年__月__日—__年__月__日
4	修改资格预审、施工招标文件定稿	__年__月__日—__年__月__日
5	招标公告、资格预审文件、招标文件并备案	__年__月__日—__年__月__日
6	发布施工资格预审公告	__年__月__日
7	接受报名并发资格预审文件	__年__月__日—__年__月__日
资格预审阶段		
8	接受递交申请文件	递交截止时间：__年__月__日
9	组织资格评审，确定合格名单，评审委员会编写资格预审报告	__年__月__日—__年__月__日
10	报备资格审查报告	__年__月__日—__年__月__日
11	发投标邀请书	__年__月__日
招标、评标、定标阶段		
12	发售招标文件并在开标前编制标底	__年__月__日—__年__月__日
13	组织勘察现场及标前答疑会	__年__月__日
14	开标、评标	__年__月__日
15	对中标候选人公示无异议后定标	__年__月__日
16	核备招标评标报告	__年__月__日—__年__月__日
17	确认招标结果并发中标通知书	__年__月__日
18	起草、签订施工合同	__年__月__日—__年__月__日

工作任务 2　完成情况评价

学生模拟招标助理、资格预审专家角色，结合工程案例背景，编制预审（招标）公告、开展资格审查；学生分组互评；教师模拟招标人角色，对任务完成情况进行评价。

招标公告任务评价表

考核项目		考核内容	考核标准（分值）	考核得分（满分100分）		
				小组评分 50%	教师评分 50%	评分合计
岗位能力	工程施工招标资格审查主要内容	案例背景与企业资质标准的匹配度	按照案例背景，合理确定企业资质（5）			
	资格审查因素和审查标准	填写情况	符合案例背景描述，填写准确（10）			
	资格预审公告（招标公告）格式的选取	会选用资格预审公告（或招标公告）格式	格式正确（10）			
	资格预审公告（招标公告）的编制	资格预审公告（或招标公告）的内容	资格预审公告（招标公告）的内容填写符合法律法规范的要求（10）			
	资格预审表	填写情况	符合案例背景描述及评审要求，填写准确（10）			
	资格审查重点	列出资格审查重点内容	资格审查重点内容全面准确（10）			
	资格审查程序	列出资格审查程序	资格审查程序正确（10）			
	审查委员会工作要求	列出审查委员会工作内容、要求	审查委员会的工作内容、要求正确（10）			
	会确定通过资格预审的申请人名单	合格制与有限数量制	正确确定通过资格预审的申请人名单（5）			
职业素养	自主学习	学习态度、学习方法	学习态度积极，勇于承担工作任务，并根据实际情况采用正确学习方法（5）			

考核项目		考核内容	考核标准（分值）	考核得分（满分100分）		
				小组评分 50%	教师评分 50%	评分合计
职业素养	团队协作	服务意识、协调沟通	服从组内的任务分工，正确组织协调任务（5）			
	创新精神	创新拓展思维	利用所学知识和技能进行拓展思考，并分析问题，解决问题（5）			
	行为习惯	遵纪守法	遵守国家法律法规、政策和行业自律规定，诚信守法，客观公正（5）			
工作任务2 得分小计						

工作任务 2 能力训练

1. 基础训练

(1) 名词解释

资格预审　　　资格后审　　　资料审查　　　实地考察

合格制　　　　有限数量制

(2) 单选题

1) 关于招标公告发布，下列说法不正确的是(　　)。

A. 招标公告必须在国家或省、自治区、直辖市人民政府指定的媒介发布

B. 任何单位和个人不得违法指定或者限制招标公告发布地点和发布范围

C. 在指定媒介发布依法必须招标项目的招标公告一律不得收取费用

D. 指定报纸和网络应当在收到招标公告文本之日起七日内发布招标公告

2) 资格审查分为资格预审和资格后审，一般使用的资格审查方法(　　)。

A. 合格制　　　B. 资格预审　　　C. 资格后审　　　D. 有限数量制

3) 实行资格预审的，资格预审文件应当明确合格申请人的条件、(　　)、合格申请人过多时将采用的选择方法和拟邀请参加投标的合格申请人数量等内容。

A. 资质等级要求

B. 资格预审的评审标准和评审方法

C. 建造师资质等级要求

D. 人员信用登记

4) 在工程项目的施工招标的资格审查中，除技术特别复杂或者具有特殊专业技术要求的以外，提倡实行(　　)。

A. 合格制　　　B. 资格预审　　　C. 资格后审　　　D. 有限数量制

5) 依据《招标投标法》，招标公告基本内容不包括(　　)。

A. 招标人的名称、地址　　　　　B. 招标项目的实施时间、地点

C. 招标项目的性质、数量　　　　D. 评标标准

(3) 简答题

1) 简述资格审查的程序。

2) 简述资格预审的评审程序。

3) 简述工程资格预审公告的内容。

4) 简述初步审查和详细审查的因素及标准。

2. 实务训练

(1) 案例一

【案例背景】某集团棚户区改造项目位于某经济开发区，总投资约 9000 万元。本次建设规模：Ⅰ标段建筑面积为 12254.5m²，Ⅱ标段建筑面积为

12370.4m^2，Ⅲ标段建筑面积为 11807.1m^2。建筑物高度最高达到 98.6m，层数为地下 1 层，地上 34 层。工程施工招标文件计划于 2022 年 3 月 5 日起开始发售，售价 260 元/套，图纸押金 5000 元/套。2022 年 3 月 29 日投标截止，投标文件的递交地点为××省××市××区××路 6 号。计划开工日期 2022 年 5 月 16 日、竣工日期 2024 年 12 月 16 日。质量要求达到国家质量检验与评定标准合格等级。对投标人的资格要求：建筑工程施工总承包二级以上资质，不接受联合体投标。施工招标公告拟在"中国采购招标网"和某市建设工程交易中心信息版等媒体上发布。

【问题】

1）施工招标公告的基本内容有哪些？进行施工招标的工程项目需具备哪些条件？

2）建筑业企业应具备的条件及资质管理是如何规定的？就本工程所给条件，编写一份施工招标公告。

（2）案例二

【案例背景】某办公楼工程为依法必须进行招标的项目，招标人采用国内公开招标方式组织施工招标，在资格预审公告中载明选择不多于 7 名的潜在投标人参加投标。资格预审文件中规定资格审查分为"初步审查"和"详细审查"，初步审查中给出了详细的评审因素和评审标准，但详细审查中未规定具体的评审因素和标准，仅说"对企业实力、技术装备、人员状况和项目经理的业绩进行综合评议，确定通过资格审查的申请人名单"。该项目有 10 个申请人购买了资格预审文件，并在资格预审申请截止时间前递交了资格预审申请文件。招标人依照相关规定组建了资格审查委员会，对递交的 10 份资格预审申请文件进行了初步审查，结论均为"合格"。在详细审查过程中，资格审查委员会没有依据资格预审文件对通过初步审查的申请人逐一进行评审和比较，而采取了去掉 3 个评审最差的申请人的方法。其中 1 个申请人为区县级施工企业，有评委认为其实力差；还有 1 个人申请人据说爱打官司，合同履约信誉差，审查委员会一致同意将这两个申请人判为不通过资格审查。

审查委员会对剩下的 8 个申请人找不出理由确定哪个申请人不能通过资格审查，一致同意采用"抓阄"的方式确定最后一个不通过资格审查的申请人，从而确定了剩下的 7 个申请人为投标人，并据此完成了审查报告。

【问题】

1）招标人在上述资格预审过程中存在哪些不妥之处？为什么？

2）审查委员会在上述审查过程中存在哪些不妥之处？为什么？

工作任务 3 完成情况评价

同学分组扮演招标助理角色，起草《工程施工招标文件》和《设计施工总承包招标文件》，重点完成投标人须知前附表部分；教师模拟招标人，分组进行招标文件的答辩，评价招标文件成果的编制水平。

招标文件任务评价表

| 序号 | 考核项目 | 考核内容 | 考核标准（分值） | 考核得分（满分100分） | | |
				小组评分 50%	教师评分 50%	评分合计
岗位能力	工程施工招标文件	招标文件的内容	内容全面、完整，体现建设项目的特点和要求（10）			
			语言规范、简练，没有违法、歧视性条款（10）			
		招标文件的格式	符合《房屋建筑和市政工程标准施工招标文件》要求（5）			
	投标人须知前附表	内容、格式	内容完整、格式准确（5）			
		相关时间节点	相关时间节点、方式确定准确（5）			
		投标保证金的金额、形式	投标保证金的金额、形式等确定准确（10）			
		投标人资格、能力和信誉	投标人资格、能力和信誉要求符合建筑业资质管理相关标准和规定（10）			
		联合体投标	条款设置合理（5）			
	设计施工总承包招标文件	招标文件的内容	内容全面、完整，体现建设项目的特点和要求（10）			
			语言规范、简练，没有违法、歧视性条款（5）			
		招标文件的格式	符合《标准设计施工总承包招标文件》要求（5）			

序号	考核项目	考核内容	考核标准（分值）	考核得分（满分100分）		
				小组评分 50%	教师评分 50%	评分合计
职业素养	自主学习	学习态度、学习方法	学习态度积极，勇于承担工作任务，并根据实际情况采用正确学习方法（5）			
	团队协作	服务意识、协调沟通	服从组内的任务分工，正确组织协调任务（5）			
	创新精神	创新拓展思维	利用所学知识和技能进行拓展思考，并分析问题，解决问题（5）			
	行为习惯	遵纪守法	遵守国家法律法规、政策和行业自律规定，诚信守法，客观公正（5）			
工作任务3 得分小计						

工作任务 3　能力训练

1. 基础训练

(1) 单选题

1) 某招标文件中确定的开标时间是 7 月 1 日，投标有效期是 3 个月，某投标人于 6 月 15 日提交投标书和投标保证金。问：该投标保证金的有效期应至(　　)。

A. 9 月 30 日　　　　　　　　　B. 9 月 15 日

C. 10 月 15 日　　　　　　　　　D. 10 月 30 日

2) 不可以做投标保证金的是(　　)。

A. 现金　　　　　　　　　　　B. 某行政机关单位的信用担保

C. 银行汇票　　　　　　　　　D. 银行保函

3) 提交投标文件的投标人少于(　　)个的，招标人应当依法重新招标。

A. 2　　　　　　　B. 3　　　　　　　C. 4　　　　　　　D. 5

4) 根据我国《招标投标法》规定，招标人需要对发出的招标文件进行澄清或修改时，应当在招标文件要求提交投标文件的截止时间至少(　　)天前，以书面形式通知所有招标文件收受人。

A. 10　　　　　　B. 15　　　　　　C. 20　　　　　　D. 30

5) 根据《招标投标法》的规定，依法必须进行招标的项目，自招标文件开始发出之日起至投标人提交投标文件截止之日止，最短不得少于(　　)日。

A. 15　　　　　　B. 20　　　　　　C. 25　　　　　　D. 30

6) 关于标底的说法正确的是(　　)。

A. 每个招标项目都必须编制一个标底

B. 招标项目可以编制两个标底

E. 招标项目可以不必编制标底

D. 标底必须经过审查

7) 甲、乙工程承包单位组成施工联合体参与某项目的投标，中标后联合体接到中标通知书，但尚未与招标人签订合同，联合体投标时提交了 5 万元投标保证金。此时两家单位认为该项目盈利太少，于是放弃该项目，对此，招标投标法的相关规定是(　　)。

A. 5 万元投标保证金不予退还

B. 5 万元投标保证金可以退还一半

C. 若未给招标人造成损失，投标保证金可退还

D. 若未给招标人造成损失，投标保证金可以退还一半

8) (　　)是评标委员会评标的直接依据，是招标文件中投标人最为关注的核心内容。

A. 图纸　　　　　　　　　　　B. 评标办法

C. 投标人须知前附表　　　　　　D. 合同条款

9）招标人应当在招标文件中载明投标有效期，投标有效期从（　　）起算。

A. 提交投标文件之日　　　　　　B. 发布招标公告之日

C. 提交投标文件的截止之日　　　D. 提交投标保证金之日

10）合同货物数量调整范围，一般不宜超过招标数量的（　　）。

A. 10%~15%　　　B. 5%~10%　　　C. 15%~20%　　　D. 20%~30%

11）选择货物的评标方法时，当技术相对简单或技术规格、性能、制作工艺要求比较成熟的货物，其技术标准统一，性能、质量相近或容易比较的，在不以追求更高性能的情况下，此时可选用（　　）。

A. 综合评估法　　　　　　　　　B. 经评审的最低投标价法

C. 栅栏评标法　　　　　　　　　D. 排序法

12）（　　）是基础设施特许经营项目融资招标成功和顺利实施的关键。

A. 起草好投标邀请书　　　　　　B. 起草好项目协议

C. 起草好招标公告　　　　　　　D. 起草好投标文件格式

13）工程建设项目设计招标文件的构成中，（　　）是招标文件的核心文件，是投标人进行方案设计的指导性和纲领性文件。

A. 投标须知　　　　　　　　　　B. 设计条件及要求

C. 主要合同条件　　　　　　　　D. 投标文件格式

（2）多选题

1）投标文件的组成内容中，（　　）是商务文件。

A. 投标保证金　　　　　　　　　B. 施工组织设计

C. 项目管理机构　　　　　　　　D. 资格审查资料

E. 投标函

2）国内货物招标的投标报价一般为货物运到招标人指定地点交货价，包含（　　）。

A. 货物出厂价　　　　　　　　　B. 设计费

C. 货物运输费　　　　　　　　　D. 运输保险费

E. 其他杂费

3）特许经营项目融资招标，典型的评标方法有（　　）。

A. 综合评估法　　　　　　　　　B. 经评审的最低投标价法

C. 栅栏评标法　　　　　　　　　D. 排序法

E. 记名或无记名投票法

4）以下关于特许经营项目融资招标主要评标——"投标报价"的描述，正确的是（　　）。

A. 投标报价是招标人评价和选择投标人的关键因素

B. BOT 项目，投标人的报价越低对招标人越有利

C. 股权转让项目，投标人的报价越高对招标人越有利

D. TOT 项目，当转让资产的价格固定不变时，投标人的产品（或服务）价

格越低越有利

E. TOT 项目，当产品（或服务）价格固定不变时，投标人的资产转让价格越低越有利

5）设计招标核心因素是（　　）。

A. 技术因素
B. 经济因素

C. 商务因素
D. 可持续发展

E. 类似工程

(3) 简答题

1）简述《标准施工招标文件》的构成。

2）投标人须知前附表主要作用有哪些？

3）关于投标保证金有哪些具体规定？

4）关于履约担保有哪些具体规定？

5）关于重新招标和不再招标有哪些具体规定？

6）编写工程招标文件应注意的问题有哪些？

7）货物招标文件一般由哪些内容组成？

8）货物的评标方法有哪些？各适用于什么情况？

9）工程建设项目设计招标文件的构成中，设计条件及要求有哪些？

10）监理投标如何报价？

11）工程监理评标因素有哪些？

12）工程建设项目管理服务评标应重点考虑评审哪些内容？

2. 实务训练

(1) 案例一

【案例背景】收集某一工程建设项目的相关资料。

【问题】学生按照《标准施工招标文件》（2007 年版），分组完成一份完整的《施工招标文件》。

(2) 案例二

【案例背景】某国家大型水利工程，由于工艺先进，技术难度大，对施工单位的施工设备和同类工程施工经验要求高，而且对工期的要求也比较紧迫。基于本工程的实际情况，业主决定仅邀请 3 家国有一级施工企业参加投标。招标工作内容确定为：成立招标工作小组，发出投标邀请书；编制招标文件；编制标底；发放招标文件，招标答疑；组织现场踏勘；接收投标文件；开标，确定中标单位，评标，签订承发包合同；发出中标通知书。

【问题】

1）如果将上述招标工作内容的顺序作为招标工作先后顺序是否妥当？如果不妥，请确定合理的顺序。

2）工程建设项目施工招标文件一般包括哪些内容？

工作任务 4 完成情况评价

学生扮演承包商经营部投标书编制小组成员，依据招标文件要求，分组讨论，分析并明确工作分工，编制商务标、技术标、资信标，密封、递交。教师模拟承包商经营部负责人角色，对投标文件编制任务完成情况进行评价。

投标文件任务评价表

考核项目		考核内容	考核标准（分值）	考核得分（满分100分）		
				小组评分 50%	教师评分 50%	评分合计
岗位能力	投标前准备工作	投标材料	提供完整的投标文件的组成材料（5）			
	报价策略	报价策略的选择	投标策略的基本策略和附加策略的应用正确（10）			
	投标报价技巧	报价技巧的选择	不平衡报价法、多方案报价法、突然降价法的应用正确（10）			
	技术标格式	格式与招标文件匹配度	技术标格式与招标文件的要求相一致（5）			
	技术标内容	技术标与招标文件匹配	技术标内容完整准确、图文并茂（5）			
	技术标暗标部分	暗标与招标文件的匹配度	技术标暗标部分与招标文件要求相一致（5）			
	企业人员资信	企业、人员资信符合度	企业、人员的资信符合案例招标文件资格评审标准（5）			
	企业资信加分	投标人良好记录	近5年每承担一项同类型工程得2分。同类型工程有质量和安全方面良好评价的，国家级加2分、省级加1.5分、市级加1分；近2年有管理方面良好评价的，国家级加2分、省级加1分、市级加0.5分；近1年为省级优秀骨干企业的加2分，骨干企业的加1分，无不良记录的加1分。以最高分计，不累计（5）			

考核项目		考核内容	考核标准（分值）	考核得分（满分100分）		
				小组评分 50%	教师评分 50%	评分合计
岗位能力	人员资信加分	项目经理良好记录	项目经理近5年承担过一项与拟招标工程同类型工程得2分，在该项目中担任项目副经理的得1分。同类型工程有质量安全方面良好评价的，国家级加2分、省级加1.5分、市级加1分；项目经理近2年有良好个人方面评价的，国家级加2分、省级加1分、市级加0.5分；项目经理近一年无不良行为记录的加1分。以最高分计，不累计（5）			
	不良记录扣分	投标人和项目经理不良记录	投标人和项目经理近一年有一次被处罚的不良记录，在投标人资信总分中扣2分，扣到0分为止；有一次被通报的不良记录，在投标人资信总分中扣1分，扣到0分为止（5）			
	投标文件组成	投标文件的组成完整	投标文件的组成符合案例工程招标文件的要求（5）			
	投标文件编写	投标文件的编写、递交、澄清和修改	投标文件的编写、签署、密封、递交、澄清和修改符合案例工程招标文件的要求（10）			
	投标保证金	投标保证金的形式、内容	投标保证金格式、额度、递交时间、退还等符合案例工程招标文件的要求（5）			
职业素养	自主学习	学习态度、学习方法	学习态度积极，勇于承担工作任务，并根据实际情况采用正确学习方法（5）			
	团队协作	服务意识、协调沟通	服从组内的任务分工，正确组织协调任务（5）			
	创新精神	创新拓展思维	利用所学知识和技能进行拓展思考，并分析问题，解决问题（5）			
	行为习惯	遵纪守法	遵守国家法律法规、政策和行业自律规定，诚信守法，客观公正（5）			
工作任务4 得分小计						

工作任务 4 能力训练

1. 基础训练

(1) 名词解释

投标有效期　　投标保证金　　不平衡报价法　　多方案报价法

(2) 单选题

1) 根据我国《招标投标法》的规定,两个以上法人或其他组织签订共同投标协议,以一个投标人的身份共同投标是(　　)。

A. 联合体投标　　B. 共同投标　　C. 合作投标　　D. 协作投标

2) 下列选项中(　　)不符合《招标投标法》关于联合体各方资格的规定。

A. 联合体各方均应当具备承担招标项目的相应能力

B. 招标文件对投标人资格条件有规定的,联合体各方均应当具备规定的相应资格条件

C. 有同一专业的单位组成的联合体,按照资质等级较低的单位确定资质等级

D. 有同一专业的单位组成的联合体,按照资质等级较高的单位确定资质等级

3) 投标人提交投标文件时,应按招标文件规定的(　　)向招标人提交投标保证金。

A. 金额、地点、时间　　　　　　B. 时间、形式、地点

C. 金额、地点、形式　　　　　　D. 金额、形式、时间

4) 联合体中标的,联合体各方应当(　　)。

A. 共同与招标人签订合同,就中标项目向招标人承担连带责任

B. 分别与招标人签订合同,但就中标项目向招标人承担连带责任

C. 共同与招标人签订合同,但就中标项目各自独立向招标人承担责任

D. 分别与招标人签订合同,就中标项目各自独立向招标人承担责任

5) 关于共同投标协议,说法错误的是(　　)。

A. 共同投标协议属于合同关系

B. 共同投标协议必须详细、明确,以免日后发生争议

C. 共同协议不应同投标文件一并提交招标人

D. 联合体内部各方通过共同投标协议,明确约定各方在中标后要承担的工作和责任

6) 关于联合体各方在中标后承担的连带责任,下列说法错误的是(　　)。

A. 联合体在接到中标通知书未与招标人签订合同前放弃中标项目的,其已提交的投标保证金应予以退还

B. 联合体在接到中标通知书未与招标人签订合同前,除不可抗拒力外,联

合体放弃中标项目的，其已提交的投标保证金不予退还

C. 联合体在接到中标通知书未与招标人签订合同前，除不可抗力外，联合体放弃中标项目，给招标人造成的损失超过投标保证金数额的，应当对超过部分承担连带赔偿责任

D. 中标的联合体除不可抗力外，不履行与招标人签订的合同时，履约保证金不予退还

7）下列选项中（　　）不是关于投标的禁止性规定。

A. 投标人以行贿的手段谋取中标

B. 招标者向投标者泄露标底

C. 投标人借用其他企业的资质证书参加投标

D. 投标人以高于成本的报价竞标

8）在关于投标的禁止性规定中，投标者之间进行内部竞价，内定中标人，然后再参加投标属于（　　）。

A. 投标人之间串通投标

B. 投标人与招标人之间串通投标

C. 投标人以行贿的手段谋取中标

D. 投标人以非法手段骗取中标

9）根据《招标投标法》规定，下列对投标文件的送达表述不正确的是（　　）。

A. 投标文件必须在招标文件规定的投标截止时间之前送达

B. 投标人递交投标文件的方式可以是直接送达，也可以是通过邮寄方式

C. 邮寄方式送达后以邮戳时间为准

D. 投标人因为递交地点发生错误而逾期送达投标文件的，将被招标人拒绝接收

10）投标人应当具备（　　）的能力。

A. 编制标底　　　　B. 组织评标　　　　C. 承担招标项目　　　　D. 融资

11）公开招标，实行资格后审形式的，投标人的工作程序正确的是（　　）。

A. 获取招标信息→购买招标文件→参加投标预备会→组织踏勘现场→参加开标

B. 获取招标信息→购买招标文件→组织踏勘现场→召开投标预备会→开标

C. 获取招标信息→购买招标文件→踏勘现场→参加投标预备会→参加开标

D. 获取招标信息→购买招标文件→召开投标预备会→踏勘现场→参加开标

12）关于工程投标，下列说法错误的是（　　）。

A. 工程投标是指符合招标文件规定资格的工程企业按招标人的要求，提出自己的报价和相应条件的书面问答行为

B. 工程投标的首要工作是获取投标信息和进行投标决策

C. 投标人应在规定时间将投标书密封送达当地建设工程交易中心

D. 投标人在招标文件要求提交投标文件的截止日之前，可以修改、补充已提交的投标文件

13）投标人为了中标和取得期望的收益，必须在保证满足招标文件各项要求的条件下运用投标技巧，下列不属于常用的投标技巧的是（　　）。

A. 多方案报价法   B. 不平衡报价法

C. 突然降价法   D. 不同特点报价法

14）投标保证金通过电汇、转账、电子汇兑等形式应以款项（　　）作为送达时间。

A. 实际交付时间   B. 实际划拨时间

C. 实际到账时间   D. 实际使用时间

（3）多选题

1）施工投标文件编制包括的内容有（　　）。

A. 投标保证金   B. 工程量清单

C. 施工组织设计   D. 投标函

E. 投标须知

2）投标人进行投标的程序有（　　）。

A. 组织投标机构   B. 编制资格预审资料

C. 参加现场踏勘   D. 编制投标文件

E. 送达投标文件

3）投标担保可以是（　　）。

A. 现金   B. 银行汇票和现金支票

C. 纯单价合同   D. 单价与包干混合式合同

E. 担保书

4）在确定中标人前，招标人不得与投标人就（　　）等实质性内容进行谈判。

A. 投标价格   B. 评标标准

C. 开标方式   D. 投标方案

E. 签订合同时间

5）《招标投标法》规定，投标文件有下列情形，招标人不予受理（　　）。

A. 逾期送达的

B. 未送达指定地点的

C. 未按规定格式填写的

D. 无单位盖章并无法定代表人或法定代表人授权的代理人签字或盖章的

E. 未按招标文件要求密封的

6）下列属于投标人工作内容的是（　　）。

A. 进行资格审查   B. 确定投标报价

C. 编制施工方案   D. 评标

E. 提交投标保证金

7）投标文件一般包括（　　）。

A. 投标函，投标报价

B. 施工组织设计，商务和技术偏差表

C. 结合现场踏勘和投标预备会的结果，进一步分析招标文件

D. 根据工程价格构成进行工程估价，确定利润方针，计算和确定报价

E. 投标担保

8）投标保证金的提交，一般应注意的问题是（　　）。

A. 投标保证金是投标文件的必须要件，是招标文件的实质性要求

B. 对于联合体形式投标的，投标保证金只可由联合体各方共同提交

C. 对于联合体形式投标的，其提交的投标保证金对联合体各方均有约束力

D. 投标保证金应在投标文件提交截止时间之前送达

E. 对于工程货物招标项目，招标人可在招标文件中要求投标人以自己的名义提交投标保证金

（4）简答题

1）投标文件的组成有哪些？

2）投标保证金将在什么情况下被没收？

3）投标策略有哪些？

2. 实务训练

（1）案例一

【案例背景】某工程货物采购项目采用资格预审方式进行公开招标，招标人在招标文件中规定的开标现场门口安排专人接收投标文件，填写《投标文件接收登记表》。招标文件规定"投标文件正本、副本分开包装，并在封套上标记'正本'或'副本'字样。同时规定在开口处加贴封条，在封套的封口处加盖投标人法人章，否则不予受理"。投标人A的正本与副本封装在了一个文件箱内；投标人B采用档案袋封装的投标文件，一共有5个档案袋，上面没有标记正本、副本字样；投标人C没有带投标保证金支票；投标人D在招标文件规定的投标截止时间后1分钟送到；其他投标文件均符合要求。本项目一共有6个投标人递交了投标文件。招标人在对上述四份投标文件接收时，存在以下两种意见：

1）A、B、C、D的投标均可以受理，因为仅有6个投标人递交了投标文件，如果均不受理，则最多有两个投标人投标，直接造成本次招标失败，浪费了人力物力，不符合节俭经济的原则。

2）D的投标不可以受理，其他的均可以受理，其中C虽然没有提交投标保证金，可以让该投标人在开标后再提交，不影响其投标有效性。

【问题】

1）分析以上两种意见正确与否，说明理由。

2）招标人应采用什么样的方法处理上述投标文件？为什么？

（2）案例二

【案例背景】某工程货物采购招标项目，招标文件规定投标截止时间为某年某月某日上午10：00。在投标截止时间前几秒钟，投标人A携带全套投标文件跨进了投标文件接收地点某会议室，但距离招标人安排的投标文件接收人员的办公桌还需要走20秒钟。投标人A将投标文件递交给投标文件接收人员时，时间已经超过了上午10：00。此时是否应接收投标人A的投标文件，是否应检查该投标文件封装和标识是否满足招标文件的要求，招标人意见不统一，有以下两种

截然相反的意见：

1）应该检查，这样多一个投标人投标，有利于竞争，有利于招标人从中选择符合采购要求的货物。

2）不能检查，因为招标人需要检查投标文件的封装和标识，加之投标人 A 递交投标文件的时间已经超过了上午 10：00，如果受理则会引起其他投标人投诉，给招标人带来风险。

【问题】

1）分析这两种意见正确与否，说明理由。

2）应怎样处理该份投标文件？为什么？

3）每人收集一份工程投标文件，分组分析讨论。

4）按照给定工程施工项目背景，分组扮演不同的建筑施工企业，完成一份完整的工程投标文件。（略：施工组织设计、已标价工程量清单）

工作任务 5 完成情况评价

学生在开标、评标、中标三个环节，模拟招标人、招标代理机构、评标委员会等角色，教师模拟招标人的角色，对三项任务完成情况进行评价。

开标、评标和中标任务评价表

考核项目		考核内容	考核标准（分值）	考核得分（满分100分）		
				小组评分 50%	教师评分 50%	评分合计
岗位能力	开标文件递交登记	表格填写情况	表格填写依法合规、完整准确（5）			
	开标记录	表格填写情况	表格填写依法合规、完整准确（5）			
	形式评审表	投标文件编制情况	评价准确：投标人名称、投标函签字盖章、投标文件格式、联合体投标人（如有）、报价唯一（5）			
	资格评审表	投标文件编制情况	评价准确：营业执照、安全生产许可证、资质等级、项目经理（建造师）、其他要求（10）			
	响应性评审	投标文件编制情况	评价准确：投标内容、工期、工程质量、投标有效期、投标保证金、已标价工程量清单、技术标准和要求、投标总报价、分包计划（10）			
	清标评审	投标清单	评价准确：算术性评审、单价或合价遗漏、重大偏差、不平衡报价、错项（10）			
	投标报价得分	符合招标文件规定	打分准确：投标报价得分＝55－偏差率×100（10）			
	施工组织设计得分	符合招标文件规定	打分准确：施工方案、保障措施、计划安排（10）			

考核项目		考核内容	考核标准（分值）	考核得分（满分100分）		
				小组评分 50%	教师评分 50%	评分 合计
岗位能力	投标人资信得分	符合招标文件规定	打分准确：投标人良好记录、项目经理良好记录、投标人和项目经理不良记录（5）			
	编制中标通知书	中标通知书编制符合要求	编制内容、数据准确（5）			
	开标、评标、定标程序	符合法规要求	开标、评标、定标程序正确（5）			
职业素养	自主学习	学习态度、学习方法	学习态度积极，勇于承担工作任务，并根据实际情况采用正确学习方法（5）			
	团队协作	服务意识、协调沟通	服从组内的任务分工，正确组织协调任务（5）			
	创新精神	创新拓展思维	利用所学知识和技能进行拓展思考，并分析问题，解决问题（5）			
	行为习惯	遵纪守法	遵守国家法律法规、政策和行业自律规定，诚信守法，客观公正（5）			
工作任务5　得分小计						

工作任务 5 能力训练

1. 基础训练

(1) 单选题

1) 下列关于开标的说法，错误的是(　　)。

A. 投标人不参加开标的，并不影响投标文件的有效性

B. 投标人不参加开标的，事后不得对开标结果提出异议

C. 应按招标文件规定的时间、地点开标

D. 投标文件截止时间与开标时间不能混为同一时间

2) 下列关于开标参与人中表述不正确的是(　　)。

A. 开标由招标人主持，也可由招标代理机构主持

B. 投标人或其授权代表有权出席开标会且必须参加

C. 招标人邀请所有投标人参加开标是法定的义务

D. 招标采购单位在开标前，应当通知同级人民政府财政部门及有关部门

3) 关于开标程序和内容中，下列选项顺序正确的是(　　)。

A. 密封情况检查→公证→拆封→唱标

B. 密封情况检查→拆封→公证→唱标

C. 密封情况检查→拆封→唱标→记录并存档

D. 密封情况检查→拆封→公证→记录并存档

4) 评标专家应具备的条件不包括(　　)。

A. 从事相关领域工作满 10 年

B. 有高级职称或具有同等专业水平

C. 熟悉有关招标的法律法规

D. 能够认真公正地履行职责

5) 可以由评标人依法直接确定评标专家的特殊招标项目不包括(　　)。

A. 技术特别复杂、专业要求特别高的项目

B. 国家有特殊要求的招标项目

C. 时间不允许随机抽取评标专家的项目

D. 随机抽取的专家难以胜任的项目

6) 根据《招标投标法》的有关规定，下列不符合开标程序的是(　　)。

A. 开标应当在招标文件确定的提交投标文件截止时间的同一时间公开进行

B. 开标地点应当为招标文件中预先确定的地点

C. 开标由招标人主持，邀请中标人参加

D. 开标过程应当记录，并存档备查

7) 根据《招标投标法》的有关规定，下列符合开标程序的是(　　)。

A. 开标应当在招标文件确定的提交投标文件截止时间的同一时间公开进行

B. 开标地点由招标人在开标前通知

C. 开标由建设行政主管部门主持，邀请所有投标人参加

D. 开标由建设行政主管部门主持，邀请中标人参加

8）根据《招标投标法》的有关规定，评标委员会由招标人的代表和有关技术、经济等方面的专家组成，成员数为（　　）以上单数，其中技术、经济等方面的专家不得少于成员数的三分之二。

　　A. 3 人　　　　　　B. 5 人　　　　　　C. 7 人　　　　　　D. 9 人

9）根据《招标投标法》的有关规定，评标委员会由（　　）依法组建。

　　A. 县级以上人民政府　　　　　　　B. 市级以上人民政府

　　C. 招标人　　　　　　　　　　　　D. 建设行政主管部门

10）关于评标委员会的义务，下列说法中错误的是（　　）。

　　A. 评标委员会成员应当客观、公正地履行职务

　　B. 评标委员会成员可以私下接触投标人，但不得收受投标人的财务或者其他好处

　　C. 评标委员会成员不得透露对投标文件的评审和比较情况

　　D. 评标委员会成员不得透露对中标候选人的推荐情况

11）根据《招标投标法》的有关规定，（　　）应当采取必要的措施，保证评标在严格保密的情况下进行。

　　A. 招标人

　　B. 评标委员会

　　C. 工程所在地建设行政主管部门

　　D. 工程所在地县级以上人民政府

12）评标委员会推荐的中标候选人应当限定在（　　）内，应当向中标人和未中标的投标人退还投标保证金。

　　A. 2 日　　　　　　B. 3 日　　　　　　C. 5 日　　　　　　D. 6 日

13）评标委员会推荐的中标候选人应当限定在（　　），并标明排列顺序。

　　A. 1～2 人　　　　B. 1～3 人　　　　C. 1～4 人　　　　D. 1～5 人

14）根据《招标投标法》的有关规定，中标通知书对招标人和中标人具有法律效力。中标通知书发出后，招标人改变中标结果的，或者中标人放弃中标项目的，应当依法承担（　　）。

　　A. 法律责任　　　B. 经济责任　　　C. 刑事责任　　　D. 行政责任

15）根据《招标投标法》的有关规定，招标人和中标人应当自中标通知书发出之日起（　　）内，按照招标文件和中标人的投标文件订立书面合同。

　　A. 10 日　　　　　B. 15 日　　　　　C. 30 日　　　　　D. 3 个月

16）中标人不履行与招标人订立合同的，下列表述正确的是（　　）。

　　A. 履约保证金不予退还，不再赔偿招标人超过部分的其他损失

　　B. 履约保证金不予退还，另赔偿实际损失

　　C. 履约保证金不予退还，另赔偿超过履约保证金部分的实际损失

　　D. 按实际损失赔偿

17）下述表述正确的是（　　）。

A. 招标人完全可以以自己的意愿确定中标人

B. 对招标人报价进行评审时必须参考标底

C. 评标过程必须保密

D. 招标人与投标人可就投标价格以外的内容进行谈判

18）某政府采购设备项目，单台设备20万元，拟采购20台，现组建评标委员会对投标人进行评标，则以下属于评标委员会组成要求的是（　　）。

A. 招标人代表至少有1人

B. 评标专家为4人及以上

C. 技术经济方面的专家不得少于二分之一

D. 技术经济方面的专家为5人以上的单数

19）评标专家可以要求投标人进行澄清的情况有（　　）。

A. 招标人对若干技术要点和难点提出问题，要求投标人提出具体、可靠的实施措施

B. 投标总价中，中文标示的数字和阿拉伯数字标示不一样的

C. 投标人工期超过招标文件要求工期的

D. 投标价明显低于标底的

20）某施工项目招标采用经评审的最低投标价法评标，招标文件规定工期提前1个月，评标优惠20万元。某投标人报价1000万元，工期提前1个月，如果只考虑工期因素，则其评标价应为（　　）。

A. 1020万元　　　　B. 1000万元　　　　C. 980万元　　　　D. 960万元

21）某大型基础设施项目向全国公开招标，下列不可以作为综合评估法评审因素的是（　　）。

A. 施工工期　　　　　　　　B. 获得本省优质工程奖次数

C. 施工组织设计　　　　　　D. 投标价格

22）确定中标人的程序包括：①定标；②公告；③发通知；④签约；⑤退保证金。其正确的排列顺序为（　　）。

A. ①→②→③→④→⑤　　　　B. ①→②→③→⑤→④

C. ②→①→③→④→⑤　　　　D. ②→③→①→④→⑤

23）招标文件要求中标人提交履约保证金或者其他形式履约担保的，中标人拒绝提交的，视为（　　）。

A. 不同意履行中标项目　　　　B. 放弃中标项目

C. 暂缓执行中标项目　　　　　D. 中标人对招标人不满

（2）多选题

1）根据《招标投标法》的有关规定，下列不符合开标程序的是（　　）。

A. 开标应当在招标文件确定的提交投标文件截止时间的同一时间公开进行

B. 开标由建设行政主管部门主持，邀请所有投标人参加

C. 开标由招标人主持，邀请中标人参加

D. 开标过程应当记录，并存档备查

E. 在招标文件规定的开标时间前收到的所有投标文件，开标时都应当当众予以拆封、宣读

2）下列关于评标委员会的叙述符合《招标投标法》的有关规定的有（   ）。

A. 评标由招标人依法组建的评标委员会负责

B. 评标委员会由招标人的代表和有关技术、经济等方面的专家组成，其中技术、经济等方面的专家不得少于成员数的二分之一。

C. 评标委员会由招标人的代表和有关技术、经济等方面的专家组成，成员数为 5 人以上单数。

D. 与投标人有利害关系的人不得进入相关项目的评标委员会

E. 评标委员会成员的名单在中标结果确定前应当保密

3）下列关于评标的规定，符合《招标投标法》的有关规定的有（   ）。

A. 招标人应当采取必要的措施，保证评标在严格保密的情况下进行

B. 评标委员会完成评标后，应当向招标人提出书面评标报告，并决定合格的中标候选人

C. 招标人可以授权评标委员会直接确定中标人

D. 评标委员会经评审，认为所有投标都不符合招标文件要求的，可以否决所有投标

E. 任何单位和个人不得非法干预、影响评标的过程和结果

4）在确定中标人前，招标人不得与投标人就（   ）等实质性内容进行谈判。

A. 投标价格   B. 评标标准

C. 开标方式   D. 投标方案

E. 签订合同时间

5）《招标投标法》规定，投标文件有下列情形，招标人不予受理（   ）。

A. 逾期送达的   B. 未送达指定地点的

C. 未按规定格式填写的   D. 未按招标文件要求密封的

E. 无单位盖章并无法定代表人或法定代表人授权的代理人签字或盖章的

6）某政府办公楼设备招标，下列人员不可以担任评标委员会成员的有（   ）。

A. 采购方基建处处长

B. 招标代理机构评标专家

C. 曾在某潜在供应商的公司中担任顾问

D. 就招标文件征询过意见的专家

E. 政府采购评审专家库中随机抽取的专家

7）根据《招标投标法》的规定，在招标文件要求的投标文件提交截止时间前投标人对已提交的投标文件有（   ）的权利。

A. 修改   B. 转让

C. 撤回   D. 补充

E. 撤销

8）甲、乙两建筑公司在某项目中组成联合体以一个投标人的身份共同投标，

则在该项目中甲、乙被法律、法规所禁止的行为有(　　)。

　　A. 甲建筑公司以自己名义另行单独投标

　　B. 乙建筑公司以自己名义另行单独投标

　　C. 乙建筑公司又与丙建筑公司组成联合体投标

　　D. 甲、乙建筑公司私下约定中标后由甲公司实际施工

　　E. 甲、乙建筑公司签订联合体投标协议

9) 对评标的有关情况，严禁透露，负有保密义务的人员包括(　　)。

　　A. 评标委员会成员　　　　　　　　B. 招标代理机构工作人员

　　C. 评标过程的监察人员　　　　　　D. 招标人工作人员

　　E. 项目前期设计人员

10) 招标人认为根据实际招投标情况需要延长投标有效期的，应通知所有的投标人，则下列说法正确是(　　)。

　　A. 所有投标人均应同意

　　B. 拒绝延长的投标人可以撤标但投标保证金不予退还

　　C. 拒绝延长的投标人可以撤标并有权收回投标保证金

　　D. 同意延长的投标人延长其投标担保期限但可以适当修改投标文件的实质性内容

　　E. 同意延长的投标人延长其投标担保期限但不得修改投标文件的实质性内容

11) 评标委员会在对投标人的投标文件评审时发现投标文件存在以下问题：分部分项工程量与单价的乘积与总价不一致；大写数额与小写数额不一致；投标人承诺工期比招标文件的要求适当延长。对上述情形正确的认定是(　　)。

　　A. 与单价不一致的，以总价为准

　　B. 与单价不一致的，以单价为准，但单价数额小数点有明显错误的除外

　　C. 大写金额和小写金额不一致的，以大写为准

　　D. 大写金额和小写金额不一致的，以小写为准

　　E. 投标工期延长的视为废标

12) 中标通知书发出后，中标人以其原投标报价过低为由，放弃中标项目，不与招标人签订合同则该中标人需承担的民事责任是(　　)。

　　A. 一定数额的罚款

　　B. 取消中标资格

　　C. 没收其投标保证金

　　D. 对超出投标保证金之外的招标人损失予以赔偿

　　E. 以投标保证金为限进行赔偿损失

13) 建设工程项目评标过程中，初步评审包括(　　)。

　　A. 投标资格审查　　　　　　　　　B. 形式评审

　　C. 资格评审　　　　　　　　　　　D. 响应性评审

　　E. 投标担保的有效性

2. 实务训练

(1) 案例一

【案例背景】某依法必须进行招标的市政工程施工招标（涉及市政道路、隧道施工技术和造价等主要专业）。开标后，招标人组建了总人数为5人的评标委员会，其中招标人代表1人，为建设合同管理专业，招标代理机构代表1人，为市政工程造价专业，政府组建的综合评标专家库抽取3人，为市政道路工程施工专业。该项目评标委员会采用了以下评标程序对投标文件进行了评审和比较：

1）评标委员会成员签到；

2）选举评标委员会的主任委员；

3）学习招标文件，讨论并通过了招标代理机构提出的评标细则，该评标细则对招标文件中评标标准和方法中的一些指标进行了具体量化；

4）对投标文件的封装进行检查，确认封装合格后进行拆封；

5）逐一查验投标人的营业执照、资质证书、安全生产许可证、建造师证书、项目经理部主要人员执业或职业证书、合同及获奖证书的原件等，按评标细则，依据原件查验结果对投标人资质、业绩、项目管理机构等评标因素进行了打分；

6）按评标细则，对投标报价进行评审打分，此时评标委员会成员赵某在完成评标工作前突发疾病，紧急送医院，其他人员完成了对投标报价的评审工作；

7）除赵某外的其他人员按评标细则，对施工组织设计进行了打分；

8）进行评分汇总，推荐中标候选人和完成评标报告工作，其中赵某的签字由评标委员会主任代签；

9）向招标人提交评标报告，评标结束。

【问题】

1）评标委员会组成是否存在问题？为什么？

2）上述评标程序是否存在问题？为什么？

(2) 案例二

【案例背景】甲、乙两个项目均采用公开招标方式确定施工承包人，其中，甲项目为中部地区跨江桥梁施工工程，有工期紧、施工地点偏远、环境恶劣的特点。评标时属于枯水期，距离汛期来临有1个多月。投标截止时A、B、C共三家投标单位递交了投标文件，评标过程中A、B两家单位的投标文件未能通过初步评审。在详细评审阶段，评标委员会评审后认为，C单位的投标文件有一定的竞争性，故继续评审并推荐C单位为中标候选人。

乙项目为西北高海拔地区二级公路施工工程，仅每年4—10月可进行施工，其他时间因气温太低无法进行施工。评标时为当年11月份。投标截止时共有D、E、F三家投标单位递交了投标文件，评标过程中D、E两家单位的投标文件未能通过初步评审。在详细评审阶段，评标委员会评审后认为F单位的投标文件明显缺乏竞争，遂否决了投标，建议招标人重新招标。

【问题】

两个同时出现有效投标文件不足3个的情况，但是作出的评标结果不同，是否合乎法规？为什么？

(3) 案例三

【案例背景】某政府机关新建高层办公大楼幕墙工程公开招标，有6家具有施工资质的企业参加招标。开标后按照法定程序组织评标委员会进行评标，评标的标准和方法在开标会议上公布，并作为《招标文件》附件发送给各投标人。评标委员会在对各投标人的资信、商务、技术标书评审过程中发现：A投标人出具的《安全生产许可证》已过期；B投标人在投标函上填写的报价内容，大写与小写不一致。经综合评审按照得分的多少，评标委员会推荐C、D、E公司分别为第一、第二和第三中标候选人，后招标人认为D公司具有办公建筑幕墙工程丰富的施工经验，最后宣布由D公司中标。在签订合同时，考虑到D公司投标报价高于C公司，招标人要求D公司以C公司的投标报价承包本项目，D公司欣然同意并签订了合同。

【问题】

1）本案工程评标的标准和方法在开标会议上公布是否合法？请说明理由。

2）投标人A的投标是否为有效标？请说明理由。

3）投标人B的投标是否为有效标？请说明理由。

4）招标人确定D公司为中标人有无不妥？请说明理由。

5）招标人同D公司签订合同的行为有无不妥？请说明理由。

(4) 案例四

【案例背景】某学院综合楼项目经有关部门批准，由业主自行进行工程施工招标，邀请A、B、C、D四家施工企业进行总价投标。

业主确定的招标工作程序为：成立招标工作小组；发出投标邀请书；编制招标文件；编制标底；发放招标文件；招标答疑；组织现场踏勘；接受投标文件；开标；确定中标单位；评标；签订承发包合同；发出中标通知书。

招标文件规定评标采用四项指标综合评分法，四项指标及其权重分别为：投标报价0.6，施工组织设计合理性0.2，施工管理能力0.1，单位业绩和信誉0.1，各指标均以100分为满分，其中，投标报价的评定方法为：报价不超过各投标报价算数平均值的±5%者为有效标，超过者为废标。在此基础上，报价每增加或降低1%，扣1分（计分按四舍五入取整）。其中A企业投标报价为3850万元，B企业投标报价为3800万元，C企业投标报价为3920万元，D企业投标报价为3790万元。四家施工企业的其他指标得分如下表所示。

投标单位得分统计表

投标单位	A	B	C	D
投标报价（万元）	3850	3800	3920	3790
施工组织设计	92	89	95	94
施工管理能力	93	85	95	95
业绩与信誉	88	93	94	92

【问题】

1）业主确定的招标工作程序是否合理？若不合理，请确定合理的顺序。

2）请计算四家施工企业的投标报价得分，并填入下表中。

投标单位	报价（万元）	报价与平均价的比例（%）	是否在±5%精度内	扣分	得分
A	3850				
B	3800				
C	3920				
D	3790				

3）计算各施工企业的综合得分，并将综合评分得分最高者确定为中标企业。

（5）收集相关素材（也可利用前述工作任务 3、4 已经完成的成果），模拟开标现场，采用角色扮演法，完成一个工程项目的开标、评标工作。

工作任务 6 完成情况评价

在施工合同签订过程中，学生模拟合同谈判的双方，就双方利益针对合同内容进行谈判。教师对签订合同的任务完成情况进行评价。

施工合同签订任务评价表

考核项目		考核内容	考核标准（分值）	考核得分（满分100分）		
				小组评分 50%	教师评分 50%	评分合计
岗位能力	合同类型	合同类型的选择	对不同类型合同的设计深度、造价控制、风险分担理解正确，正确选择合同计价模式（10）			
	协议书	协议书的内容、格式	协议书的内容完整、格式准确（10）			
	通用条款	通用条款的内容、格式	通用条款内容完整、条款完善、格式准确（10）			
	专用条款	专用条款的内容、格式	专用条款内容完整、条款完善、格式准确（10）			
	合同附件	合同附件的内容、格式	11 个合同附件内容完整、格式准确（10）			
	合同审查表	合同审查表的内容	利用合同管理的基本原则和方法，审核合同内容（10）			
	合同谈判	合同谈判纪要的内容	遵循合同谈判的原则和方法，实施合同谈判（5）谈判纪要的内容完整，重点突出（5）			
	合同签订	合同签订程序	合同签订的流程正确（10）			

考核项目		考核内容	考核标准（分值）	考核得分（满分100分）		
				小组评分50%	教师评分50%	评分合计
职业素养	自主学习	学习态度、学习方法	学习态度积极，勇于承担工作任务，并根据实际情况采用正确学习方法（5）			
	团队协作	服务意识、协调沟通	服从组内的任务分工，正确组织协调任务（5）			
	创新精神	创新拓展思维	利用所学知识和技能进行拓展思考，并分析问题，解决问题（5）			
	行为习惯	遵纪守法	遵守国家法律法规、政策和行业自律规定，诚信守法，客观公正（5）			
工作任务6　得分小计						

工作任务 6 能力训练

1. 基础训练

(1) 名词解释

总价合同　　单价合同　　投标保证金　　履约保证金

(2) 单选题

1) 我国《建设工程施工合同（示范文本）》由（　　）三部分组成。

A. 协议书、合同条款和工程图纸

B. 协议书、合同条款和专用条款

C. 合同条款、专用条款和工程图纸协议书、通用条款和专用条款

D. 协议书、通用条款和专用条款

2) 施工合同文件正确的解释顺序是（　　）。

A. 施工合同协议书→施工合同专用条款→施工合同通用条款→工程量清单→工程报价单或预算书

B. 施工合同协议书→中标通知书→施工合同通用条款→施工合同专用条款→工程量清单

C. 施工合同协议书→中标通知书→施工合同专用条款→施工合同通用条款→工程量清单

D. 施工合同协议书→中标通知书→投标书及其附件→施工合同通用条款→施工合同专用条款

3) 固定单价合同适用于（　　）的项目。

A. 工期长，工程量变化幅度很大

B. 工期长，工程量变化幅度不太大

C. 工期短，工程量变化幅度不太大

D. 工期短，工程量变化幅度很大

4) 实行工程量清单报价宜采用（　　）合同，承发包双方必须在合同专用条款内约定风险范围和风险费用的计算方法。

A. 固定单价　　　　　　　　B. 固定总价

C. 成本加酬金　　　　　　　D. 可调价格

5) 下列不属于发包人义务的情形是（　　）。

A. 提供必要施工条件

B. 及时组织工程竣工验收

C. 向有关部门移交建设项目档案

D. 就审查合格的施工图设计文件向施工企业进行详细说明

6) 按照设计合同示范文本规定，当设计工作超过一半时，因发包人原因要求解除合同，发包人应（　　）。

A. 允许设计人没收定金

B. 将设计费的 50% 支付给设计人

C. 将全部设计费支付给设计人

D. 按实际完成的工作量支付设计费

7）工程师对已经验收合格的隐蔽工程要求重新检验，如果检验结果不合格，则（　　　）。

A. 承包人承担发生的全部费用，工期不予顺延

B. 发包人承担发生的全部费用，工期不予顺延

C. 承包人承担发生的全部费用，工期相应顺延

D. 发包人承担发生的全部费用，工期相应顺延

8）承、发包双方对工程质量有争议的，（　　　）。

A. 由双方同意的工程质量检测机构鉴定

B. 由工程师指定的工程质量检测机构鉴定

C. 由发包人指定的工程质量检测机构鉴定

D. 由承包人指定的工程质量检测机构鉴定

9）发包人收到竣工验收报告后的一定期限内组织验收，并在验收后的一定期限内给予认可或提出修改意见。这两个期限（　　　）。

A. 均为 28 天
B. 分别为 28 天和 14 天

C. 均为 14 天
D. 分别为 14 天和 28 天

10）以下（　　　）是发包人向承包人提供的担保。

A. 支付担保
B. 履约担保

C. 预付款担保
D. 维修担保

（3）多选题

1）下列合同中属于承揽合同的包括（　　　）。

A. 施工合同
B. 设计合同

C. 监理合同
D. 招标投标代理合同

E. 运输合同

2）合同的成立必须经过（　　　）。

A. 要约
B. 要约邀请

C. 承诺
D. 鉴证

E. 公证

3）当采用固定总价合同时，承包商的价格风险包括（　　　）。

A. 报价计算错误
B. 报价漏报项目

C. 设计深度不够
D. 人工费上涨

E. 工程量计算错误

4）以下关于分包的说法错误的是（　　　）。

A. 承包人不得将其承包的全部工程转包给第三人

B. 承包人不得将工程主体结构、关键性工作及专用合同条款中禁止分包的专业工程分包给第三人

C. 承包人应按专用合同条款的约定进行分包，确定分包人工程

D. 分包不减轻或免除承包人的责任和义务，承包人和分包人就分包工程向发包人承担连带责任

E. 承包人应在分包合同签订后 14 天内向发包人和监理人提交分包合同副本

5）以下关于安全文明施工费的说法错误的是（　　）。

A. 安全文明施工费由发包人承担，发包人不得以任何形式扣减该部分费用。

B. 承包人经发包人同意采取合同约定以外的安全措施所产生的费用，由承包人承担

C. 发包人应在开工后 28 天内预付安全文明施工费总额的 50%，其余部分与进度款同期支付

D. 未经发包人同意采取合同约定以外的安全措施所产生的费用的，该措施避免了哪一方的损失，则哪一方在避免损失的额度内承担该措施费

E. 发包人逾期支付安全文明施工费超过 14 天的，承包人有权向发包人发出要求预付的催告通知

6）承包人应在工程竣工验收前，与发包人签订工程质量保修书，其主要内容包括（　　）。

A. 保修范围　　　　　　　　　　B. 保修内容

C. 保修期限　　　　　　　　　　D. 保修担保

E. 保修程序

7）对材料设备的检验，正确的做法是（　　）。

A. 发包人供应的材料设备使用前应由发包人负责检验或实验，费用由发包人负责

B. 发包人供应的材料设备使用前应由承包人负责检验或实验，费用由发包人负责

C. 发包人供应的材料设备使用前应由承包人负责检验或实验，费用由承包人负责

D. 承包人供应的材料设备使用前应由发包人负责检验或实验，费用由承包人负责

E. 承包人供应的材料设备使用前应由承包人负责检验或实验，费用由承包人负责

8）在我国《建设工程施工合同（示范文本）》中，为使用者提供的标准化附件包括（　　）。

A. 承包人承包工程项目一览表　　B. 发包人提供施工准备一览表

C. 发包人供应材料设备一览表　　D. 工程竣工验收标准规定一览表

E. 房屋建筑工程质量保修书

9）《担保法》规定的担保方式有（　　）。

A. 保函　　　　　　　　　　　　B. 抵押

C. 保证　　　　　　　　　　　　D. 留置

E. 定金

10）我国《建设工程施工合同（示范文本）》规定，属于承包人应当完成的工作有（　　）。

　　A. 办理施工所需的证件

　　B. 提供和维修非夜间施工使用的照明设备

　　C. 按规定办理施工噪声有关手续

　　D. 负责已完成工程的成品保护

　　E. 保证施工场地清洁符合环境卫生管理的有关规定

（4）简答题

1）建筑工程施工合同示范文本的主要内容是什么？

2）建筑工程设计合同的主要内容是什么？

3）建筑工程施工合同的主要内容是什么？

4）施工合同示范文本中，承包人的有哪些义务？违约责任有哪些？

5）合同谈判的准备工作有哪些？

6）合同谈判的主要内容有哪些？

7）合同谈判时对合同文件有哪些要求？

8）签订施工合同有哪些基本原则？

9）试述定金与预付款之区别。

10）投标担保和履约担保的区别在哪里？

2. 实务训练

（1）案例一

【案例背景】某港口码头工程，在签订施工合同前，业主即委托一家监理公司协助业主完善和签订施工合同以及进行施工阶段的监理，监理工程师查看了业主（甲方）和施工单位（乙方）草拟的施工合同条件后，注意到有以下一些条款。

1）乙方按监理工程师批准的施工组织设计（或施工方案）组织施工，乙方不应承担因此引起的工期延误和费用增加的责任。

2）甲方向乙方提供施工场地的工程地质和地下主要管网线路资料，供乙方参考使用。

3）乙方不能将工程转包，但允许分包，也允许分包单位将分包的工程再次分包给其他施工单位。

4）监理工程师应当对乙方提交的施工组织设计进行审批或提出修改意见。

5）无论监理工程师是否参加隐蔽工程的验收，当其提出对已经隐蔽的工程重新检验的要求时，乙方应按要求进行剥露，并在检验合格后重新进行覆盖或者修复。检验如果合格，甲方承担由此发生的经济支出，赔偿乙方的损失并相应顺延工期。检验如果不合格，乙方则应承担发生的费用，工期应予顺延。

6）乙方按协议条款约定时间应向监理工程师提交实际完成工程量的报告。监理工程师接到报告6日内按乙方提供的实际完成的工程量报告核实工程量（计量），并在计量24小时前通知乙方。

【问题】请逐条指出以上合同条款中的不妥之处，并提出改正措施。

（2）案例二

【案例背景】某市 A 服务公司因建办公楼与 B 建设工程总公司签订了建筑工程承包合同。其后，经 A 服务公司同意，B 建设工程总公司分别与 C 建筑设计院和 D 建筑工程公司签订了建设工程勘察设计合同和建筑安装合同。建筑工程勘察设计合同约定由 C 建筑设计院对 A 服务公司的办公楼水房、化粪池、给水排水、空调及煤气外管线工程提供勘察设计服务，做出工程设计书及相应施工图纸和资料。建筑安装合同约定由 D 建筑工程公司根据 C 建筑设计院提供的设计图纸进行施工，工程竣工时依据国家有关验收规定及设计图纸进行质量验收。合同签订后，C 建筑设计院按时做出设计书并将相关图纸资料交付 D 建筑工程公司，D 建筑公司依据设计图纸进行施工。工程竣工后，发包人会同有关质量监督部门对工程进行验收，发现工程存在严重质量问题，主要是由于设计不符合规范所致。原来 C 建筑设计院未对现场进行仔细勘察即自行进行设计导致设计不合理，给发包人带来了重大损失。由于设计人拒绝承担责任，B 建设工程总公司又以自己不是设计人为由推卸责任，发包人遂以 C 建筑设计院为被告向法院起诉。法院受理后，追加 B 建设工程总公司为共同被告，让其与 C 建筑设计院一起对工程建设质量问题承担连带责任。

【问题】法院判决是否正确？说出你的理由。

工作任务 7 完成情况评价

在施工合同履行过程中，学生模拟承包方，教师模拟发包人，双方就合同履行过程中出现的问题进行处理，并对合同履约管理的任务完成情况进行评价。

施工合同履约管理任务评价表

考核项目	考核内容	考核标准（分值）	考核得分（满分100分）		
			小组评分 50%	教师评分 50%	评分合计
岗位能力	合同交底	合同交底表	合同交底内容明确，责权分明（5） 合同交底表填写规范（5）		
	合同分析	合同事件表	合同事件表填写规范，内容齐全（10）		
	合同履行	合同履行过程管理	遵循合同履行的要求和流程（10） 正确处理合同履行中的纠纷问题（10）		
	合同变更	合同变更的内容、责任、流程	合同变更内容明确，变更原因分析准确、责任明确（10） 合同变更流程正确（5） 合同表更表填写规范（5）		
	争议类型	争议类型	根据案例背景，正确判断施工合同争议类型（10）		
	争议处理	争议解决方式	根据案例背景，正确选择合同争议的解决方式，处理争议（10）		

考核项目		考核内容	考核标准（分值）	考核得分（满分100分）		
				小组评分 50%	教师评分 50%	评分 合计
职业 素养	自主学习	学习态度、学习方法	学习态度积极，勇于承担工作任务，并根据实际情况采用正确学习方法（5）			
	团队协作	服务意识、协调沟通	服从组内的任务分工，正确组织协调任务（5）			
	创新精神	创新拓展思维	利用所学知识和技能进行拓展思考，并分析问题，解决问题（5）			
	行为习惯	遵纪守法	遵守国家法律法规、政策和行业自律规定，诚信守法，客观公正（5）			
工作任务7　得分小计						

工作任务 7 能力训练

1. 基础训练

(1) 名词解释

合同履行   合同分析   合同交底   合同控制

(2) 单选题

1) 依据《民典法》的规定，当合同履行方式不明确，按照（   ）履行。

　A. 法律规定　　　　　　　　　　B. 有利于实现债权人的目的

　C. 有利于实现债务人的目的　　　D. 有利于实现合同的目的

2) 施工合同在履行过程中，因工程所在地发生洪灾所造成的损失中，应由承包人承担的是（   ）。

　A. 工程本身的损害　　　　　　　B. 因工程损害导致的第三方财产损失

　C. 承包人的施工机械损坏　　　　D. 发包人要求赶工增加的费用

3) 某施工合同履行过程中，发包人采购的工程设备由于制造原因达不到试车验收要求，需要拆除重新购置，关于该事件的处理方法，正确的是（   ）。

　A. 承包人负责拆除，供货商承担费用

　B. 承包人负责拆除，发包人承担费用

　C. 供货商负责拆除，发包人承担费用

　D. 供货商负责拆除，并承担费用

4) 施工合同施工过程中，工程师通知承包人进行工程量计量，但承包人未在约定时间派人参加，工程师应（   ）。

　A. 单独进行工程量计量，计量结果有效

　B. 再次向承包人发出通知，推迟计量时间

　C. 单独进行工程量计量，再请承包人确认计量结果

　D. 与发包人代表进行工程量计量，计量结果有效

5) 施工合同履行过程中，某工程部位的施工具备隐蔽条件，经工程师中间验收后继续施工，工程师又发出重新剥露该部位检查的通知，承包人执行了指示，重新检验结果表明，施工质量存在缺陷，承包人修复后再次隐蔽。工程师对该事件的处理方式应为（   ）。

　A. 补偿费用，不顺延合同工期

　B. 顺延合同工期，不补偿费用

　C. 费用和工期损失均给予补偿

　D. 费用和工期损失均不补偿

(3) 多选题

1) 下列说法错误的是（   ）。

A. 施工中发包人如果需要对原工程进行设计变更，应不迟于变更前 14 天以

书面形式通知承包人

B. 承包人对于发包人的变更要求，有拒绝执行的权利

C. 承包人未经工程师同意不得擅自更改、换用图纸，否则承包人承担由此发生的费用，赔偿发包人的损失，延误的工期不予顺延

D. 增减合同中约定的工程量不属于合同变更

E. 更改有关部分的标高、基线、位置和尺寸属于合同变更

2）在实施建设工程合同前，对合同价格的分析内容包括（　　）。

A. 合同所采用的计价方法   B. 工程计量程序

C. 合同价格的调整   D. 拖欠工程款的合同责任

E. 定额的编制方法

3）承包人具有（　　）情形之一，发包人请求解除合同，法院应予支持。

A. 将承包的建设工程非法转包的

B. 将承包的建设工程违法分包的

C. 已经完成的建设工程质量不合格并拒绝修复的

D. 超越资质等级承包的

E. 工期延误的

4）合同履行的原则包括（　　）。

A. 实际履行原则   B. 全面履行原则

C. 协作履行原则   D. 诚实信用原则

E. 情势变更原则

5）在我国，合同争议解决的方式主要有（　　）。

A. 和解   B. 调解

C. 仲裁   D. 诉讼

E. 争议评审

（4）简答题

1）合同履行有哪些内容？

2）合同履行的原则有哪些？

3）什么是工程变更？工程产生变更的原因是什么？变更有几类？

4）常见的合同纠纷有哪些？产生原因分别是什么？

5）针对不同的合同纠纷，在合同履行过程应采取哪些控制措施？

2. 实务训练

（1）案例一

【案例背景】××建筑公司在与发包人签订了学校体育馆项目的施工承包合同后，就要进入建设工程施工合同履行及项目的施工建造阶段，××建筑公司针对学校体育馆项目进行相关人员培训，在培训中，项目部人员提出来以下问题，试着解决一下。

【问题】

1）合同管理人员在建设工程施工合同履行前要做哪些准备工作？

2）如何在合同履行过程中保护自身的合法利益？

3）在工程中遇到地基条件与原设计所依据的地质资料不符时，作为承包人应怎样处理？

4）谁有权利提出更改设计图纸？承发包双方是否应注意变更的时效性问题？

5）合同有效，但是履行中存在约定不明确的条款应如何处理？

（2）案例二

【案例背景】某厂与某建筑公司于××年×月签订了建造厂房的建设工程承包合同。开工后1个月，厂方因资金紧缺，口头要求建筑公司暂停施工，建筑公司亦口头答应停工1个月。工程按合同规定期限验收时，厂方发现工程质量存在问题，要求返工。两个月后，返工完结算时，厂方认为建筑公司迟延工程，应偿付逾期违约金。建筑公司认为厂方要求临时停工并不得顺延完工日期，建筑公司为抢工期才出现了质量问题，因此迟延交付的责任不在建筑公司。厂方则认为临时停工和不顺延工期是建筑公司当时答应的，其应当履行承诺，承担违约责任。

【问题】此争议依据合同法律规范应如何处理？

工作任务 8　完成情况评价

在施工合同履行过程中，学生模拟承包方或者监理人代表，教师模拟发包人，双方就出现的索赔事件进行处理，并对合同索赔管理的任务完成情况进行评价。

建设工程合同索赔任务评价表

考核项目		考核内容	考核标准（分值）	考核得分（满分100分）		
				小组评分 50%	教师评分 50%	评分合计
岗位能力	索赔基础知识	索赔事件的类型	案例背景中索赔事件的类型分析准确（5）			
		索赔事件发生的原因	案例背景中索赔事件的原因分析准确（5）			
		索赔事件成立的条件	案例背景中索赔事件是否成立分析正确（10）			
	索赔证据	索赔事件的证据	索赔证据收集完整，具有时效性和法律性（10）			
	索赔程序	索赔流程和顺序	遵循正确的索赔流程（10）			
	索赔意向通知书	索赔意向通知书格式和内容	索赔意向通知书格式符合要求，附件完整（10）			
	工期索赔	索赔工期	索赔工期计算准确，索赔额计算正确，索赔理由正当（10）			
	费用索赔	索赔费用	索赔费用计算准确，索赔理由正当（10）			
	索赔报告	索赔报告的格式和内容	索赔报告格式符合要求，内容、附件完整（10）			

考核项目		考核内容	考核标准（分值）	考核得分（满分100分）		
				小组评分 50%	教师评分 50%	评分合计
职业素养	自主学习	学习态度、学习方法	学习态度积极，勇于承担工作任务，并根据实际情况采用正确学习方法（5）			
	团队协作	服务意识、协调沟通	服从组内的任务分工，正确组织协调任务（5）			
	创新精神	创新拓展思维	利用所学知识和技能进行拓展思考，并分析问题，解决问题（5）			
	行为习惯	遵纪守法	遵守国家法律法规、政策和行业自律规定，诚信守法，客观公正（5）			
工作任务 8 得分小计						

工作任务 8 能力训练

1. 基础训练

(1) 名词解释

索赔　　反索赔　　索赔报告　　索赔事件

(2) 单选题

1) 在工程索赔的分类中，属于按索赔事件的性质分类的是（　　）。

A. 工期索赔和费用索赔

B. 费用索赔和工程加速索赔

C. 工程加速索赔和工程变更索赔

D. 工程变更索赔和工期索赔

2) 某工程项目施工中现场出现了图纸中未标明的地下障碍物，需要作清除处理。按照合同条款的约定，承包人应在索赔事件发生后 28 天内向工程师递交（　　）。

A. 索赔报告

B. 索赔意向通知书

C. 索赔依据和资料

D. 工期和费用索赔的具体要求

3) 业主的索赔主要根据（　　）提出。

A. 施工质量缺陷　　　　　　　　B. 设计变更

C. 工程量减少　　　　　　　　　D. 施工进度计划修改

4) 在施工过程中，由于发包人或工程师指令修改设计、修改实施计划、变更施工顺序，造成工期延长和费用损失，承包商可以提出索赔。这种索赔属于（　　）引起的索赔。

A. 地质条件的变化　　　　　　　B. 不可抗力

C. 工程变更　　　　　　　　　　D. 业主风险

5) 某建设单位根据城市市政有关部门提供的地下管线资料提交施工单位施工，由于该资料的准确性有误差，导致施工过程中出现挖断管道的工程事故，造成施工单位经济损失，施工单位应该（　　）。

A. 就此向建设单位要求赔偿

B. 就此向市政有关部门要求赔偿

C. 自行负担一切损失

D. 要求建设单位和市政管理部门承担连带责任

6) 关于建设工程索赔成立的条件，下列说法中正确的是（　　）。

A. 导致索赔的事件必须是对方的过错，索赔才能成立

B. 只要对方有过错，不管是否造成损失，索赔都成立

C. 只要索赔事件的事实存在，在合同有效期内任何时候提出索赔都可以成立

D. 不按照合同规定的程序提交索赔报告，索赔不能成立

7）建设工程索赔中，承包商计算索赔费用时最常用的方法是（   ）。

A. 总费用法   B. 修正的总费用法

C. 实际费用法   D. 修正的实际费用法

8）某工程采用实际费用法计算承包商的索赔金额，由于主体结构施工受到干扰的索赔事件发生后，承包商应得的索赔金额中除可索赔的直接费外，还应包括（   ）。

A. 应得的措施费和间接费   B. 应得的间接费和利润

C. 应得的现场管理费和分包费   D. 应得的总部管理费和分包费

9）当发生索赔事件时，按照索赔的程序，承包人首先应（   ）。

A. 向政府建设主管部门报告

B. 收集索赔证据、计算经济损失和工期损失

C. 以书面形式向工程师提出索赔意向通知

D. 向工程师提出索赔报告

10）建设工程中的反索赔是相对索赔而言的，反索赔的提出者（   ）。

A. 仅限发包   B. 仅限承包方

C. 发包方和承包方均可   D. 仅限监理方

（3）多选题

1）按索赔的目的分类，通常可将索赔分为（   ）。

A. 工期索赔   B. 时间索赔

C. 经济索赔   D. 利润索赔

E. 费用索赔

2）经工程师确认后工期相应顺延的情况包括（   ）。

A. 发包人未按约定提供图纸   B. 发包人未按约定支付进度款

C. 季节性大雨导致现场停工   D. 设计变更导致工程量增加

E. 一周内停电累计超过 8 小时

3）按照工期延误的原因划分，工期延误可分为（   ）。

A. 工程师责任引起的延误   B. 承包商责任引起的延误

C. 关键线路导致的延误   D. 非关键线路导致的延误

E. 交叉事件造成的延误

4）在建设工程项目施工索赔中，可索赔的材料费包括（   ）。

A. 非承包商原因导致材料实际用量超过计划用量而增加的费用

B. 因政策调整导致材料价格上涨的费用

C. 因质量原因地行工程返工所增加的材料费

D. 因承包商提前采购材料而发生的超期储存费用

E. 由业主原因造成的材料损耗费

5）在建设工程项目施工索赔中，可索赔的人工费包括（   ）。

A. 完成合同之外的额外工作所花费的人工费用

B. 施工企业因雨期停工后加班增加的人工费用

C. 法定人工费增长费用

D. 非承包商责任造成的工期延长导致的工资上涨费

E. 不可抗力造成的工期延长导致的工资上涨费

6) 在建设工程项目施工过程中，施工机械使用费的索赔款项包括（　　）。

A. 因机械故障停工维修而导致的窝工费

B. 因监理工程师指令错误导致机械停工的窝工费

C. 非承包商责任导致工效降低增加的机械使用费

D. 因机械操作工患病停工而导致的机械窝工费

E. 由于完成额外工作增加的机械使用费

7) 某工程实行施工总承包模式，承包人将基础工程中的打桩工程分包给某专业分包单位施工，施工过程中发现地质情况与勘察报告不符而导致打桩施工工期拖延。在此情况下，（　　）可以提出索赔。

A. 承包人向发包人　　　　　　　B. 承包人向勘察单位

C. 分包人向发包人　　　　　　　D. 分包人向承包人

E. 发包人向监理

8) 在承包商提出的费用索赔中，可以列入利润的情况包括（　　）。

A. 工程范围的变更　　　　　　　B. 文件有技术性错误

C. 业主未能提供现场　　　　　　D. 场外停电导致停工

E. 不可抗力导致窝工

9) 按照施工合同示范文本的规定，由于（　　）等原因造成的工期延误，经工程师确认后工期可以顺延。

A. 发包人未按约定提供施工场地

B. 分包人对承包人的施工干扰

C. 设计变更

D. 承包人的主要施工机械出现故障

E. 发生不可抗力

10) 下列各种情况中，可以合理补偿承包人索赔费用的有（　　）。

A. 异常恶劣的气候条件

B. 承包人遇到不利物质条件

C. 发包人要求承包人提前竣工

D. 法律变化引起的价格调整

E. 施工过程发现文物、古迹以及其他遗迹、化石、钱币或物品

(4) 简答题

1) 简述索赔的种类。

2) 简述索赔的程序。

3) 费用索赔的内容包括几部分？

4) 索赔的证据有哪些？

2. 实务训练

（1）案例一

【案例背景】某大型工程，由于技术难度大，对施工单位的施工设备和同类工程施工经验要求比较高，而且对工期的要求比较紧迫。业主在对有关单位和在建工程考察的基础上，邀请了3家国有一级施工企业投标，通过正规的开标评标后，择优选择了其中一家作为中标单位，并与其签订了工程施工承包合同，承包工作范围包括土建、机电安装和装修工程。该工程共15层，采用框架结构，开工日期为2018年4月1日，合同工期为18个月。

在施工过程，发生如下几项事件：

事件1：2018年4月，在基础开挖过程中，个别部位实际土质与甲方提供的地质资料不符造成施工费用增加2.5万元，相应工序持续时间增加了4天；

事件2：2018年5月施工单位为保证施工质量，扩大基础地面，开挖量增加导致费用增加3.0万元，相应工序持续时间增加了3天；

事件3：2018年8月份，进入雨期施工，恰逢20天大雨（特大暴雨），造成停工损失2.5万元，工期增加了4天；

事件4：2019年2月份，在主体砌筑工程中，因施工图设计有误，实际工程量增加导致费用增加3.8万元，相应工序持续时间增加了2天；

事件5：外墙装修抹灰阶段，一抹灰工在五层贴抹灰用的分格条时，脚手板滑脱发生坠落事故，坠落过程中将首层兜网系结点冲开，撞在一层脚手架小横杆上，抢救无效死亡；

事件6：屋面工程施工过程中，部分卷材有轻微流淌和200mm左右的鼓泡，流淌部位并未出现渗漏。

上述事件中，除第3项外，其他工序均未发生在关键线路上，并对总工期无影响。针对事件1、事件2、事件3、事件4，施工单位及时提出如下索赔要求：

1）增加合同工期13天；

2）增加费用11.8万元。

【问题】

1）施工单位对施工过程中发生的事件1、事件2、事件3、事件4可否索赔？为什么？

2）如果在工程保修期间发生了由于施工单位原因引起的屋顶漏水、墙面剥落等问题，业主在多次催促施工单位修理而施工单位一再拖延的情况下，另请其他施工单位维修，所发生的维修费用该如何处理？

（2）案例二

【案例背景】某施工单位根据领取的某2000m²两层厂房工程项目招标文件和全套施工图纸，采用低报价策略编制了投标文件并中标。该施工单位（承包商）于2020年3月1日与建设单位（业主）签订了该工程项目的固定价格施工合同，合同期为8个月。工程招标文件参考资料中提供的使用砂地点距工地4km，但是开工后，检查该砂质量不符合要求，承包商只得从另一距工地20km的供砂地点采购。由于供砂距离的增大，必然引起费用的增加，承包商经过仔细认真计算后，在业主指令下达的第3天，向业主提交了将原用砂单价每吨提高5元人民币的索赔要求。工程进行了一个月后，业主因资金紧缺，无法如期支付工程款，口头要求承包商暂停施工一个月，承包商亦口头答应。恢复施工后，在一个关键工作面上又发生了几种原因造成的临时停工：5月20日至5月24日承包商的施工设备出现了从未有过的故障；6月8日至6月12日施工现场下了罕见的特大暴雨，造成了6月13日至6月14日该地区的供电全面中断。针对上述两次停工，承包商向业主提出要求顺延工期，共计42天。

【问题】

1）该工程采用固定价格合同是否合适？

2）该合同的变更形式是否妥当？为什么？

3）承包商的索赔要求成立的条件是什么？

4）上述事件中承包商提出的索赔要求是否合理？说明其原因。